国家科学技术学术著作出版基金资助出版

城市雷达遥感机理与方法

张风丽　邵　芸　王国军　著

科学出版社

北　京

内 容 简 介

　　本书首先阐述城市目标高分辨率 SAR 图像特征形成机理，介绍可辅助 SAR 图像理解和信息提取的城市目标/场景高分辨率 SAR 图像模拟器，以及近年来作者团队发展的城市目标提取算法、高分辨率 SAR 图像自动理解方法，最后介绍国内外首个具有应用推广意义的城市目标/场景高分辨率 SAR 图像解译标志库。

　　本书可供从事微波遥感应用研究、城市环境与灾害遥感监测研究的科研与技术人员，以及高等院校相关专业师生阅读参考。

图书在版编目 (CIP) 数据

城市雷达遥感机理与方法 / 张风丽，邵芸，王国军著. —北京：科学出版社，2017.11

　ISBN 978-7-03-054739-2

　Ⅰ. ①城⋯　Ⅱ. ①张⋯　②邵⋯　③王⋯　Ⅲ. ①城市－雷达－遥感技术　Ⅳ. ①TN953

中国版本图书馆 CIP 数据核字 (2017) 第 246384 号

责任编辑：赵艳春 / 责任校对：郭瑞芝
责任印制：张　伟 / 封面设计：迷底书装

科学出版社 出版
北京东黄城根北街 16 号
邮政编码：100717
http://www.sciencep.com

北京科印技术咨询服务公司印刷
科学出版社发行　各地新华书店经销

*

2017 年 11 月第　一　版　　开本：720×1 000　B5
2017 年 11 月第一次印刷　　印张：21 1/2　插页：7
字数：415 000

定价：118.00 元
(如有印装质量问题，我社负责调换)

序

合成孔径雷达具有全天时、全天候、穿云破雾而快速成像的能力，是城市遥感的一项前沿技术，正在城市建设、规划与管理中发挥着不可替代的作用。近年来，一系列分辨率优于 1m 的 SAR 卫星的发射升空，开启了高分辨率雷达遥感的新时代。空间分辨率的提高为城市观测提供了更精细的数据资源，但同时给 SAR 图像理解、处理和目标信息提取带来了新的困难和挑战。由于城市目标几何结构与空间关系的特殊性，电磁波与城市目标/场景的相互作用机理格外复杂，加上 SAR 成像几何畸变与辐射噪声的影响，城市目标的高分辨率 SAR 图像处理和信息提取研究面临着一系列挑战。

近年来，在国家自然科学基金、国家重点研发计划、国家 863 计划、中国科学院知识创新工程，以及国际合作项目的支持下，中国科学院遥感与数字地球研究所的张风丽、邵芸及其团队，围绕城市雷达遥感开展了系统的机理与方法研究。他们的研究成果在 2008 年汶川大地震、2010 年 4 月玉树地震、2013 年黑龙江特大洪涝等灾害监测与应急响应中发挥了重要作用，相关监测与评估结果多次被行业部门采纳，为房屋倒塌、道路损毁评估和实施紧急救援等提供了有效的信息支持。

作者围绕城市管理的重大需求，针对雷达遥感应用的难题，多年来潜心研究，并提炼自己的研究成果，毫无保留地奉献给读者，让我们看到了青年雷达遥感工作者对于科学的热爱和执着。作者针对建筑物和道路两类目标，系统分析了城市目标/场景高分辨率 SAR 图像特征形成机理，阐述了高分辨率 SAR 图像理解、目标提取与参数反演等最新成果，同时介绍了他们构建的具有广泛应用意义的城市目标/场景高分辨率 SAR 图像解译标志库。该书是他们近年来研究成果的系统总结，反映了该领域国内外研究的最新进展，是一部极具科学价值的著作，对从事城市雷达遥感研究与应用的科技人员有很高的参考价值，也可供行业部门相关人员和高校师生阅读参考。

值此书出版之际，我非常乐意将其推荐给广大读者。希望该书有助于降低雷达遥感应用的门槛，提升雷达遥感在城市监测中的应用效果，促进雷达遥感科学的发展。同时，期待该书对我国雷达遥感与应用领域的人才成长发挥其特有的作用。

2017 年 7 月

前　言

城市是人口密集、社会经济活动和资源相对集中的空间地域。我国正处于快速城镇化发展阶段，1978~2013 年，城镇常住人口从 1.7 亿增加到 7.3 亿，城镇化率从 17.9%提升到 53.7%。综合提高城市土地利用动态监测、灾害应急响应能力，对现代城市建设与管理及保障广大人民群众生命财产安全具有重要意义。星载合成孔径雷达具有全天时、全天候、可穿透云雾快速成像的能力，对于时效性要求较高的灾害应急监测、国土资源监测等具有重要意义，特别是在多云多雨地区发挥着不可替代的作用。城市监测是 SAR 遥感应用的一项重要内容，在灾害损失评估、城市建设与规划、军事监视等领域具有广泛应用。

空间分辨率的提高为利用雷达遥感数据进行城市监测提供了宝贵数据源。2007年以来，意大利的 COSMO-SkyMed、德国的 TerraSAR-X、加拿大的 RADARSAT-2、日本的 ALOS-2 等卫星相继发射成功，星载 SAR 图像空间分辨率达到米级，开启了高分辨率雷达遥感的新时代。但建筑物、道路等城市目标在高分辨率 SAR 图像上的特征与中低分辨率 SAR 图像表现出极大的不同。在高分辨率 SAR 图像上，城市目标的多维特征得以体现，但由于城市目标本身几何结构及空间关系的特殊性，电磁波与城市场景目标间的相互作用非常复杂，加上 SAR 成像几何畸变与噪声的影响，给城市高分辨率 SAR 图像理解和应用带来了巨大的挑战，城市目标的高分辨率 SAR 图像处理和信息提取算法研究仍处于非常初级的阶段。因此，亟须开展城市目标高分辨率雷达遥感监测机理与方法研究，为相关应用提供方法支撑。本书对作者近年来在该领域的研究成果进行总结，供相关领域的科研人员阅读参考。

建筑物和道路是城市场景的两类主要人工目标，因此，本书主要介绍利用高分辨率雷达遥感数据对这两类目标进行监测的机理和方法。因为建筑物目标的散射机理和图像特征更为复杂，所以本书更侧重于对建筑物监测机理与方法进行介绍。

本书的主要内容如下：第 1 章主要介绍城市雷达遥感监测的意义和现状；第 2章介绍城市目标在高分辨率 SAR 图像上的典型特征；第 3 章针对建筑物目标 SAR图像特征的复杂性，分析建筑物目标高分辨率 SAR 图像特征的形成机理；第 4 章介绍作者开发的 SAR 成像机理与射线追踪算法相结合的建筑物目标 SAR 图像模拟方法，以及基于该模拟系统进行建筑物目标图像理解和参数提取的方法；第 5 章介绍高分辨率 SAR 图像预处理方法；第 6 章介绍一系列的高分辨率 SAR 图像建筑物目标提取与参数反演算法，包括建筑物边界提取方法、建筑物高度反演方法，以及融合利用双视向 SAR 图像提取建筑物目标参数的方法；第 7 章介绍基于高分辨率 SAR

图像进行道路提取的方法，包括道路基元提取方法、基于张量投票和 Snakes 模型的半自动提取方法，以及基于 MRF 模型的道路网自动提取方法；第 8 章介绍建筑物目标 SAR 图像自动标注与理解方法，可以在先验知识模型的驱动下借助 SAR 图像模拟和目标参数提取算法实现建筑物目标 SAR 图像的自动理解；第 9 章在机理、算法、实例研究的基础上，构建一套具有推广意义的城市目标与场景高分辨率 SAR 图像解译标志库。

本书第 1 章主要由张凤丽、王国军、徐旭、符喜优完成；第 2 章主要由王国军、徐旭、符喜优完成；第 3 章主要由张凤丽、邵芸、王国军完成；第 4 章主要由王国军、张凤丽、徐旭完成；第 5 章主要由张凤丽、徐旭、刘璐、张虓完成；第 6 章主要由张凤丽、王国军、徐旭、刘璐完成；第 7 章主要由张凤丽、符喜优完成；第 8 章主要由邵芸、张凤丽、王国军完成；第 9 章主要由张凤丽、邵芸、王国军、卞小林完成。全书最后由张凤丽、邵芸定稿。

本书作者近年来一直从事城市雷达遥感机理与方法研究，先后得到了国家自然科学基金项目（编号：41671359、61471358、41431174、41001213）、国家重点研发计划项目（2016YFB0502500）、中国科学院知识创新工程重要方向项目（编号：KZCX2-EW-320、Y0S04400KB）、国家 863 计划项目（编号：2011AA120403、2007AA1202040203），以及 ALOS-2 国际合作项目（编号：PI 1404）、TanDEM 国际合作项目（编号：OTHER6984）等的支持。本书用到的机载 SAR 数据全部由中国科学院电子学研究所提供，在此表示感谢。本书撰写过程中，得到了中国科学院遥感与数字地球研究所、中科卫星应用德清研究院等单位的支持，并在国家科学技术学术著作出版基金的资助下得以出版，一并致谢。

限于作者水平有限和时间仓促，书中难免存在不足之处，恳请读者不吝批评指正。

作 者

2017 年 3 月

目　　录

序
前言
第1章　城市雷达遥感的意义和现状 ……………………………………… 1
1.1　城市雷达遥感的意义 ………………………………………………… 1
1.2　建筑物目标 SAR 监测研究进展 …………………………………… 3
1.2.1　建筑物目标散射机理及 SAR 图像理解 ……………………… 3
1.2.2　高分辨率 SAR 图像建筑物目标提取与三维重建 …………… 4
1.3　道路目标 SAR 图像提取研究进展 ………………………………… 7
1.3.1　SAR 图像道路局部检测 ……………………………………… 7
1.3.2　SAR 图像道路全局连接 ……………………………………… 10
参考文献 …………………………………………………………………… 12
第2章　城市目标高分辨率 SAR 图像特征 …………………………… 17
2.1　城市高分辨率 SAR 图像特点 ……………………………………… 17
2.2　建筑物目标高分辨率 SAR 图像特点 ……………………………… 19
2.3　建筑物目标 SAR 图像几何畸变特征 ……………………………… 21
2.4　建筑物目标的特殊散射及分析 ……………………………………… 25
2.4.1　二次散射及多次散射 ………………………………………… 25
2.4.2　散射中心模型 ………………………………………………… 28
2.5　道路目标高分辨率 SAR 图像特点 ………………………………… 30
参考文献 …………………………………………………………………… 33
第3章　建筑物目标 SAR 图像散射特征形成机理分析 ……………… 34
3.1　建筑物目标 SAR 图像尺度特征分析 ……………………………… 36
3.1.1　距离向尺度特性分析 ………………………………………… 36
3.1.2　方位向尺度特性分析 ………………………………………… 37
3.1.3　距离向和方位向尺度特性综合分析 ………………………… 38
3.2　基于距离向剖面分析的散射特征定量关系模型 …………………… 38
3.2.1　平顶建筑物 …………………………………………………… 39
3.2.2　尖顶建筑物 …………………………………………………… 43

3.3 建筑物目标 SAR 图像散射特征方位敏感性分析 ·············· 49

    3.3.1 建筑物目标散射特征基元与分解合成方法 ·············· 49

    3.3.2 方位角对建筑物目标散射特征基元的影响 ·············· 51

    3.3.3 建筑物目标散射特征基元模拟计算 ·············· 55

3.4 遮挡效应对建筑物目标 SAR 图像散射特征的影响 ·············· 57

    3.4.1 建筑物目标叠掩阴影干扰分析 ·············· 57

    3.4.2 墙地二次散射遮挡分析 ·············· 59

参考文献 ·············· 62

第 4 章 建筑物目标高分辨率 SAR 图像模拟 ·············· 63

4.1 SAR 图像模拟方法综述 ·············· 64

4.2 SAR 模拟系统构建 ·············· 66

    4.2.1 SAR 成像几何模型 ·············· 66

    4.2.2 目标/场景三维模型 ·············· 67

    4.2.3 目标散射模型 ·············· 68

4.3 回波信号模拟 ·············· 69

    4.3.1 模拟系统参数初始化 ·············· 70

    4.3.2 射线追踪电磁波与目标/场景相互作用 ·············· 71

    4.3.3 回波信号属性计算 ·············· 73

4.4 模拟图像生成与散射机制分析 ·············· 75

    4.4.1 二维模拟 SAR 图像生成 ·············· 75

    4.4.2 散射单元直方图 ·············· 77

    4.4.3 散射中心定位及散射贡献来源分析 ·············· 78

    4.4.4 模拟分析示例 ·············· 80

4.5 基于 SAR 图像模拟的 SAR 图像理解 ·············· 91

    4.5.1 模拟 SAR 图像与真实 SAR 图像配准 ·············· 91

    4.5.2 图像特征匹配分析与标注 ·············· 93

4.6 基于 SAR 图像模拟和迭代匹配的建筑物高度反演 ·············· 100

参考文献 ·············· 103

第 5 章 高分辨率 SAR 图像预处理方法 ·············· 105

5.1 SAR 图像滤波 ·············· 105

    5.1.1 传统滤波方法 ·············· 106

    5.1.2 基于局部统计特性的自适应滤波算法 ·············· 106

    5.1.3 图像滤波效果评价指标 ·············· 109

    5.1.4 实验结果与分析 ·············· 109

5.2　恒虚警率阈值分割算法···111

　　5.2.1　目标模型···112

　　5.2.2　杂波模型···112

　　5.2.3　CFAR 的检测原理···112

　　5.2.4　概率分布函数选择···113

　　5.2.5　CFAR 分割结果及分析···119

5.3　K-means 聚类及改进方法···121

　　5.3.1　K-means 聚类算法···121

　　5.3.2　K-means 聚类改进算法···122

5.4　基于 Gabor 纹理特征和 FCM 的 SAR 图像建筑物分割················124

　　5.4.1　基于 Gabor 滤波的纹理特征提取···124

　　5.4.2　FCM 聚类与 SAR 图像分割···125

5.5　基于马尔可夫随机场的分割···127

5.6　基于离散隐马尔可夫模型的分类···133

　　5.6.1　隐马尔可夫模型···133

　　5.6.2　HMM 分类算法的实现···140

参考文献···144

第 6 章　高分辨率 SAR 图像建筑物目标提取与参数反演··················145

6.1　墙地二次散射特征结构中心线提取方法···································145

　　6.1.1　基于形态学细化的骨架提取···146

　　6.1.2　骨架跟踪算法···147

　　6.1.3　建筑物最小外接矩形提取···147

　　6.1.4　基于最小二乘的直线提取···148

　　6.1.5　实验结果与分析···148

6.2　基于二次散射特征的建筑物几何参数反演·································150

　　6.2.1　建筑物目标二次散射的特点···150

　　6.2.2　二次散射中心距离徙动机制···151

　　6.2.3　考虑二次散射中心距离徙动的建筑物参数反演·······························161

6.3　基于几何模型匹配的 SAR 图像建筑物高度反演方法················165

　　6.3.1　建筑物 SAR 成像特征几何模型构建···166

　　6.3.2　基于模型匹配的建筑物高度反演方法···168

　　6.3.3　实验结果与分析···174

6.4　双视向 SAR 图像建筑物目标参数提取方法·····························178

　　6.4.1　配准方法综述···179

6.4.2　城区高分辨率 SAR 图像手动配准 ································· 179

6.4.3　基于 Hausdorff 距离的城区高分辨率 SAR 图像配准方法 ··········· 186

6.4.4　基于 D-S 融合的双视向 SAR 图像建筑物提取 ··················· 194

6.4.5　基于强散射特征模型的双视向 SAR 图像建筑物高度反演 ··········· 205

参考文献 ··· 211

第 7 章　高分辨率 SAR 图像道路提取方法研究 ························· 214

7.1　SAR 图像道路基元提取方法 ······························· 214

7.1.1　SAR 图像线状道路基元提取 ······················· 214

7.1.2　SAR 图像带状道路基元提取 ······················· 219

7.2　基于模糊连接度的道路基元分割方法 ······················ 221

7.2.1　模糊连接度理论 ································· 222

7.2.2　结合 FCM 分割和 ROEWA 自动提取种子点 ············· 222

7.2.3　考虑边缘特征的模糊连接度种子点扩展 ·············· 223

7.2.4　实验结果与分析 ································· 225

7.3　结合张量投票和 Snakes 模型的道路半自动提取 ·············· 229

7.3.1　基于 Snakes 模型的道路半自动提取 ················· 229

7.3.2　利用张量投票算法定义 Snakes 模型外部能量 ··········· 231

7.3.3　实验结果与分析 ································· 235

7.4　基于 MRF 模型的道路网自动提取 ························· 239

7.4.1　道路线特征提取 ································· 239

7.4.2　基于线特征的 MRF 模型构建 ····················· 242

7.4.3　MRF 模型能量函数的建立 ······················· 244

7.4.4　模拟退火法搜索最优道路标记 ····················· 246

7.4.5　实验结果与分析 ································· 248

参考文献 ··· 251

第 8 章　建筑物目标 SAR 图像自动理解 ······························ 253

8.1　先验知识模型构建 ····································· 254

8.2　基于均值漂移和区域合并的高亮区域提取 ··················· 257

8.2.1　均值漂移的思想 ································· 257

8.2.2　均值漂移图像分割方法 ··························· 258

8.2.3　分割后区域合并 ································· 260

8.2.4　图像分割结果 ·································· 262

8.3　候选建筑物目标确定 ··································· 265

8.3.1　初始平行四边形主对角线的确定 ··················· 265

8.3.2 平行四边形相似性判定 ································· 267

8.4 建筑物三维重建方法 ····································· 270

8.4.1 主墙面图像初始范围的确定 ··························· 271

8.4.2 主墙面图像区域的优化 ······························· 273

8.4.3 建筑物宽度提取及三维重建 ··························· 274

8.4.4 三维重建结果和分析 ································· 275

8.5 图像标注与理解 ······································· 277

参考文献 ··· 279

第9章 城市目标与场景高分辨率 SAR 图像解译标志库 ··········· 281

9.1 知识库与解译标志库简介 ································· 281

9.2 住宅用地 ··· 283

9.2.1 高层居民楼 ··· 283

9.2.2 低层居民楼 ··· 286

9.2.3 高层居民区 ··· 287

9.2.4 低层居民区 ··· 291

9.3 商服用地 ··· 294

9.3.1 商务区 ··· 294

9.3.2 办公区 ··· 301

9.4 工业用地 ··· 305

9.4.1 厂房仓库 ··· 305

9.4.2 污水处理厂 ··· 307

9.4.3 天然气罐 ··· 309

9.4.4 工业区 ··· 310

9.5 公共设施用地 ··· 311

9.5.1 公共服务区 ··· 311

9.5.2 高速公路 ··· 316

9.5.3 主干道 ··· 317

9.5.4 普通公路 ··· 319

9.5.5 人行天桥 ··· 319

9.5.6 水桥 ··· 321

9.5.7 公路桥 ··· 322

9.5.8 立交桥 ··· 324

9.5.9 铁路及火车 ··· 324

9.5.10 港口码头 ··· 325

　　　9.5.11　机场 ·· 326

　　　9.5.12　通信电力塔 ··· 327

　9.6　工商综合体 ·· 327

　9.7　城镇或建成区混合体 ·· 328

　9.8　其他城镇或建成区 ·· 328

参考文献 ··· 329

彩图

第 1 章 城市雷达遥感的意义和现状

1.1 城市雷达遥感的意义

城市是人口密集、经济活动和资源相对集中的空间地域。随着城市化进程的加速，城市范围不断扩展，城市灾害应急管理与科学发展信息保障具有越来越重要的意义。在众多遥感手段中，光学遥感图像最有利于人类视觉解译，可以相对容易地从图像中提取城市目标参数，为城市遥感监测提供了大量的数据源。然而，光学传感器对天气和光照等条件较为敏感，在天气恶劣或者多云多雨气候条件下，不能及时获取有效的图像，无法为灾害应急和城市动态监测提供及时的数据源。合成孔径雷达（Synthetic Aperture Radar，SAR）具有全天时、全天候、可穿透云雾快速成像的能力，在灾害应急和多云多雨地区监测中具有不可替代的作用，已逐渐成为对地观测重要手段之一。

自 2007 年以来，意大利的 COSMO-SkyMed、加拿大的 RADARSAT-2、德国的 TerraSAR-X 和 TanDEM-X 卫星系统先后升空，开启了高分辨率星载 SAR 时代，星载 SAR 图像的空间分辨率达到了 1m。与此同时，我国 SAR 卫星系统也得到了长足的发展。2012 年 11 月 19 日，我国发射了第一颗民用 S 波段 SAR 卫星——环境与灾害监测小卫星星座的 HJ-1C 卫星；2016 年 8 月 10 日，中国首颗分辨率达到 1m 的 C 波段多极化 SAR 卫星"高分三号"发射；此外，《国家民用空间基础设施中长期发展规划（2015—2025 年）》也规划发射若干颗全极化高分辨率 SAR 卫星，形成多波段、全极化、高分辨率 SAR 卫星的组网运行，实现高重访频率的对地观测。在星载 SAR 发展的同时，机载 SAR 分辨率也在不断提高，国内外研制的机载 SAR 系统均已经可以获取亚米级分辨率的数据。

这些高分辨率 SAR 系统为城市目标监测提供大量宝贵数据的同时，也给 SAR 图像理解和应用带来了巨大的挑战。地物目标在高分辨率 SAR 图像上呈现出的信息更加丰富，单体目标的散射特征能够得到明显的展现，但由于城市目标与场景的复杂性，目前 SAR 遥感数据在城市目标监测方面的应用效果并不理想，SAR 图像"不好用，不会用"的问题在城区变得尤为突出。这是 SAR 特殊的成像方式以及城市目标结构的复杂多样性，导致 SAR 图像特征呈现出完全不同于人类视觉的图像特征，给城市目标高分辨率 SAR 图像理解和应用造成很大的困难。具体表现在以下几方面。

（1）SAR是基于测距原理通过主动发射与接收电磁波而成像的，与人类视觉系统和光学遥感的成像原理有着本质差异。因此，SAR图像中的人工目标不仅与人类视觉系统所熟知的状态完全不同，而且与光学遥感图像非常不同，即"所见非所知"。

（2）由于SAR系统接收的是组成地物目标的每一个独立单元形成的散射能量，所以呈现在SAR图像上的地物目标是散射单元构成的集合体，多表现为离散的点、线组合。

（3）不同于光学成像系统，在SAR图像上，城市目标通常表现为稀疏的散射中心分布，并对成像角度敏感，边界以点、短线条为主，连续性和完整性差。

（4）SAR成像是三维空间到二维平面（方位向和距离向）的映射过程，对于高度变化显著的城市目标而言，这样一个降维过程必然导致信息的损失。因此，在SAR图像上，斜距相等但来自不同目标的散射信号将混淆在一个像元内，加上城市目标结构和空间关系复杂，给SAR图像解译和信息提取带来巨大的挑战。

建筑物目标是城市的重要地理要素之一，精确获取建筑物目标的三维结构信息对于城市规划、数字城市建设、灾害应急响应以及军事侦察等具有重要意义（Soergel，2010；张风丽和邵芸，2010）。早期在中低分辨率条件下，图像分辨能力不足以表征建筑物目标的几何结构特征，目标散射强度是从图像中获得的主要信息，因此难以从图像中识别和提取单个建筑物目标。当SAR图像空间分辨率达到米级水平时，图像反映的目标信息更加丰富，目标形状结构特征能够得以体现，因此利用SAR图像目标散射特征识别和提取城市目标成为可能。另外，由于城区环境的复杂性、密集建筑物间电磁波的多次散射、相邻目标的遮挡，以及SAR成像固有的几何畸变与噪声的影响，城市目标在高分辨率SAR图像上的特征更为复杂，导致目前的城市目标SAR监测技术无法满足应用的要求。

道路是另外一类重要的城市目标，是人类交通运输的重要组成部分，对促进物质传输、经济发展、文化交流、军事战备具有重要作用。传统利用遥感图像提取道路的方法是操作人员手工勾画提取，这种方式具有较高的正确性，但是太耗时耗力，而且带有一定的主观性。随着遥感技术的发展，利用遥感图像提取道路信息越来越受到人们的关注。与光学遥感相比，SAR图像城市道路信息提取具有重要意义，对于灾害应急监测和城市安全保障具有不可替代的作用。虽然近年来人们针对SAR图像的特点提出了很多道路提取的方法，但由于SAR特殊机制、固有噪声以及相邻地物目标的影响，城市道路目标的提取存在特有的困难和挑战，亟须深入开展研究。

因此，SAR成像的特殊性和城市目标/场景的高度复杂性使得SAR图像的理解、处理和应用都非常困难。城市目标/场景在高分辨率SAR图像上通常呈现为离散的点、线、面等，是散射单元的集合体；而且目标边界以点、短线条为主，连续性和完整性差，几何变形严重。这导致城市SAR图像理解与认知、信息提取比光学图像困难得多，已成为SAR数据应用推广中的核心困难与挑战。因此亟须针对SAR图像的特点开展城市雷达遥感机理与方法研究,提高 SAR 图像在城市目标监测中应用的广度和深度。

1.2　建筑物目标 SAR 监测研究进展

近年来,围绕高分辨率 SAR 建筑物目标的散射机制分析、图像解译与目标信息提取等问题,国内外学者开展了大量的研究,主要来自以下团队。最早开展高分辨率 SAR 城市研究的是以 Franceschetti 为代表的团队,他们先是建立了简单矩形建筑物目标的电磁散射模型(Franceschetti et al., 2002),之后利用二次散射亮度提取建筑物高度,后又利用模拟图像和 COSMO-SkyMed 聚束模式 SAR 图像进行了验证(Guida et al., 2010)。以 Soergel 和 Stilla 为首的团队是当今城市 SAR 遥感的领头羊,最开始他们利用人工解译的方法分析建筑物目标在 SAR 图像上的叠掩、阴影和多次散射特征以及目标之间的遮挡关系,后来开发了 SAR 图像模拟器辅助图像的解译。在建筑物目标提取与三维重建方面,该团队主要形成了 3 种不同的思路:①利用多视向 SAR 技术提取简单建筑物目标信息(Thiele et al., 2010);②引入格式塔心理学的感知编组原理自动重建建筑物目标(Michaelsen et al., 2010);③引入城市场景上下文信息,综合利用光学图像与 SAR 图像提取建筑物目标(Wegner, 2011)。德国宇航中心的 Bamler 团队开发了基于射线追踪法的 3D SAR 模拟器,并分析了建筑物目标的散射特征形成机制,用于大型建筑物目标的散射机制分析(Tao et al., 2014; Auer, 2011)。此外,Brunner 团队利用欧洲微波信号实验室(European Microwave Signature Laboratory,EMSL)测量结果和模拟图像分析了建筑物在高分辨率 SAR 图像上的散射特征,基于以上研究结论,发展了一种基于模拟图像与真实图像特征匹配策略的建筑物高度反演和损毁程度提取方法(Ferro et al., 2013; Brunner et al., 2010)。与国外相比,国内的城市 SAR 研究起步较晚,其中,复旦大学的金亚秋团队基于映射和投影算法进行建筑物目标的 SAR 成像模拟(Xu and Jin, 2006),然后利用多视向极化 SAR 数据进行建筑物提取和重建(Xu and Jin, 2007);此外,中国科学院遥感与数字地球研究所、中国科学院电子学研究所、国防科学技术大学等均在高分辨率 SAR 图像建筑物目标识别与参数提取方面开展了大量研究。下面从建筑物目标散射机理理解与目标参数提取两个方面分别详细阐述。

1.2.1　建筑物目标散射机理及 SAR 图像理解

当 SAR 图像分辨率较低时,建筑物目标在图像上的辐射特性较为显著。随着空间分辨率的提高,建筑物目标在 SAR 图像上的几何结构特征更为显著,因此,目标散射机理的研究与 SAR 图像特征的理解就显得尤其重要。

人工解译是最早用于城市目标/场景 SAR 图像复杂散射机理研究的方法,这种方法综合目标/场景和 SAR 成像知识，在人脑中生成相应的模拟 SAR 图像，然后通过与真实 SAR 图像的对比，实现 SAR 图像复杂散射机理的解译过程。Soergel 和 Stilla 为首的团队最先利用人工解译的方法分析了建筑物目标在 SAR 图像上的叠掩、阴影和多次散射特征以及目标之间的遮挡关系（Stilla et al., 2003）。随着计算机技术的发展，SAR 图像模拟成为目标散射机理理解的重要手段。借助 SAR 图像模拟理解目标/场景到图像的正过程和机理，可以为深化 SAR 在城区监测的应用提供理论基础。两种思路本质上相同，区别在于人工解译方法不形成模拟图像，但其优点是能够迅速将有限的分析能力聚焦到 SAR 图像最显著而特殊的散射机制，而且能够具有人脑的智能化，这是现有任何计算机模拟方法所无法比拟的。因此，两种方法各有特点，它们在建筑物目标散射机理及 SAR 图像理解中的应用将在第 3 章、第 4 章、第 8 章中具体展开介绍。

1.2.2　高分辨率 SAR 图像建筑物目标提取与三维重建

利用 SAR 图像进行建筑物目标提取与三维重建的研究始于 20 世纪 90 年代后期，尽管发展较晚，但国内外学者进行了大量研究，取得了颇多成果。根据已公开发表的文献来看，利用高分辨率 SAR 图像进行建筑物三维信息提取的方法按数据源可以分为基于单幅 SAR 图像和多视向 SAR 图像的方法，下面分别介绍。

1. 基于单幅 SAR 图像的建筑物提取与三维重建

在 SAR 图像中，建筑物高度的反演主要依赖于建筑物目标的叠掩、阴影和二次散射亮线等显著散射特征。对于建筑物目标，利用完整的阴影信息或者叠掩信息可以得到建筑物平面轮廓与高度。Bolter 和 Leberl（2000）分析了建筑物在 SAR 图像上的叠掩和阴影特征，并分别利用模拟图像和真实图像实现了建筑物的信息提取。Bennett 和 Blacknell（2003）利用 SAR 图像中阴影和叠掩的形状与尺寸信息估算了平顶屋和尖顶屋的高度，并对结果进行了验证。Tupin（2003）利用边界检测算子提取建筑物的边界和叠掩区域，进而根据叠掩计算建筑物的高度。Guida 等（2010）基于建筑物目标几何参数与二次散射、叠掩和阴影间的定量关系实现了基于单幅 SAR 图像的简单建筑物高度反演。Wegner（2011）从 InSAR（Interferometric Synthetic Aperture Radar）图像和光学图像中提取建筑物边界，采用基于条件随机场模型（Conditional Random Field，CRF）的融合方法重建目标三维信息。

结合建筑物目标在高分辨率 SAR 图像上的散射特征，一些研究者借助计算机与模式识别新算法实现目标参数的提取与重建。Quartulli 和 Datcu（2004）引入随机几何模型方法，从单幅 SAR 图像中提取并重建建筑物目标，模型基于建筑物的叠掩-二次散射-阴影在图像空间的拓扑几何关系，并且加入建筑物屋顶类型，将场景模型与图像数据的匹配度作为目标函数求解整个场景中建筑物个数、屋顶类型、长、宽、高等参数。Michaelsen 等（2010）引入了视觉编组和认知心理学原理，将建筑物目标在 SAR 图像中的特征进行了编组，实现了建筑物边界的提取。Jahangir 等（2007）对不同类型的建筑物在 SAR 图像上形成的阴影特征进行了分析，并基于区域活动轮廓法提取了阴影特征，在此基础上反演了不同类型建筑物的高度。Guida 等（2010）建立了建筑物二次散射特征与高度之间的电磁散射模型，利用二次散射的灰度信息对建筑物高度进行反演。Ferro 等（2013）假设建筑物为平行六面体，通过检测建筑物在 SAR 图像中的亮线、亮面、暗面等特征并以一定规则进行组合，实现了场景内建筑物边界轮廓的自动提取。

与此同时，国内学者也围绕高分辨率 SAR 图像建筑物目标的信息提取开展了很多研究。朱俊杰等（2006）分析了建筑物在 SAR 图像上的叠掩和角反射特征，并利用图像分割和边缘提取方法对叠掩进行提取并获得了建筑物的高度，将该方法应用于城区机载 SAR 数据，取得了较好的高度反演结果。邹斌等（2009）利用灰度累计方法分割出建筑物叠掩和阴影区域，然后从模拟 SAR 图像重建平顶建筑物。傅兴玉等（2012）基于建筑物 L 形叠掩结构反演目标的三维参数信息，并利用 0.5m 机载 SAR 数据验证了方法的有效性。Zhang 等（2011）结合图像分割与 Hough 变换等方法，利用建筑物表现出的 L 形结构特征实现了建筑物的边界提取。

然而，单纯利用阴影或者叠掩信息反演建筑物参数存在以下问题。首先，利用阴影或者叠掩信息反演建筑物高度需要提取完整的阴影或者叠掩范围，导致该方法仅适用于稀疏建筑物，在应用于建筑物密集区域时，由于建筑物的阴影或者叠掩通常受到邻近目标的干扰而不完整；其次，阴影区域较难与道路、广场等暗目标区分开来；最后，人工建筑物墙面的不均匀性导致 SAR 图像中叠掩区域内像元灰度一致性较差，因此叠掩区域的检测精度低，从而影响高度反演的精度。

针对这些问题，一些研究者提出了基于模型匹配的建筑物参数提取方法。这类方法基于模型匹配将建筑物参数作为变量构造三维模型，借助 SAR 图像模拟得到模拟图像或散射特征，并通过与真实 SAR 图像进行匹配，将匹配度最高时的参数作为提取结果。Balz 和 Haala（2006）用 SAR 图像模拟对建筑物的叠掩和阴影特征进行三维重建，然后用模拟和真实 SAR 图像进行比较，并结合人工交互来进行最优参数的计算。Quartulli 和 Datcu（2004）等将场景中建筑物的边界和位置信息等均设为变量构造出场景模型，并与真实 SAR 图像进行匹配，通过对匹配函数的优化实现了建筑物信息的提取。Brunner 等（2010）提出了一种"假设、模拟、匹配"的方法，在建筑物只有高度未知的情况下，通过对高度进行假设并生成模拟图像，当与真实 SAR 图像达到最佳匹配时实现建筑物的高度反演。傅兴玉等（2012）对该方法进行了改进，将建筑物在 SAR 图像中形成的几何结构特征区域引入图像匹配中，优化了匹配函数，提高了建筑物重建的精度。蒋李兵等（2012）考虑到 SAR 图像模拟过程计算复杂度较高，利用正交投影模型实现建筑物几何特征模型的快速生成，并综合特征区域和特征轮廓两个方面构造了匹配度函数，最后利用模拟退火算法对高度进行求解；在此基础上还提出了遮挡情况下建筑物的高度反演方法，分析了周围有其他建筑物遮挡时建筑物几何模型的生成问题，建立了模型与真实 SAR 图像间的匹配关系，并运用遗传算法对高度进行了反演。赵凌君（2009）运用分水岭变换方法对建筑物叠掩和阴影边界进行提取，在此基础上构造叠掩和阴影模型与提取的边界进行匹配，进而反演建筑物的长、宽、高、位置等参数。唐侃等（2013）对高分辨率 SAR 图像中矩形建筑物的特性进行了详细分析，引入平行四边形模型表示建筑物成像特征，并以模型引导的方式实现了平行四边形模型的提取，对建筑物的边界和高度信息进行了反演。这类方法存在的问题是模型参数较多，匹配函数的计算涉及多维参数优化；并且当建筑物散射特征有缺失时，可能无法得到理想的结果。

2. 基于多视向 SAR 图像的建筑物提取与三维重建

由于 SAR 为斜距侧视成像，建筑物目标在单幅 SAR 图像上的特征可能不完整。针对这一问题，可以融合利用多个视向的高分辨率 SAR 图像获得更准确的建筑物参数信息，国内外学者提出了许多方法。Bolter 和 Leberl（2000）通过提取多幅 SAR 图像上的阴影特征并加以组合，检测出建筑物的边界和高度。Simonetto 等（2005）利用模型匹配方法检测出建筑物在 SAR 图像上形成的 L 形亮线特征实现了建筑物边界信息的提取，并将该方法应用至多视向 SAR 图像，将不同入射角的图像进行了特征级融合以提高边界提取精度，再通过立体成像形成的视差计算建筑物高度，实现了整个场景中建筑物的三维重建。Xu 和 Jin（2007）利用边缘检测器和 Hough 变换对建筑物成像特征中的亮线进行检测，再结合不同方位的多幅图像以概率统计的方法进行最大似然估计，实现了城区建筑物信息的提取。Soergel 和 Michaelsen（2009）融合了正交两个视向的高分辨率 SAR 图像，并利用叠掩信息进行了建筑物检测和高度反演。Thiele 等（2007）将不同视向高分辨率干涉 SAR 图像中提取的建筑物散射特征进行组合，实现了建筑物信息的提取。Brunner（2009）在单幅高分辨率 SAR 图像建筑物高度反演的基础上，将两个视向的高度提取结果进行决策级融合作为最终的建筑物高度反演结果。Thiele 等（2010）融合多视向 SAR 图像中的二次散射特征获得建筑物边界信息，然后利用 InSAR 技术反演建筑物高度。Zhang 等（2012）分别对两个视向的高分辨率 SAR 图像进行建筑物边界提取，再利用 D-S（Dempster-Shafer）证据理论进行融合得到了建筑物的完整边界。

此外，不同数据源遥感图像往往可以实现信息互补，它们的融合有利于目标信息更加快速、精确地提取。利用 SAR 图像中建筑物的显著性线状特征较容易确定潜在目标，但却往往无法直接得到建筑物的完整轮廓；然而，高分辨率光学图像上建筑物具有完整的屋顶结构，有利于确定建筑物完整的边界信息，但从繁杂的城市场景中快速检测建筑物却存在困难，因此，综合利用建筑物在不同遥感图像中的特点来提高建筑物目标识别和三维重建的精度成为一种有效手段。Tupin 和 Roux（2005）综合利用 SAR 图像与光学图像提取建筑物并反演高度，首先从 SAR 图像检测到疑似建筑物目标及其部分边界，然后以提取的边界作为线索，映射到光学图像中进行最优形状匹配实现建筑物的边界提取。在后期的改进中，首先基于建筑物的边界信息生成区域邻接图，然后利用雷达摄影测量得到图中每个区域对应的高度，并用马尔可夫规则化对结果进行优化。在这个过程中，两种图像处理层次不一样，通过处理 SAR 图像来找到潜在建筑物目标的位置和方位，从而确定光学图像中的感兴趣区域，进而确定完整的建筑物边界，最后利用 SAR 图像来反演建筑物高度。朱俊杰等（2005）利用 SAR 图像中建筑物的叠掩特征反演建筑物的高度，并融合快鸟光学图像提取了建筑物屋顶轮廓，实现了建筑物的三维重建。Sportouche 等（2011）首先利用高分辨率光学图像对建筑物边界进行提取，在此基础上利用建筑物在 SAR 图像上特征的差异性建立了匹配度函数，最后实现了建筑物高度反演。Wegner（2011）对高分辨率干涉 SAR 图像进行了特征提取，并在条件随机场的框架下结合光学图像实现了建筑物检测和高度反演。

1.3　道路目标 SAR 图像提取研究进展

利用 SAR 图像进行道路提取的研究始于 20 世纪 80 年代，国内外学者进行了大量研究，取得了颇多成果。从发表的文献来看，利用 SAR 图像提取道路的方法大致遵循先局部检测再全局连接的思路。道路在 SAR 图像上的特征受道路本身和 SAR 图像分辨率的影响，因此局部检测内容也不同；而在全局连接阶段，根据是否需要人工干预，又可分为自动化方法和半自动化方法。

1.3.1　SAR 图像道路局部检测

SAR 图像上的道路特征受道路类型和 SAR 图像分辨率的影响，同一类型的道路在不同分辨率的 SAR 图像上具有不同的表现形式，而不同类型的道路在同一分辨率的 SAR 图像上也具有不同的图像特征。因而这里不单纯地以道路类型或 SAR 图像分辨率来区分道路局部检测方法，而是根据道路在 SAR 图像上的表现形式如呈现为线状或带状，分别论述线状道路和带状道路局部检测方法。

1. 线状道路的局部检测

在 SAR 图像中表现为明显线状的道路，道路宽度一般较小，具有明显的单边缘特性和线特征，局部检测可分为基于单边缘检测器的道路基元提取、线特征提取。

1）道路基元提取

在 SAR 图像上线状的道路一般具有明显的单边缘特征，可以使用边缘检测的方法来提取道路基元。基于单边缘检测模型的边缘检测方法是在假定分析窗内为单边缘的基础上，采用局部加窗的方式来实现边缘的检测。

均值比率（Ratio of Average，ROA）算子是一种常用的单边缘检测方法，它采用区域的算术均值代替单个像元值，不但克服了基于加性噪声边缘检测器对于受乘性噪声影响的 SAR 图像不适用的缺点，而且可以获得边缘的方向信息。由于 SAR 图像的噪声干扰，只有在进行检测时采用较大的窗口才能保证得到稳定可信的道路检测结果，但因此会出现提取道路比实际道路更宽的情况，使检测算子定位不准确。为了提高道路边缘定位的准确性，张广伟和张永红（2008）采用添加修剪窗口的办法，通过搜索修剪窗口内检测器最大的响应值，从而找到准确的边缘点。安成锦等（2009）首先利用 ROA 进行边缘检测，对其检测结果进行形态学膨胀后，再用 Canny 算子再次检测边缘，使边缘定位更准确。但 ROA 算子对细边缘不敏感，而互相关算子易出现较多虚警，因此 Tupin 等（1998）提出利用 ROA 算子与互相关算子融合的方法检测 SAR 图像中的线特征，取得了较好的效果。

通过分析 SAR 图像的统计特性，Duda 算子被提出并用于乘性环境下的边缘检测，该算子具有恒虚警特性。Huber 和 Lang（2001）基于 Duda 算子提出一种新的融合算子，并将其应用于高分辨率机载 SAR 图像道路边缘的检测。贾承丽和匡纲要（2005）指出 ROA 检测细线边缘会造成边界定位不准且无法检测出细线边缘等问题，所以使用 Duda 算子进行道路点的检测。

广义似然比（Generalized Likelihood Ratio，GLR）边缘检测算子是基于假设性检验的方法，与 ROA 算子一样具有恒虚警的特性。此外，还可以利用数学形态学方法实现对 SAR 图像的边缘检测。Chanussot 等（1999）在对 SAR 图像进行方向性滤波后，用数字形态学方法进行边缘检测。Katartzis 等（2000）在 Chanussot 工作的基础上进行了改进，提高了形态学滤波在噪声污染严重区域的性能，解决了部分检测边缘不连续的情况。

2）线特征提取

利用道路基元提取方法提取出的道路基元，是以像元点的形式存在的，像元与像元之间是松散的连接关系。道路线一般由较光滑的曲率较小的曲线构成，因此如果对道路基元进行分析，找出具有相对一致特征的道路基元组成线特征，再对这些线特征进行综合组织和连接，将有利于道路线的提取。

Hough 变换是广泛用于从二值图中提取线特征的方法。Gamba 等（2006）基于先验知识和模糊 Hough 变换提取线基元。此外，Burns 等（1986）提出了相位编组法，该算法通过将相互连通且梯度相位值相近的像元点进行连接，组成各自的集合而形成直线支持集，最后利用直线支持集的像元点拟合出相应的直线。Boldt 等（1989）提出了层次记号编组法，该方法利用直线的邻近性、共线性几何特征和对比度特征，将所有边缘编组成短线；然后采用分步编组连接，不断将短线编组成更长的线段，并不断扩大搜索范围直至提取出理想的直线。

2. 带状道路的局部检测

在 SAR 图像中表现为明显带状的道路，局部检测一般采用道路平行双边缘提取或同态暗区域提取的方法。

平行双边缘方法主要利用道路在高分辨率 SAR 图像上的几何特征，一般在边缘检测结果的基础上进行。针对单边缘检测器用于带状道路提取的局限性，Fjortoft 等（1998）提出了指数加权均值比（Ratio of Exponentially Weighted Average，ROEWA）算子，该方法利用基于线性最小均方误差的指数平滑滤波器来估计检测窗口内的局部均值，并用该均值代替算数均值。吴禹昊（2009）在 ROEWA 算子的基础上，利用添加方向模板的方法，提出了获取边缘方向的 ROEWA 改进算子，在此基础上提取道路双边缘。安成锦等（2011）针对传统 ROEWA 算子难以对边缘位置进行准确定位且无法获得边缘方向的缺点，为保证非极值抑制的准确性，在 ROEWA 加权滤波的基础上进行差分运算，并用 Radon 变换计算边缘方向。朱昌盛等（2011）在滤波的基础上，先用 ROEWA 算子进行边缘检测，再利用平行线基元提取算法对边缘检测结果进行搜索连接，最后利用简单的连接方法将双边缘连接起来，不仅能检测平行直线，对于平行曲线的检测也同样有效。陈卫荣等（2005）利用两个阈值对原始图像进行二值化，并对二值化结果分别用 Hough 变换进行道路提取，最后基于特征融合的方法对检测结果进行融合。

高分辨率 SAR 图像上的道路以及一些中分辨率 SAR 图像上较宽的道路一般不再呈现为线特征，而是形成具有一定宽度的暗同态区域（Lisini et al., 2006）。针对这一特征，可以基于分类或分割的方法进行带状道路目标的检测。模糊 C 均值（Fuzzy-C-Means，FCM）分割法是比较常用的单极化 SAR 道路区域分割方法。但由于 SAR 图像中的道路并不是完全的同质区域，加上受噪声的影响，FCM 分割可能会出现空洞和断裂较多的现象，所以 Dell'acqua 和 Gamba（2001）利用加权连接 Hough 变换（Connectivity Weighted Hough Transform，CWHT）、旋转 Hough 变换、最短路径追踪法进行道路的提取。肖志强和鲍光淑（2004a）利用 FCM 分割法提取出主干道路区域后，利用遗传算法进行全局连接。

此外，道路点或非道路像元的确定本质上是一个不确定问题，而模糊理论在表达事物的不确定性方面具有明显的优势，因此可用于 SAR 图像道路的提取。模糊连接度的概念是1979 年由 Rosenfeld 提出的，Udupa 和 Samarasekera（1996）在 Rosenfeld 的基础上提出了利用模糊连接度对影像进行分割的方法。Pednekar 和 Kakadiaris

（2006）经过进一步的研究之后，提出了具有自适应特性的模糊连接度理论。为了更好地从影像中分割不同对象，Ciesielski 等（2007）提出了相对模糊连接度的概念。遥感影像中的道路目标是连续的线状或带状地物，具有连接理论中的"相似性、连接性"的性质，因此相继有学者进行了应用模糊连接度提取道路的研究，但都集中在对光学影像的道路提取上。由于 SAR 图像特有的成像特点以及乘性斑点噪声的影响，利用这些方法直接从 SAR 图像提取道路难以得到理想的结果，如何将模糊连接度理论应用于 SAR 图像道路基元的提取是一个值得研究的问题。

1.3.2　SAR 图像道路全局连接

全局连接是指结合关于 SAR 图像道路目标的先验知识，通过对道路点或道路线基元进行重组和连接，形成完整的网络结构，并剔除虚假检测，最终实现道路的提取。根据提取过程是否需要人工干预，全局连接一般可分为半自动连接方法和自动连接方法。

1. 半自动连接方法

半自动连接方法可以充分利用人类的认知和识别能力，又能发挥计算机快速精准的量算能力，同时保证道路检测的效率和鲁棒性，是从 SAR 图像提取道路目标的常用方法，常用的方法包括模板匹配法、粒子滤波法、主动轮廓（Snakes）模型方法。

模板匹配法的思想是通过人工给定特征点初始值，建立矩形或其他形状的模板，通过旋转等方法获得相应的纹理，利用最小二乘等方法估计模板纹理和影像之间的几何变形参数，预测模板下一个位置从而达到提取道路的目的。模板匹配法适用于道路曲率较小、背景环境较简单的道路提取，对于道路部分被遮挡、道路交叉口多以及空间关系复杂的城区场景，模板匹配法往往会失去跟踪能力，需要更多的人工引导。

粒子滤波法是一种非线性、非高斯动态系统的实时预测算法，主要思想是采用一组随机粒子的加权和来逼近后验概率密度，对非高斯、非线性问题的后验概率估算非常有效，适合用来描述乘性噪声干扰下的非线性、非高斯 SAR 系统。Deng 等（2010）改进了粒子滤波方法，将其应用于不同波段不同频率的 SAR 图像联合进行道路检测。粒子滤波方法采用粒子集演化的策略来估计后验概率，因此速度偏慢，适合处理误差稳定且较大的情况，但难以适应观测值误差的突变（邓少平，2013）。

Snakes 模型方法是一种源自计算机视觉的算法，是一种高效的半自动轮廓检测方法，其原理是在图像目标边界附近给出一条初始轮廓曲线，该曲线在自身内力和由图像数据产生的外力共同作用下运动，最终使得 Snakes 曲线拟合到图像中道路目标边缘特征上。Snakes 模型方法对曲线轮廓具有较好的拟合效果，因此广泛用于遥感图像道路提取。Bentabet 等（2003）利用方向性滤波器对 SAR 图像进行滤波后，以线检测算子响应值的负值作为 Snakes 模型外部能量驱动初始轮廓向道路拟合，取得了较好的效果，但该方法需要道路数据库提供初始轮廓曲线。肖志强和鲍光淑（2004b）以细化的道路类二值图像作为外部能量，利用 Snakes 模型提取较复杂城市道路网，但该方法需人工输入较准确的初始控制点，对人工操作的要求高，并且对曲率较大的道路难以达到理想的拟合效果。

2. 自动连接方法

自动连接方法不需要人工干预，具有全自动的优点。主要方法包括 Markov 随机场（Markov Random Field，MRF）全局连接方法、遗传算法（Genetic Agorithm，GA）、感知编组和张量投票等。

MRF 全局连接方法充分利用 SAR 图像上下文信息以及人类先验知识，在 SAR 图像分割、道路提取中都得到了广泛应用。Tupin 等（1998）利用 MRF 方法结合道路交叉口的先验知识将道路线特征连接起来形成完整的道路网。在此基础上，Tupin 等（2002）修改了对先验模型中团势能函数的定义，增加了 3 阶团势能的定义，使模型更适用于城区场景中道路网复杂、道路交叉口比较多的情况。Negri 等（2006）分析了不同类型道路交叉口的情况，在观测数据模型中引入道路交叉口相关信息，并取得了比较好的效果，但却使计算复杂度大大增加。基于 MRF 模型的道路全局连接方法能在局部处理效果较差的情况下得到较理想的连接效果，但它存在迭代速度偏慢的问题，难以实现道路的实时提取。

遗传算法是通过模拟生物在自然环境中的染色体选择、交叉和变异等操作而形成的一种自适应全局优化概率搜索算法。Jeon 等（2002）使用迭代端点拟合（fit-and-split）方法从低层处理结果中提取道路线特征后，再使用遗传算法对线特征进行全局连接。针对遗传算法需要较多搜索时间的问题，可以在利用遗传算法进行线特征连接之前先利用简单的区域生长法对线特征进行预连接（贾承丽等，2007）。针对高分辨率 SAR 图像，肖志强和鲍光淑（2004a）利用模糊 C 均值聚类方法从滤波后的 SAR 图像分割出道路类后，直接在道路类像元上利用遗传算法搜索全局最优道路。遗传算法全局连接效果较好，但需要输入较多的输入参数，并且在全局连接后还需要进行一些后处理使道路位置更准确。

此外，自动连接方法还包括感知编组、张量投票等其他方法。Gamba 等（2006）运用感知编组和形态学方法对线基元进行处理，实现了道路目标的提取。吴禹昊（2009）运用相位编组法从边缘点中提取出线基元，然后基于感知编组和 Dempster-Shafer 证据理论进行道路连接。沈大江等（2009）首先用线检测算子对道路基元进行检测，然后再利用一个正交滤波器组来估计 SAR 图像的局部方向，经过张量编码、张量投票、特征提取等步骤最终得到较完整的道路网。

参 考 文 献

安成锦, 杜琳琳, 王卫华, 等. 2009. 基于融合边缘检测的 SAR 图像线性特征提取算法[J]. 电子与信息学报, 31(6): 1279-1282.

安成锦, 辛玉林, 陈曾平. 2011. 基于改进 ROEWA 算子的 SAR 图像边缘检测方法[J]. 中国图象图形学报, 16(8): 1483-1488.

陈卫荣, 王超, 张红. 2005. 基于特征融合的高分辨率 SAR 图像道路提取[J]. 遥感技术与应用, 20(1): 137-140.

邓少平. 2013. 高分辨率极化 SAR 影像典型线状目标半自动提取[D]. 武汉: 武汉大学.

傅兴玉, 尤红建, 付琨. 2012. 单幅高分辨率 SAR 图像建筑物三维模型重构[J]. 红外与毫米波学报, 31(6): 569-576.

贾承丽, 匡纲要. 2005. SAR 图像自动道路提取[J]. 中国图象图形学报, 10(10): 1218-1223.

贾承丽, 赵凌君, 吴其昌, 等. 2007. 基于遗传算法的 SAR 图像道路网检测方法[J]. 计算机学报, 30(7): 1186-1194.

蒋李兵, 王壮, 雷琳, 等. 2012. 基于模型的单幅高分辨 SAR 图像建筑物高度反演方法[J]. 电子学报, 40(6): 1086-1091.

沈大江, 王峥, 田金文. 2009. 基于张量投票算法的 SAR 图像道路提取方法[J]. 华中科技大学学报(自然科学版), 37(4): 51-54.

唐侃, 付锟, 孙显, 等. 2013. 高分辨率 SAR 图像中矩形建筑物特性分析与三维重建[J]. 红外与毫米波学报, 32(3): 198-204.

吴禹昊. 2009. 高分辨率 SAR 图像城区道路提取[D]. 长沙: 国防科学技术大学.

肖志强, 鲍光淑. 2004a. 基于 GA 的 SAR 图像中主干道路提取[J]. 中国图象图形学报, 9(1): 93-98.

肖志强, 鲍光淑. 2004b. 一种从 SAR 图像中提取城市道路网络的方法[J]. 测绘学报, 33(3): 264-268.

张风丽, 邵芸. 2010. 城市目标高分辨率 SAR 遥感监测技术研究进展[J]. 遥感技术与应用, 25(3): 415-422.

张广伟, 张永红. 2008. 基于链码优化的 SAR 影像城市道路网络提取[J]. 遥感学报, 12(4): 620-625.

赵凌君. 2009. 高分辨率 SAR 图像建筑物提取方法研究[D]. 长沙: 国防科学技术大学.

朱昌盛, 周伟, 关键. 2011. 基于平行线对检测的 SAR 图像主干道提取算法[J]. 中国图象图形学报, 16(10): 1908-1917.

朱俊杰, 丁赤飚, 尤红建, 等. 2006. 基于高分辨率 SAR 图像的建筑物高度提取[J]. 现代雷达, 28(12): 76-79.

朱俊杰, 郭华东, 范湘涛, 等. 2005. 高分辨率 SAR 与光学图像融合的建筑物三维重建研究[J]. 高技术通讯, 15(12): 68-74.

邹斌, 许可, 张腊梅, 等. 2009. SAR 图像建筑物三维信息提取方法研究[J]. 雷达科学与技术, 7(2): 95-101.

Auer S. 2011. 3D synthetic aperture radar simulation for interpreting complex urban reflection scenarios[D]. München: Technische Universität München.

Balz T, Haala N. 2006. Improved real-time SAR simulation in urban areas[C]. IEEE International Geoscience and Remote Sensing Symposium, 1(8): 3631-3634.

Bennett A, Blacknell D. 2003. Infrastructure analysis from high resolution SAR and InSAR imagery[C]. Proceedings of the Remote Sensing and Data Fusion over Urban Areas, 2003, 2nd GRSS/ISPRS Joint Workshop on, Berlin: 230-235.

Bentabet L, Jodouin S, Ziou D, et al. 2003. Road vectors update using SAR imagery: A snake-based method[J]. IEEE Transactions on Geoscience and Remote Sensing, 41(8): 1785-1803.

Boldt M, Weiss R, Riseman E. 1989. Token-based extraction of straight lines[J]. IEEE Transactions on Systems, Man and Cybernetics, 19(6):1581-1594.

Bolter R, Leberl F. 2000. Shape-from-shadow building reconstruction from multiple view SAR images[C]. Proceedings of the 24th Workshop of the Austrian Association for Pattern Recognition, Villach, Carinthia, 142: 199-206.

Brunner D, Lemoine G, Bruzzone L, et al. 2010. Building height retrieval from VHR SAR imagery based on an iterative simulation and matching technique[J]. IEEE Transactions on Geoscience and Remote Sensing, 48(3): 1487-1504.

Brunner D. 2009. Advanced methods for building information extraction from very high resolution SAR data to support emergency response[D]. Trento: University of Trento.

Burns J B, Hanson A R, Riseman E M. 1986. Extracting straight lines[J]. IEEE Transactions on Pattern Analysis and Machine Intelligence, 4: 425-455.

Chanussot J, Mauris G, Lambert P. 1999. Fuzzy fusion techniques for linear features detection in multitemporal SAR images[J]. IEEE Transactions on Geoscience and Remote Sensing, 37(3):1292-1305.

Ciesielski K C, Udupa J K, Saha P K, et al. 2007. Iterative relative fuzzy connectedness for multiple objects with multiple seeds[J]. Computer Vision and Image Understanding, 107(3): 160-182.

Dell'acqua F, Gamba P. 2001. Detection of urban structures in SAR images by robust fuzzy clustering algorithms: The example of street tracking[J]. IEEE Transactions on Geoscience and Remote Sensing, 39(10): 2287-2297.

Deng Q, Chen Y, Yang J. 2010. Joint detection of roads in multi frequency SAR images based on a particle filter[J]. International Journal of Remote Sensing, 31(4): 1069-1077.

Ferro A, Brunner D, Bruzzone L. 2013. Automatic detection and reconstruction of building radar footprints from single VHR SAR images[J]. IEEE Transactions on Geoscience and Remote Sensing, 51(2): 935-952.

Fjortoft R, Lopes A, Marthon P, et al. 1998. An optimal multiedge detector for SAR image segmentation[J]. IEEE Transactions on Geoscience and Remote Sensing, 36(3):793-802.

Franceschetti G, Iodice A, Riccio D. 2002. A canonical problem in electromagnetic backscattering from buildings[J]. IEEE Transactions on Geoscience and Remote Sensing, 40(8): 1787-1801.

Gamba P, Dell'acqua F, Lisini G. 2006. Improving urban road extraction in high-resolution images exploiting directional filtering, perceptual grouping, and simple topological concepts[J]. IEEE Transactions on Geoscience and Remote Sensing Letters, 3(3):387-391.

Guida R, Iodice A, Riccio D. 2010. Height retrieval of isolated buildings from single high-resolution SAR images[J]. IEEE Transactions on Geoscience and Remote Sensing Letters, 48(7): 2967-2979.

Huber R, Lang K. 2001. Road extraction from high-resolution airborne SAR using operator fusion[C]. IEEE International Geoscience and Remote Sensing Symposium, Sydney: 2813-2815.

Jahangir M, Blacknell D, Moate C, et al. 2007. Extracting information from shadows in SAR imagery[C]. International Conference on Machine Vision, Islamabad, Pakistan: 107-112.

Jeon B K, Jang J H, Hong K S. 2002. Road detection in spaceborne SAR images using a genetic algorithm[J]. IEEE Transactions on Geoscience and Remote Sensing, 40(1): 22-29.

Katartzis A, Pizuric V, Sahli H. 2000. Application of mathematical morphology and markov random field theory to the automatic extraction of linear features in airborne images[J]. Mathematical Morphology and Its Applications to Image and Signal Processing: 405-414.

Lisini G, Tison C, Tupin F, et al. 2006. Feature fusion to improve road network extraction in high-resolution SAR images[J]. IEEE Transactions on Geoscience and Remote Sensing Letters, 3(2):217-221.

Michaelsen E, Stilla U, Soergel U, et al. 2010. Extraction of building polygons from SAR images: Grouping and decision-level in the GESTALT system[J]. Pattern Recognition Letters, 31(10): 1071-1076.

Negri M, Gamba P, Lisini G, et al. 2006. Junction-aware extraction and regularization of urban road networks in high-resolution SAR images[J]. IEEE Transactions on Geoscience and Remote Sensing, 44(10):2962-2971.

Pednekar A S, Kakadiaris I A. 2006. Image segmentation based on fuzzy connectedness using dynamic weights[J]. IEEE Transactions on Image Processing, 15(6): 1555-1562.

Quartulli M, Datcu M. 2004. Stochastic geometrical modeling for built-up area understanding from a single SAR intensity image with meter resolution[J]. IEEE Transactions on Geoscience and Remote Sensing, 42(9): 1996-2003.

Simonetto E, Oriot H, Garello R. 2005. Rectangular building extraction from stereoscopic airborne radar images[J]. IEEE Transactions on Geoscience and Remote Sensing, 43(10):2386-2395.

Soergel U, Michaelsen E. 2009. Stereo analysis of high-resolution SAR images for building height estimation in cases of orthogonal aspect directions[J]. ISPRS Journal of Photogrammetry and Remote Sensing: 625-640.

Soergel U. 2010. Radar Remote Sensing of Urban Areas[M]. Netherlands: Springer-Verlag.

Sportouche H, Tupin F, Denise L. 2011. Extraction and three-dimensional reconstruction of isolated buildings in urban scenes from high-resolution optical and SAR spaceborne images[J]. IEEE Transactions on Geoscience and Remote Sensing, 49(10): 3932-3946.

Stilla U, Soergel U, Thoennessen U. 2003. Potential and limits of InSAR data for building reconstruction in built-up areas[J]. ISPRS Journal of Photogrammetry and Remote Sensing, 58(1/2): 113-123.

Tao J Y, Auer S, Palubinskas G, et al. 2014. Automatic SAR simulation technique for object identification in complex urban scenarios[J]. IEEE Journal of Selected Topics in Applied Earth Observations and Remote Sensing, 7(3): 994-1003.

Thiele A, Cadario E, Schulz K, et al. 2007. Building recognition from multi-aspect high-resolution InSAR data in urban areas[J]. IEEE Transactions on Geoscience and Remote Sensing, 45(11): 3583-3593.

Thiele A, Cadario E, Schulz K, et al. 2010. Analysis of gable-roofed building signature in multiaspect InSAR data[J]. IEEE Transactions on Geoscience and Remote Sensing Letters, 7(1): 83-87.

Tupin F, Houshmand B, Datcu M. 2002. Road detection in dense urban areas using SAR imagery and the usefulness of multiple views[J]. IEEE Transactions on Geoscience and Remote Sensing, 40(11):2405-2414.

Tupin F, Maitre H, Mangin J F, et al. 1998. Detection of linear features in SAR images: Application to road network extraction[J]. IEEE Transactions on Geoscience and Remote Sensing, 36(2): 434-453.

Tupin F, Roux M. 2005. Markov random field on region adjacency graph for the fusion of SAR and optical data in radar grammetric applications[J]. IEEE Transactions on Geoscience and Remote Sensing, 43(8): 1920-1928.

Tupin F. 2003. Extraction of 3D information using overlay detection on SAR images[C]. Workshop on Remote Sensing and Data Fusion over Urban Areas, Berlin: 72-76.

Udupa J K, Samarasekera S. 1996. Fuzzy connectedness and object definition: Theory, algorithms, and applications in image segmentation[J]. Graphical Models and Image Processing, 58(3): 246-261.

Wegner J D. 2011. Detection and height estimation of buildings from SAR and optical images using conditional random fields[D]. Hannover: Leibniz Universität Hannover.

Xu F, Jin Y Q. 2006. Imaging simulation of polarimetric synthetic aperture radar for comprehensive terrain scene using the mapping and projection algorithm[J]. IEEE Transactions on Geoscience and Remote Sensing, 44(11): 3219-3234.

Xu F, Jin Y Q. 2007. Automatic reconstruction of building objects from multiaspect meter-resolution SAR images[J]. IEEE Transactions on Geoscience and Remote Sensing, 45(7): 2336-2353.

Zhang F L, Liu L, Shao Y. 2012. Building footprint extraction using dual-aspect high-resolution synthetic aperture radar images in urban areas[J]. Journal of Applied Remote Sensing, 6(1): 063599.

Zhang F L, Shao Y, Zhang X, et al. 2011. Building L-shape footprint extraction from high resolution SAR image[C]. Urban Remote Sensing Event, Munich: 273-276.

第 2 章　城市目标高分辨率 SAR 图像特征

随着 SAR 系统成像分辨率和信噪比的提高，单个城市目标可以成像在更多的分辨单元内，因此城市目标几何结构相关的更多细节特征可以得到体现。同时，SAR 特殊的成像方式以及城市目标/场景复杂的几何结构和空间关系，导致城市目标/场景 SAR 图像特征非常复杂，完全不同于光学图像和人类视觉特征，增加了城市高分辨率 SAR 图像理解和信息提取的难度。本章主要利用实例和一些基本的分析介绍建筑物、道路等城市目标在高分辨率 SAR 图像上的特征。2.1 节概括介绍城市高分辨率 SAR 图像的特点；2.2 节分析建筑物目标高分辨率 SAR 图像的特点；2.3 节基于 SAR 成像原理分析建筑物目标 SAR 图像的几何畸变特征，并且针对斜距 SAR 图像中角度变形特点，分析建筑物目标成像几何对这种角度形变的影响；2.4 节依据 SAR 成像原理分析建筑物目标的特殊散射机制，并对二次和多次散射特征，以及建筑物目标成像过程中可能存在的各种类型散射中心进行系统分析；2.5 节分析道路目标在高分辨率 SAR 图像上的辐射、形状和边缘特征。

2.1　城市高分辨率 SAR 图像特点

在中低分辨率 SAR 图像上，例如，ERS-1/2（Attema et al., 1998）、ENVISAT ASAR 和 ALOS PALSAR（Rosenqvist et al., 2007）图像上，城市目标如人工建筑物只包含少量像元，表现为一个或几个亮斑，其雷达后向散射截面（Radar Cross Section，RCS）是表征建筑物目标的最重要特性，因此中低分辨率 SAR 图像对城市目标（住宅楼、工业建筑物、桥梁等）的监测力度非常有限。而随着 SAR 系统成像分辨率和信噪比的提高，单个城市目标成像在更多的分辨单元内，因此城市目标在 SAR 图像上的散射特征可以被识别。图 2-1 给出了北京奥运场馆区及其周边不同分辨率的 SAR 图像。图 2-1（a）为该区域的光学图像，该区域的右半部分为奥运场馆区，左半部分为居民区。图 2-1（b）为该区域的 ALOS PALSAR 全极化模式图像，L 波段，HH 极化，空间分辨率为 30m。在该分辨率图像上居民区呈现为杂乱的噪声，无法准确确定居民楼的位置；而大型场馆呈现为亮斑或者亮条带，轮廓不明显，较难识别。图 2-1（c）为我国 HJ 1-C 条带模式图像，S 波段，HH 极化，空间分辨率为 5m。在该分辨率图像上居民区呈现为规则的亮线，能够确定居民楼的大致位置，但无法提取居民楼平面轮廓信息；而大型场馆则表现为亮暗区域的组合，轮廓较为清晰，能够识别并提取其结构参数信息。图 2-1（d）为 TerraSAR-X 聚束模式图像，X 波段，HH 极化，空间分辨率为 1m。在该分辨率图像上居民楼表现为亮暗条带的组合，叠掩和阴影结构特征较为明显，可用于提取结构参数信息；而大型场馆轮廓明显，一些精细结构也能够在图像中有所体现。可以看出，城市目标/场景在不同分辨率 SAR 图像上的特征差异是非常大的。

(a) 光学图像（Google Earth）

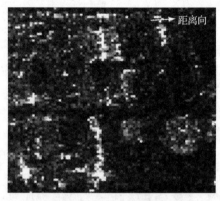

(b) ALOS PALSAR全极化模式图像（HH）

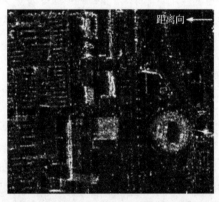

(c) HJ 1-C条带模式图像

(d) TerraSAR-X聚束模式图像

图 2-1　不同分辨率 SAR 图像上的北京奥运场馆及周边地区

　　虽然高分辨率 SAR 图像能够反映城市目标/场景的结构参数信息，但是 SAR 特殊的成像方式以及城市目标/场景结构与空间关系的复杂性，导致其在 SAR 图像上的特征非常复杂，呈现出完全不同于人类视觉的图像特征，给城区高分辨率 SAR 图像理解和应用造成很大的困难。首先，SAR 是基于测距原理通过主动发射与接收电磁波而成像的，与人类视觉系统和光学遥感的成像原理有着本质差异。因此，SAR 图像上的人工目标不仅与人类视觉系统所熟知的状态完全不同，也与光学遥感图像不同，即所见非所知。其次，由于城市目标容易形成角反射器，SAR 图像中目标表现为稀疏的散射中心分布，是散射单元构成的集合体，多表现为离散的点、线组合，连续性和完整性差，并对成像角度、方位敏感。图 2-2 为北京奥体中心体育馆的高分辨率光学图像和高分辨率 TerraSAR-X 聚束模式图像。经对比可以看出，从光学图像中非常容易识别建筑物目标，而在 SAR 图像中，建筑物目标存在明显的几何畸变，呈现出与光学图像完全不一致的特征，较难识别。图 2-3 为中国科技馆新馆的高分辨率光学图像和高分辨率 TerraSAR-X 聚束模式图像，距离向从右往左。从光学图像可以看出，该建筑物屋顶上分布着大量的结构，可以较容易地识别出该建筑物的形状轮廓；而 SAR 图像上，该建筑物呈现为大量短线条和亮点的集合，形状轮廓较难辨识。

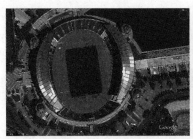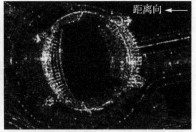

(a) 光学图像（Google Earth）　　　　　　(b) TerraSAR-X聚束模式图像

图 2-2　北京奥体中心体育馆光学图像和高分辨率 SAR 图像

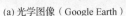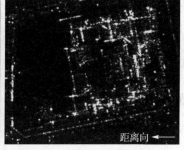

(a) 光学图像（Google Earth）　　　　　　(b) TerraSAR-X聚束模式图像

图 2-3　中国科技馆新馆光学图像和高分辨率 SAR 图像

2.2　建筑物目标高分辨率 SAR 图像特点

建筑物目标是具有一定高程差的人工目标，SAR 成像时建筑物的不同组成部分先后成像，并对电磁波产生遮挡，因此建筑物目标在 SAR 图像上有特殊的散射特征，如叠掩、阴影等。这一方面导致城区高分辨率 SAR 图像的理解较为困难，但同时这些特征也包含了建筑物的几何信息，正确理解并重建这些散射特征与建筑物目标间的几何关系，是利用 SAR 图像进行建筑物检测与参数提取的基础。本节仅对建筑物目标在 SAR 图像上的典型特征进行简单介绍，具体的机理分析请见第 3 章。

　　一般来说，建筑物在 SAR 图像上的成像特征按亮度可以分为三大类：①高亮特征，包括顶点位移引起的叠掩、墙地二面角效应造成的二次散射以及尖顶建筑物正对入射方向的屋顶单次散射；②中亮特征，包括平顶建筑物屋顶的单次散射；③暗特征，主要指建筑物遮挡形成的阴影。这里先对一些典型的散射特征进行介绍。

　　图 2-4 是两个不同建筑物目标在高分辨率 TerraSAR-X 图像上的特征。图 2-4（a）的成像方式是升轨右视，雷达波照射方向是从左向右；图 2-4（b）的成像方式是降轨右视，雷达波照射方向是从右向左。由图像可以看出，叠掩主要是由朝向雷达波方向的建筑物墙面产生的，表现为规则的块状或条带状亮斑。当建筑物墙面具有局部结构（如窗台）或者表面附属设施时，叠掩区域内会表现出规律性的纹理斑点结构。在高分辨率 SAR 图像中，叠掩是建筑物最为显著的特征之一，而且叠掩的大小与建筑物的三维信息密切相关。提取叠掩特征是 SAR 图像建筑物检测和几何参数反演的常用方法之一。

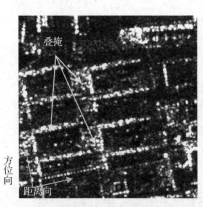 

(a) 建筑物高分辨率SAR图像一　　　　　　(b) 建筑物高分辨率SAR图像二

图 2-4　高分辨率 SAR 图像建筑物叠掩特征示意

　　图 2-5 给出了二次散射特征的示意，可以看到，二次散射特征一般出现在建筑物的墙面与地面形成的二面角处。墙地形成的二面角反射器正对雷达波束时，反射的波束方向、相位和传播长度均相同，传感器收到的信号相互叠加，因此在 SAR 图像中形成高亮的线形结构，即为二次散射引起的特征，这是建筑物目标在高分辨率 SAR 图像上的典型特征，常用于建筑物的检测和识别。但在实际场景中，二次散射与叠掩有时会混淆，不易区分开，特别是当雷达入射角较大或建筑物高度较低时，叠掩压缩为与二次散射相似的高亮线状特征，此时区分两种特征需要结合建筑物的位置和空间分布信息。

图 2-5　高分辨率 SAR 图像建筑物二次散射特征示意

图 2-6 是高分辨率 SAR 图像建筑物阴影特征的示意图。可以看到，建筑物的墙面和屋顶对雷达波产生遮挡，在远离传感器的一面有部分地面接收不到电磁波，没有信号返回，在 SAR 图像中形成了亮度很低的阴影区域。理论上阴影是明显的暗目标，应具有较为显著的轮廓。但在实际 SAR 图像中，由于固有的斑点噪声和周围地物的影响，阴影特征的亮度不都为零，准确提取阴影特征较为困难。而且阴影的形状是随着成像方位和建筑物几何结构变化的，所以一般来说，仅利用阴影特征很难获取建筑物的准确信息。

图 2-6　高分辨率 SAR 图像建筑物阴影特征示意

2.3　建筑物目标 SAR 图像几何畸变特征

SAR 系统通过测量电磁波往返目标的距离来确定其在图像中的位置，这种特殊的测距成像方式使得 SAR 图像通常呈现出不同于光学图像的几何畸变，包括透视收缩、顶底倒置、叠掩、阴影，此外还有斜距显示的角度变形。

透视收缩是由于 SAR 斜距侧视成像导致图像中斜坡长度比实际长度短，同时回波能量被压缩在很小一段距离向范围内。如图 2-7（a）所示，前坡透视收缩 $AB \rightarrow A'B'$，后坡透视收缩 $BC \rightarrow B'C'$。当坡面 AB 的法向量与雷达入射角接近一致时，图像上 $A'B'$ 能量更加集中，图像中通常呈现为高亮度，这也是尖顶建筑物屋顶前坡在 SAR 图像中呈现高亮特征的原因。

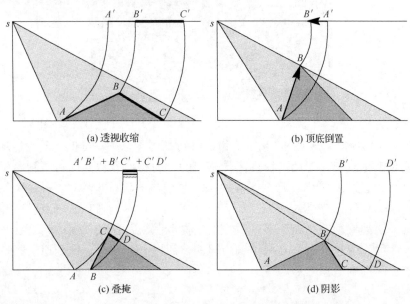

(a) 透视收缩　　　　　　　　　　　　(b) 顶底倒置

(c) 叠掩　　　　　　　　　　　　　　(d) 阴影

图 2-7　SAR 成像几何畸变示意图

顶底倒置是由于目标顶部回波信号先于底部到达传感器，在 SAR 图像上表现为顶部在前、底部在后，与中心投影的光学图像完全相反。如图 2-7（b）所示，与底部 A 相比，顶部 B 距离传感器近。顶底倒置现象常见于建筑物、电力塔和路灯等人工目标中。

叠掩是具有相同的斜距但来自不同高度的地物目标的回波能量叠加在相同的分辨单元内。由于叠掩像元包含来自多个分辨单元内后向散射能量的叠加，通常在 SAR 图像上亮度较高。如图 2-7（c）所示，AB、BC 和 CD 的回波信号叠加在一起形成叠掩区。在建筑物成像过程中，地面、墙面和屋顶通常会形成叠掩区。

阴影是由于地形起伏导致远离天线的地物目标被遮挡，无回波信号而形成亮度很低的阴影区域。如图 2-7（d）所示，BCD 无法被电磁波照射，阴影区域体现了目标高程变化，使得图像具有"立体感"。

因此，SAR 特殊的成像方式导致 SAR 图像具有不同于光学图像的几何畸变特征，增加了 SAR 图像理解和认知的难度。特别是建筑物目标 SAR 图像，需要建立目标与 SAR 图像间的映射关系，从图像中还原目标的实际形态，消除各种几何畸变特征，才能将 SAR 图像呈现为人类视觉容易理解的表现形式。

此外，在地距 SAR 图像中，建筑物目标朝向电磁波的墙角处会形成两条互相垂直的亮线/条带，即 L 形状亮线，这是建筑物目标在 SAR 图像上的显著特征。然而在斜距 SAR 图像中，两条亮线的夹角并非 90°，通常表现为大于 90°。图 2-8 为一个高层建筑物目标的光学图像和机载 SAR 斜距图像，从图中可以看出两条亮条带之间的夹角明显大于 90°。因此在对斜距 SAR 图像进行解译时，特别是对于未进行几何校正的机载 SAR 图像而言，这种角度变形可能会给建筑物目标 SAR 图像解译带来一定的困扰。下面首先分析斜距 SAR 图像建筑物目标角度变形的原因，以及角度变形与入射角和方位角之间的定量关系。

 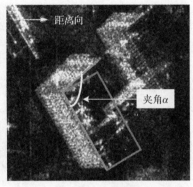

(a) 建筑物光学图像（Google Earth）　　　　　　　　(b) 机载SAR图像

图 2-8　斜距 SAR 图像角度变形

图 2-9 中加粗线条为建筑物墙角线对应的亮线分别在斜距图像和地距图像中的形状，入射角为 θ，方位向为 ϕ，两条亮线的边长分别为 l_1 和 l_2，两条边互相正交。由于建筑物范围较小，入射角变化与入射角相比很小，即 $\Delta\theta \ll \theta$。在地距图像上，l_1 和 l_2 与方位向夹角分别为 ϕ 和 $90° - \phi$；斜距图像上，L 形状会发生变化，l_1 和 l_2 与方位向夹角分别为 ϕ_1 和 ϕ_2，并且两条边 l_1' 和 l_2' 长度变短，压缩比例分别为 k_1 和 k_2，满足式（2-1）和式（2-2）。l_1 和 l_2 之间的夹角 α 是钝角，满足式（2-3）：

$$k_1 = \sqrt{\cos^2\phi + \sin^2\phi\sin^2\theta} = \sqrt{1 - \sin^2\phi\cos^2\theta} \qquad (2\text{-}1)$$

$$k_2 = \sqrt{\sin^2\phi + \cos^2\phi\sin^2\theta} = \sqrt{1 - \cos^2\phi\cos^2\theta} \qquad (2\text{-}2)$$

$$\begin{cases} \alpha = 180° - \phi_1 - \phi_2 = 180° - [\arctan(\sin\theta\tan\phi) + \arctan(\sin\theta\cot\phi)] \\ \phi_1 = \arctan(\sin\theta\tan\phi) \\ \phi_2 = \arctan(\sin\theta\cot\phi) \end{cases} \qquad (2\text{-}3)$$

由以上可以看出：①两条边 l_1 和 l_2 压缩因子随入射角 θ 递增，因此在斜距图像上，近距离端的边被压缩得厉害，这和近距离压缩结论一致；②两条边的压缩因子

随方位角 ϕ 变化的趋势相反，k_1 随 ϕ 递减，k_2 随 ϕ 递增；当 $\phi=45°$ 时，两条边压缩比例一样；当 $\phi>45°$ 时，l_2 被压缩得更厉害；反之亦然。

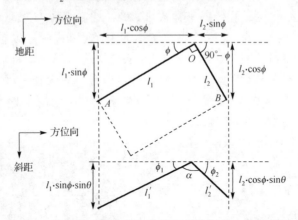

图 2-9　建筑物 L 形特征在地距和斜距图像上的示意图

　　图 2-10 给出了夹角 α 随方位角和入射角的变化趋势，α 随入射角 θ 递减，所以在斜距图像上，近距离端的 L 形状的 α 较大，即变形较大；当 $\theta\rightarrow90°$ 时，$\alpha\rightarrow90°$，此时斜距与地距重合；当 $\theta\rightarrow0°$ 时，$\alpha\rightarrow180°$，即垂直照射，则点 A、O 和 B 斜距一致，三点在一条线上。此外，α 随方位角变化是关于 45° 对称的，因此只考虑 0°～45°，变化趋势与入射角有关。从图 2-10 中可以看出，在入射角较小时，随着方位向的增加，α 最大值增加到 139°；而在入射角较大时，则随方位角变化的幅度减少。因此可以看出，在近距端，方位角较大的建筑物，边界夹角变形较大。

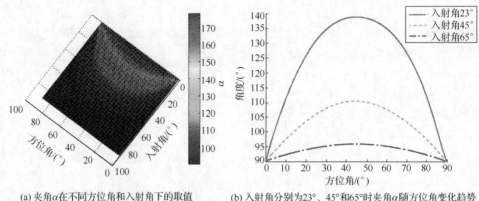

(a) 夹角 α 在不同方位角和入射角下的取值　　(b) 入射角分别为 23°、45° 和 65° 时夹角 α 随方位角变化趋势

图 2-10　夹角 α 随方位角和入射角的变化趋势（见文后彩图）

　　下面利用机载 SAR 斜距图像对这种定量关系的可靠性进行验证。表 2-1 为 4 个建筑物目标 SAR 斜距图像切片，两条亮线夹角的图像测量值与理论计算值相差非常小，因此，证明这种定量关系是可靠的。此外，利用该定量关系，可以获取机载 SAR

数据的入射角。通常在分析机载 SAR 斜距图像时，无法获取准确的入射角信息，但是入射角是图像分析与参数提取等过程中不可或缺的参数，因此可以从图像中提取这种角度变形，然后利用式（2-3）的定量关系来反算机载 SAR 图像的入射角。

表 2-1　机载 SAR 斜距图像中 L 形状亮线夹角随方位角变化的实例

样本	1	2	3	4
SAR 图像 (距离向从下往上)				
测量值/（°）	98.0	93.0	97.0	99.0
理论值/（°）	98.2	94.1	98.0	98.1
误差/（°）	0.2	1.1	1.0	−0.9

2.4　建筑物目标的特殊散射及分析

理解城市目标/场景高分辨率 SAR 图像特征，需要明确城市目标/场景散射机理，最直接的手段是建立描述电磁波与建筑物目标间相互作用的模型。例如，1997 年，Dong 等基于物理光学（Physical Optics, PO）方法对城市环境的雷达后向散射特性进行定量分析，指出单次、二次和三次散射是城市建筑的主要散射贡献（Dong et al., 1997）。2002 年，Franceschetti 等建立了电磁波与矩形建筑物之间的电磁散射模型（Franceschetti et al., 2002），之后又结合成像算法对城区 SAR 回波信号进行模拟分析（Franceschetti et al., 2003）。本节暂不涉及复杂的电磁计算，仅利用前人的一些基本结论对建筑物目标的特殊散射机制和成因进行介绍，具体的机理分析请阅读第 3 章。

2.4.1　二次散射及多次散射

根据电磁波与目标间的相互作用过程，可以将 SAR 天线接收到的目标回波信号分为单次散射、二次散射和多次散射。其中，单次散射是电磁波只与目标发生一次相互作用的后向散射过程；二次散射和多次散射是电磁波在目标间发生多次散射，最后返回 SAR 天线的散射过程。对于建筑物目标而言，二次散射和多次散射是 SAR 图像中非常重要的散射特征。

1. 二次散射及多次散射路径分析

二次散射及多次散射的形成过程可用图 2-11 表示。SAR 天线发射电磁波到达地物目标，并且与地物目标间发生 n 次散射，并最终被天线接收。当 $n=2$ 时，为二次散射；$n>2$ 时，为多次散射。二次散射和多次散射的产生与地物目标的结构和姿态密切相关。

按照 SAR 距离成像，可以将多次散射斜距表示为 $R_m = \left(R_1 + R_n + \sum_{i=1}^{n-1} R_{i,i+1} \right) / 2$。与高频的光学区电磁波相比，电磁波的波长较长，与地物发生二次散射或者多次散射的可能性更大。但是二次散射或者多次散射特征能够在 SAR 图像上呈现出来，除了需要电磁波与地物目标发生多次散射，还与二次散射或多次散射回波信号能量大小以及图像参数有关。当多次散射斜距 R_m 与目标斜距 R_1 之差小于一个分辨单元 dR 时，即 $R_m - R_1 < dR$ 时，则多次散射信号与单次后向散射能量叠加在同一个分辨单元内（如茂密的灌丛，多次散射与冠层单次散射位于相同的分辨单元内）；当多次散射斜距 R_m 与目标斜距 R_1 之差大于一个分辨单元 dR 时，即 $R_m - R_1 > dR$ 时，多次散射回波信号成像在图像的远距离端分辨单元，呈现为虚假目标。如图 2-12 所示，旧金山金门大桥在 TerraSAR-X 高分辨率聚束模式图像远距离处的海面位置出现了多条明亮的条带，这是电磁波在大桥和海平面上发生了多次散射，由于回波信号时间延时而偏离了大桥的位置，在距离向远端显现。

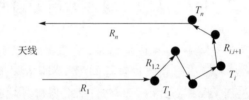

图 2-11　二次散射及多次散射的形成过程示意图

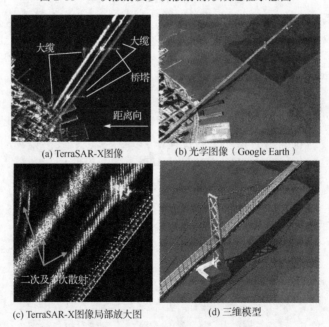

(a) TerraSAR-X图像　　　　　(b) 光学图像（Google Earth）

(c) TerraSAR-X图像局部放大图　　　　(d) 三维模型

图 2-12　金门大桥 TerraSAR-X 图像多次散射特征

2. 基于角反射器的二次及多次散射分析

对于雷达而言，角反射器结构是一类重要的目标，电磁波与特殊结构目标表面发生多次散射后将信号汇集并返回天线从而产生较强回波信号。常见的角反射器有二面角反射器和三面角反射器。下面从成像几何的角度解释角反射器二次或多次散射过程。

二面角反射器具有两个互相垂直的光滑表面（如建筑物墙面与地面），当雷达波照射方向与二面角反射器垂直时，在两个表面都发生镜面反射，波束反转 180°，向着来波方向传播，由于回波信号方向和相位相同，所示信号相互增强。如图 2-13（a）所示，由二次散射电磁波的传播路径可知，同一个距离向截面中雷达波的传播总路径等同于直接往返二面角顶点 O 的雷达波的路径，即二次散射信号传播路径为 $R_1 + R_{1,2} + R_2$，等同于往返二面角顶点 O 的路径 $2R_d$。因此，在二面角交线处会形成一条亮线。这种二面角结构形成的二次散射亮线是建筑物目标 SAR 图像中的重要特征。建筑物目标的垂直墙面与地面形成二面角散射器，在建筑物墙角处形成明显的亮线，即为二次散射在该位置处聚焦所形成，如图 2-14（a）中的亮线。当建筑物墙面与 SAR 方位向不平行时，则形成 L 形状亮线，通常对应建筑物边界。

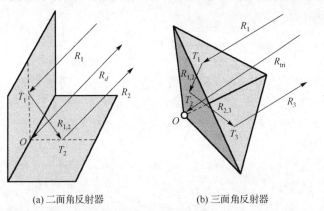

(a) 二面角反射器　　　　　　　(b) 三面角反射器

图 2-13　二面角反射器和三面角反射器（见文后彩图）

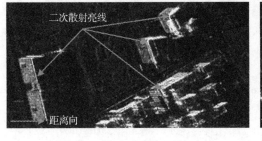

(a) 二面角亮线　　　　　　　(b) 三次散射亮点

图 2-14　机载高分辨率 SAR 图像建筑物二次及多次散射特征

三面角反射器由三个互相垂直的光滑表面组成，如图 2-13（b）所示。与二面角反射器一样，电磁波经过三个互相垂直的表面反射后，方向反转 180°，向着来波方向传播。三面角反射器对电磁波入射方向不敏感。由电磁波与三面角反射器相互作用过程可知，雷达波的传播总路径等同于直接往返三个面交点 O 的雷达波的路径，即三次散射信号传播路径为 $R_1 + R_{1,2} + R_{2,3} + R_3$，等同于往返顶点 O 的路径 $2R_{tri}$。其对于入射的电磁波具有汇聚的作用，即使反射器的物理尺寸大于 SAR 系统的空间分辨率，在 SAR 图像中也一般呈现为亮点。对于建筑物目标而言，其规则的结构极易构成三面角反射器，例如，两个互相垂直的墙面与地面构成了典型三面角反射器，窗台、窗框和窗玻璃构成小的三面角反射器，在 SAR 图像中呈现为大量的亮点，如图 2-14（b）所示。

三面角反射器的后向散射截面与尺寸和材质有关，即

$$\sigma_T = \frac{4\pi \cdot e^4}{3\lambda^2} \cdot \beta(p,r) = \frac{4\pi A_{eff}^2}{\lambda^2} \cdot \beta(p,r) \tag{2-4}$$

其中，有效面积 $A_{eff} = l^2/\sqrt{12}$，$l = \sqrt{2}e$；λ 为电磁波波长；e 为反射器的边长；$\beta(p,r)$ 是与介电常数、粗糙度相关的系数，小于 1。在 X 波段高分辨率 SAR 图像中，尺寸大于 8cm 的三面角反射器可以显现出来。

2.4.2 散射中心模型

高分辨率 SAR 图像中，除了几何畸变引起的叠掩、阴影等散射特征，建筑物目标属性散射中心也是一个重要特征。建筑物表面光滑，单次散射回波信号较弱；强回波信号来自于目标体上的一些具有简单几何结构的散射体（如二面角、三面角反射器或者镜面反射）。

电磁散射理论表明，根据目标散射特性的不同可以将电磁波频率划分为三个区（Skolnik，1990）：瑞利区、谐振区和光学区。对于建筑物目标而言，SAR 一般工作于目标的光学区，散射中心是雷达目标在光学区等效的散射源。在光学区，建筑物目标在垂直于电磁波传播方向的尺寸远大于波长，此时散射体各部分之间的相互影响较小，散射成为局部现象而不再是累积的过程，表面电流积分的主要贡献来自于驻相点和积分端点。本节首先对常见的电磁散射中心进行分类，然后介绍建筑物目标 SAR 成像时可能出现的散射现象。

1. 电磁散射中心类型

按照目标结构的不同将散射中心分为五大类：镜面散射型、边缘型、多次反射型、尖顶型以及行波和爬行波产生的散射中心（Knott and Tuley, 1988）。

（1）镜面散射型。平板、单曲面和双曲面都能产生镜面型散射中心。其中平板对应的散射中心具有很强的方向性，在法向的散射强度远远大于其他方向，例如，人字形屋顶在入射角较大的 SAR 图像中会呈现为亮线；单曲面形散射体在纵切面内具有很强的方向性而在横切面内散射图均匀，如金属排水管道、高速公路护栏等；双曲面形散射体的方向图很宽，如图 2-15 所示，图 2-15（b）为球形建筑物目标，图 2-15（a）为对应的 TerraSAR-X 地距图像，其中的圆为建筑物平面轮廓，球体建筑物在 SAR 图像上呈高亮点，是曲面镜面型散射中心的实例。单曲面和双曲面散射结构对应的散射中心位置随观测视角而变化，是典型的滑动型散射中心。

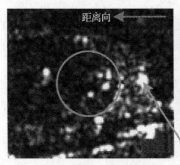

（a）TerraSAR-X 地距图像　　　　　　　（b）球形建筑物目标

图 2-15　曲面镜面型散射中心实例

（2）边缘型。它包括一阶边缘（如棱）、二阶边缘（指一阶导数连续、二阶导数不连续的形体，如锥球体的半球和锥体结合部）。这类结构也称为部分连接散射点，其位置随观测视角而变化。

（3）多次反射型。多次反射型可以分为两类：非色散型多次反射结构和腔体结构，其中非色散型多次反射结构包括角反射器结构和电尺寸远大于雷达波长的腔体结构，它们在横向（方位向）上的位置通常位于整个反射链路上的第一个面元和最后一个面元之间，纵向（距离向）位置则由整个反射链路的总长度决定，并且该多次反射结构形成的所有射线具有相同的纵向和横向位置，因此非色散型多次反射结构在雷达图像上表现为一个点散射中心，如三面角反射器是其中最为典型的一种。但该类点散射中心的散射强度和位置随观测方向而改变，与镜面和边缘滑动型散射中心不同的是，它的位置改变可能是不连续的。当腔体结构的任意一维尺寸与雷达波长相近时，就可以成为一个显著的色散型散射结构，其相位特性随频率而变化，因此造成纵向（距离向）的模糊和展布，如建筑物附属的空调压缩机。

（4）尖顶型。这类散射中心的散射能量通常与频率的平方成反比，在光学区的散射要弱于前几类散射中心，但它的方向图较宽，是最主要的稳定点散射中心。

（5）行波和爬行波产生的散射中心。它们也具有色散性，在高频区的散射强度通常都比较低，因此暂时不考虑。

2. 特殊散射现象

高分辨率 SAR 成像算法一般基于点散射中心模型假设，然而一些散射中心不满足散射点假设，特别是建筑物目标及其附属结构容易在雷达图像中形成模糊和展布。随着 SAR 系统信噪比和分辨率的提高，非点散射现象引起的图像失真越来越明显。根据非点散射中心造成雷达图像模糊和展布的机理不同，可以将散射中心分为如下几类。

（1）展型散射中心：对应方向图非常窄，散射强度随观测方向变化大的散射体，如平板、长柱体和长二面角形成的镜面反射。当观测方向正对法线且成像角大于其方向图的主瓣宽度时，它们在二维雷达图像上表现为横向的展布，展布宽度约等于对应结构的横向宽度。

（2）色散型散射中心：在数学形式上，它们的相位特性随频率变化，典型的散射结构包括尺寸与波长等量级的腔体、涂敷介质材料的散射体等。色散型散射中心通常会造成径向图像的移位和展布。

（3）滑动型散射中心：单曲面和双曲面是典型的滑动型散射中心，它们的镜面反射点位置随观测视角在目标轮廓上移动，通常会同时造成横向和纵向的图像模糊。多次反射结构的反射路径对观测视角敏感并且变化不连续（规则的二面角和三面角除外），因此会造成二维图像模糊更严重。散射中心的滑动效应通常要在方位角变化达到一定程度时才表现显著，如滑动聚束模式 SAR 图像。

（4）微运动型散射中心：对应于目标上的微运动结构，如旋转的叶片、振动的发动机等，它们的位置随时间发生周期或随机的微小变动，对窄带雷达回波造成周期性调制或频谱展宽，对宽带高分辨雷达则造成雷达图像的局部模糊。

与其他地物目标相比，建筑物目标结构复杂多样、附属物较多。因此，以上各种类型的散射中心和特殊现象出现在建筑物目标的频率远远高于其他地物目标，这也是建筑物目标高分辨率 SAR 图像的特点之一。然而，由于建筑物目标几何结构各异，建筑物目标的散射机制和现象都非常复杂，本书主要对建筑物的典型散射特征及形成机制进行分析。

2.5　道路目标高分辨率 SAR 图像特点

道路按照其功能特点，可分为城市道路、公路、厂矿道路、林区道路和乡村道路。城市道路是指在城市范围内具有一定技术条件和设施的道路。根据 CJJ 37—2012《城市道路工程设计规范》，城市道路等级分快速路、主干路、次干路、支路四级，如表 2-2 所示。

表 2-2　城市道路分级和技术标准

项目级别	设计车速/（km/h）	单向机动车道数/条	道路总宽/m	分隔带设置
快速路	60～80	4	≥40	必须设
主干路	30～60	2～4	30～40	应设
次干路	20～50	2～4	14～18	可设
支路	20～40	2	16～30	不设

公路是连接各城市、城市和乡村、乡村和厂矿地区的道路。根据 JTG B01—2014《公路工程技术标准》，依据交通量、公路使用任务和性质，公路可分为高速公路和一到四级公路，如表 2-3、表 2-4 所示。

表 2-3　高速公路技术标准

公路等级	高速公路			
计算行车速度/（km/h）	120	100	80	60
车道数	8	4	4	4
行车道宽度/m	2×15.0	2×7.5	2×7.5	2×7.0

表 2-4　不同等级公路技术标准

项目级别	设计车速/（km/h）	单向机动车道数/条	道路总宽/m	分隔带设置
一级	60～80	≥4	40～70	必须设
二级	40～60	≥4	30～60	应设
三级	30～40	≥2	20～40	可设
四级	30	≥2	16～30	不设

除对公路和城市道路有明确的等级划分标准外，对林区道路、厂矿道路和乡村道路一般不再划分等级。由于道路类型多样，不同类型宽度不一，所以道路在 SAR 图像上可能呈现为不同的形态特征，如 45m 宽的道路在分辨率为 1m 的 SAR 图像上，宽度约为 45 个像元，可以看成带状；7.5m 宽的道路在分辨率为 1m 的 SAR 图像上宽度为 6～7 个像元，一般认为是线状，而在超高分辨率 SAR 图像上却可能呈现为带状。因此第 7 章在介绍道路提取方法时，不单纯以道路等级或 SAR 图像的分辨率进行判断，而是根据道路在 SAR 图像上呈现为线状或是带状暗区进行划分。在 SAR 图像上表现为细长线状的道路，一般可以用基于单边缘检测器的方法提取道路基元，如图 2-16（a）所示；而在 SAR 图像上具有一定宽度范围的带状道路，一般可以用边缘检测和分割的方法来提取道路基元，如图 2-16（b）所示。

根据道路的实际形态、组成和 SAR 图像成像机理，道路在 SAR 图像上的表现特征一般可以归纳为以下三点。

(a) TerraSAR-X 图像上的线状道路　　　　　　　(b) 机载 SAR 图像上的带状道路

图 2-16　SAR 图像上的线状道路和带状道路

1）辐射特征

主干道路路面一般由水泥、沥青、柏油等混合物铺筑而成，道路表面整体来说比较平坦，高度起伏较小。道路相对于微波信号，属于致密混合物组成的较平坦的物理表面，因此微波信号会发生镜面反射，大部分微波信号被反射到与雷达方向相反的方向，只有少部分信号通过后向散射返回被传感器接收。因此道路目标在 SAR 图像上一般具有比周围地物更暗的灰度值，与周边地物差异较明显，道路的灰度特征是现有道路基元提取方法的基础。

2）形状特征

道路在设计时由于考虑到主干道路需要疏导大量通行车辆，为了减少交通事故，大多数道路中心线角度变化都比较缓和，曲率较小，一些道路尤其是位于城区的道路甚至可能呈直线走向。而且道路作为连接不同地域交通系统的一个重要组成部分，一般都比较长，在低分辨率图像中呈长的线条状，而在中高分辨率 SAR 图像中呈长的带状。道路的形状特征不但可以用来区分道路与其他灰度相似的地物，如水体、湖泊，也是设计全局连接算法的重要依据。

3）边缘特征

在 SAR 图像中，道路一般具有比周围地物更暗的灰度特征，并且与周围地物具有一定的对比度。对于在 SAR 图像上表现为细长线状的道路，可以利用边缘检测方法检测道路基元；而当道路表现为一个较宽的带状区域且两侧与周围地物形成较明显的双边缘时，可以利用道路两侧的边缘特征提取道路基元。

参 考 文 献

Attema E P W, Duchossois G, Kohlhammer G. 1998. ERS-1/2 SAR land applications: Overview and main results[C]. Proceedings of the IEEE International Geoscience and Remote Sensing Symposium, Seattle, WA, 4: 1796-1798.

Dong Y, Forster B, Ticehurst C. 1997. Radar backscatter analysis for urban environments[J]. International Journal of Remote Sensing, 18(6): 1351-1364.

Franceschetti G, Iodice A, Riccio D. 2002, A canonical problem in electromagnetic backscattering from buildings[J]. IEEE Transactions on Geoscience and Remote Sensing, 40(8): 1787-1801.

Franceschetti G, Iodice A, Riccio D. 2003. SAR raw signal simulation for urban structures[J]. IEEE Transactions on Geoscience and Remote Sensing Letters, 41(9): 1986-1995.

Knott E F, Tuley M T. 1988. 雷达散射截面-预估、测量和减缩[M]. 阮颖铮, 陈海, 韩晓英, 等, 译. 北京: 电子工业出版社.

Rosenqvist A, Shimada M, Ito N, et al. 2007. ALOS PALSAR: A pathfinder mission for global-scale monitoring of the environment[J]. IEEE Transactions on Geoscience and Remote Sensing, 45(11): 3307-3316.

Skolnik M I. 1990. Radar Handbook[M]. New York: McGraw-Hill.

第3章 建筑物目标 SAR 图像散射特征形成机理分析

当 SAR 遥感图像空间分辨率达到 1m 或更高时,城市目标的多维特征得以体现,原来在中低分辨率 SAR 图像上的平面结构将呈现为多个散射中心的集合,因此可有效提高对城区的监测能力(Stilla, 2012；Soergel et al., 2006)。但由于城区环境的复杂性、密集建筑物间电磁波的多次散射、相邻目标的遮挡,以及 SAR 成像固有的几何畸变与噪声的影响,城市目标在高分辨率 SAR 图像上的特征更为复杂。研究电磁波与城市目标/场景相互作用机理是解决 SAR 图像认知理解、发展相关应用方法的基础。本章主要通过分析电磁波在建筑物目标与 SAR 传感器之间传播的过程明确建筑物目标 SAR 图像散射特征的形成机理。

SAR 成像过程本质上是一个从三维空间(圆柱坐标:方位向-Z 轴,距离向-r,高度向-θ)到二维平面(方位向和距离向)的映射过程,如图 3-1 所示。在高分辨率 SAR 图像中,建筑物目标通常呈现为叠掩、阴影或者多次散射特征的组合,表现出亮暗对比明显的纹理特性,具有较强的显著性特征,有利于建筑物目标的识别。并且在高分辨率 SAR 图像中,这些散射特征呈现为一定的几何形状,且能反映建筑物目标的几何结构信息。因此,分析建筑物目标散射特征的形成机理不仅有利于 SAR 图像的理解,还有利于建筑物目标识别和信息提取(王国军, 2014)。

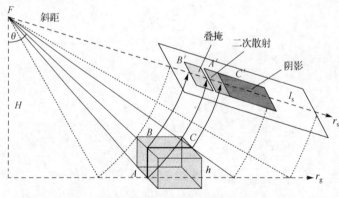

图 3-1 SAR 图像中建筑物目标散射特征(Soergel, 2010)

对于 SAR 成像来讲,叠掩通常发生在有高度起伏的位置,如图 3-1 所示。对于建筑物目标而言,由于 SAR 侧视斜距成像,墙面、屋顶和地面的后向散射回波信号叠加在一起。从亮度上看,叠掩在图像上亮度较高;从位置上看,叠掩出现于建筑物目标距离向前端;从形状上看,叠掩的大小与建筑物高度和墙面宽度成正比。低矮建筑物的叠掩区宽度较窄，表现为亮线状特征；高大建筑物叠掩区较宽，表现为亮条带状特征。SAR 图像中叠掩只是建筑物目标区域的一部分，但由于其具有较强的显著性，易于识别与提取，通常可以作为建筑物目标的表征，对于 SAR 图像建筑物目标检测具有重要的指示意义。

　　阴影是由于建筑物目标的遮挡而形成的不包含任何回波信号的区域。在高分辨率 SAR 图像中，建筑物的阴影一般与叠掩同时存在，并且满足叠掩在前、阴影在后的相对位置关系。SAR 图像中阴影结构包含了建筑物几何信息，通过阴影区域来提取建筑物几何信息是建筑物三维重建的一种重要方法。阴影结构的形状不仅与建筑物几何参数有关，还与成像角度和方位等有关。例如，同一个建筑物目标在不同成像方位下的阴影结构可能完全不同。

　　二次散射是建筑物目标 SAR 图像的典型几何特征之一。如图 3-2（a）所示，建筑物墙面和地面构成二面角反射器，在墙角处形成二次散射亮线，亮度与建筑物高度成正比，可以用来确定建筑物边界。对于低层建筑物目标，叠掩区为亮线状结构，难以与二次散射亮线区分。人字形屋顶建筑往往会在叠掩的边界处形成一对平行亮线，如图 3-2（b）所示，离传感器近的亮线由前屋顶面的强反射导致，较远处的亮线是墙角的二次散射形成的。

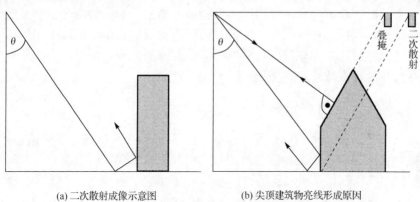

(a) 二次散射成像示意图　　　　(b) 尖顶建筑物亮线形成原因

图 3-2　二次散射及单次散射成像示意图

　　与光学遥感不同，建筑物目标在高分辨率 SAR 图像上的特征与建筑物目标的几何结构参数、成像方位角以及成像分辨率有关，通常表现为多种散射特征的组合。因此，本章将针对建筑物目标 SAR 图像特征的复杂性，分析建筑物目标散射特征形成机制。3.1 节分析建筑物目标在不同成像尺度下的 SAR 图像特征，即建筑物目标高分辨率 SAR 图像特征的尺度特性；3.2 节基于距离向剖面分析方法，研究平顶和尖顶建筑物 SAR 图像散射特征及其与建筑物几何结构参数、SAR 成像参数间的定量关系模型；3.3 节基于散射特征基元分解与合成分析方法分析建筑物目标高分辨率 SAR 图像特征对方位的敏感性；3.4 节分析城市场景相邻目标间的遮挡效应对建筑物目标 SAR 图像散射特征的影响。

3.1　建筑物目标 SAR 图像尺度特征分析

建筑物目标在不同分辨率 SAR 图像中所呈现出来的散射特征差异非常大。在分辨率为几十米的低分辨率 SAR 图像（如 ERS-1/2 等）中，建筑物目标成像在一个或者几个像元内，表现为亮点或者亮斑；在分辨率为 10m 左右的中分辨率 SAR 图像（RADARSAT-1/2 等条带模式）中，建筑物目标往往会表现为亮线；当分辨率达到米级时（如 TerraSAR-X 的聚束模式），建筑物目标在 SAR 图像中通常会表现为亮的条带状特征；当分辨率达到亚米级（如 TerraSAR-X 的高分辨率聚束模式或机载 SAR 图像）时，建筑物目标会表现出具有规则纹理特性的面状特征。

本节针对成像分辨率对建筑物目标图像特征的影响研究建筑物目标成像的尺度特性，分析建筑物目标在不同分辨率图像上的散射特征，并结合真实 SAR 图像进行说明。根据 SAR 成像原理可知，距离向尺度特性与距离向分辨率 Δr 和入射角 θ 有关，方位向尺度特性与方位向分辨率 Δa 和建筑物方位角 ϕ 有关。因此，首先分别分析建筑物目标在距离向和方位向的尺度特性，然后综合分析两个方向上的尺度特性。由于建筑物目标 SAR 图像中显著散射特征主要来自于墙面散射和墙地二次散射，墙地二次散射通常为亮线状，难以与墙面叠掩区区分，所以本节主要针对建筑物墙面叠掩区的尺度特性进行分析。

3.1.1　距离向尺度特性分析

建筑物墙面的强散射回波信号主要来自分布均匀的窗户或者空调结构。图 3-3 为简化的建筑物墙面在距离向剖面的成像几何关系示意图，强散射点目标均匀分布于墙面，且不考虑 SAR 系统成像的点扩散效应。成像入射角为 θ，建筑物高度为 ΔH，相邻强散射点垂直间隔为 Δh，建筑物目标在距离向跨度 $\Delta R_1 = \Delta H \cdot \cos \theta$，相邻散射点距离向间隔为 $\Delta R_2 = \Delta h \cdot \cos \theta$，则成像时斜距分辨率 Δr 会出现以下三种情况。

（1）当 $\Delta r \geqslant \Delta R_1$ 时，即距离向分辨单元大于建筑物目标的距离向跨度时，在距离向上建筑物目标往往会表现为亮点（斑），如图 3-3 情况 A 所示。

（2）当 $\Delta R_2 / 2 \leqslant \Delta r \ll \Delta R_1$ 时，即距离向分辨单元远远小于建筑物目标的距离向跨度，但是大于强散射点距离向间隔时，则在距离向上无法区分相邻的强散射点目标，导致其 SAR 图像特征为多个像元的高亮线条带，如图 3-3 情况 B 所示。

（3）当 $\Delta r < \Delta R_2 / 2$ 时，即强散射点目标的距离向间隔大于两个分辨单元时，在距离向上呈现为等间隔的亮点，为大量规则分布的点阵面状特征，如图 3-3 情况 C 所示。

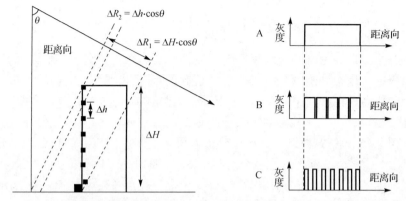

图 3-3　建筑物目标在距离向截面成像几何关系示意图

3.1.2　方位向尺度特性分析

图 3-4 为矩形结构的建筑物在方位向截面成像几何关系示意图。假设强散射点均匀分布于墙面，并且假设单个强散射点成像在一个分辨单元内。建筑物目标的方位角为 ϕ，建筑物长度为 ΔL，相邻强散射点的间隔为 Δl，建筑物目标在方位向跨度为 $\Delta A_1 = \Delta L \cdot \cos\phi$，相邻散射点方位向间隔为 $\Delta A_2 = \Delta l \cdot \cos\phi$。假设成像时方位向分辨率为 Δa，则会出现以下三种情况。

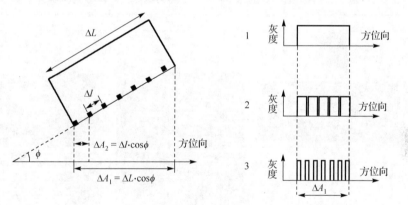

图 3-4　建筑物目标方位向截面成像几何关系示意图

（1）当 $\Delta a \geqslant \Delta A_1$ 时，即方位向分辨单元大于建筑物目标的方位向跨度时，在方位向上建筑物目标往往会表现为亮点（斑），如图 3-4 情况 1 所示。

（2）当 $\Delta A_2 / 2 \leqslant \Delta a \ll \Delta A_1$ 时，即方位向分辨单元远远小于建筑物目标的方位向跨度，但是大于强散射点的方位向间隔时，在方位向上无法分开相邻的强散射点，因此其 SAR 图像特征为多个像元的高亮条带，如图 3-4 情况 2 所示。

（3）当 $\Delta a < \Delta A_2 / 2$ 时，即强散射点的方位向间隔大于两个分辨单元时，在方位向上呈现为等间隔的亮点，为大量规则分布的点阵面状特征，如图 3-4 情况 3 所示。

3.1.3 　距离向和方位向尺度特性综合分析

从以上的分析结论可知，距离向的尺度性问题与距离向分辨率和入射角有关，分为三种情况（用 A、B、C 表示），而方位向的尺度性问题与方位向分辨率和方位角有关，也分为三种情况（用 1、2、3 表示）。建筑物目标的尺度特性问题会同时体现在方位向和距离向上，其影响因素包括距离向分辨率、入射角、方位向分辨率和方位角，因此共包含 9 种组合。经过分析，可以满足实际情况的组合为 A1、B1、B2、B3、C2、C3，表 3-1 为这些组合对应的 SAR 图像。其中，A1 为 ALOS PALSAR 极化模式图像，分辨率为 30m，建筑物目标表现为亮点（亮斑）；B1 为 TerraSAR-X 聚束模式图像，像元大小为 0.75m×0.75m，由于建筑物朝向几乎与方位向垂直，所以方位角较大，从而导致墙面呈现为亮线条；B2 为 TerraSAR-X 聚束模式图像，像元大小为 0.75m×0.75m，由于建筑物墙面正对电磁波入射方向，SAR 图像中墙面为亮多边形；B3 为 TerraSAR-X 高分辨率聚束模式图像，像元大小为 0.5m×0.5m，墙面表现为平行分布的亮线，并且这些亮线平行于距离向；C2 为 TerraSAR-X 高分辨率聚束模式图像，像元大小为 0.5m×0.5m，墙面表现为平行分布的亮线；C3 为 TerraSAR-X 高分辨率聚束模式图像，像元大小为 0.5m×0.5m，墙面为点阵面状特征。

表 3-1 　建筑物目标成像尺度效应实例（距离向从右往左，方位向从上往下）

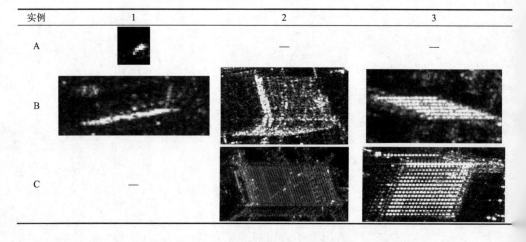

3.2 　基于距离向剖面分析的散射特征定量关系模型

高分辨率 SAR 图像中，建筑物目标主要表现为叠掩、阴影和二次散射等多种散射特征的组合，这些散射特征在 SAR 图像上的呈现模式受多种因素影响，主要包括以下几种。

（1）建筑物目标屋顶类型：平顶 $\text{roof}_{\text{flat}}$ 和人字形屋顶 $\text{roof}_{\text{gable}}$。

（2）建筑物目标几何结构参数：宽度 w、长度 l、高度 h、房顶倾角 α 等。

（3）成像参数：入射角 θ、传感器速度矢量与建筑物之间的方位角（以下简称方位角）ϕ、成像分辨率 R。

（4）其他附属结构（如窗户、空调、栏杆等）和周围环境（围墙、汽车、路灯、行道树、与周边建筑物之间的影响），用 Ω 表示。

因此，建筑物目标 SAR 图像散射特征 F 可以表示为

$$F = f(\text{roof}, w, l, h, \alpha, \theta, \phi, R, \Omega) \tag{3-1}$$

其中，roof 是建筑物的屋顶类型 $\left\{\text{roof}_{\text{flat}}, \text{roof}_{\text{gable}}\right\}$；$w$、$l$、$h$、$\alpha$ 分别表示建筑物的宽度、长度、高度和屋顶倾角，当 roof=roof$_{\text{flat}}$ 时，$\alpha = 0$；θ、ϕ 分别是成像的入射角和方位角。

为了明确以上各种因素如何影响建筑物散射特征，可以从建筑物目标 SAR 图像距离向剖面分析入手，明确各种散射特征与建筑物目标参数以及成像条件之间的定量关系。如图 3-5（a）所示，通常建筑物目标的距离向剖面可近似为平顶或者尖顶建筑物，因此，本节主要分析平顶和尖顶建筑物距离向剖面的散射特征。在一个距离向剖面中，影响因素主要是建筑物高度 h、距离向屋顶宽度 w_ϕ、屋顶倾角 α 和入射角 θ。其中，距离向屋顶宽度示意如图 3-5（b）所示，其与建筑物宽度之间的关系为 $w_\phi = w \cdot \sec \phi$。

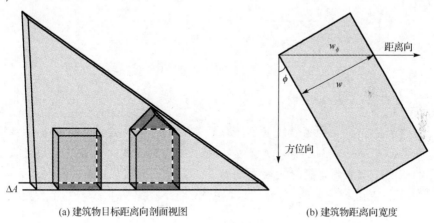

(a) 建筑物目标距离向剖面视图　　　　　　　(b) 建筑物距离向宽度

图 3-5　建筑物距离向剖面示意图

3.2.1　平顶建筑物

图 3-6 是典型平顶建筑物距离向剖面成像几何示意图，在满足远场近似情况下，r_i 是建筑物不同部位相对于传感器的距离，由于 SAR 成像是由回波时延决定的，满足 $t_i = \dfrac{2}{c} r_i$（$i = 1,2,3,4$）。时延取值出现下面 6 种情况，如表 3-2 所示。

表 3-2　电磁波时延情况

情形	回波特征
$t < t_1$	仅接收到地面的回波信号
$t_1 \leqslant t < t_2$	接收来自地面、部分屋顶和垂直墙面的回波信号
$t = t_2$	是二次散射信号(地面-垂直墙和垂直墙-地面)
$t_2 < t < t_3$	接收屋顶的回波信号
$t_3 < t < t_4$	阴影，没有回波信号
$t > t_4$	只有地面回波信号

由成像几何关系可知，t_i 与 t_j 的大小关系取决于建筑物几何结构参数（h 和 w）和入射角 θ。若满足 $t_3 < t_2$，则所有屋顶回波信号先于二次散射信号，对应条件为 $h > w_\phi \cdot \tan \theta$。因此，根据 h、w 和 θ 的关系可以分为两种情况：① $h < w_\phi \cdot \tan \theta$；② $h \geqslant w_\phi \cdot \tan \theta$。下面分别对两种情况进行分析。

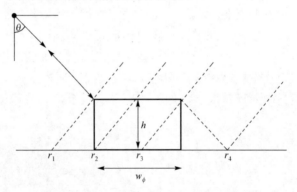

图 3-6　典型平顶建筑物的成像几何剖面图

1. 情况 1：$h < w_\phi \cdot \tan \theta$

该类建筑物的特点为高度较低且屋顶较宽，如工业厂房等。在 SAR 图像中，屋顶被二次散射亮线分成两部分，如图 3-7 所示，A 对应地面散射，B 为墙地二面角反射器形成的二次散射，C 对应墙面散射，D 为屋顶散射，E 是阴影区域，A、C、D 三部分信号混叠形成叠掩区域。在地距图像上，叠掩与阴影长度 l_{layover} 和 l_{shadow} 分别可以表示为

$$l_{\text{layover}} = h \cdot \cot \theta \tag{3-2}$$

$$l_{\text{shadow}} = h \cdot (\tan \theta + \cot \theta) \tag{3-3}$$

因此，建筑物几何参数与 SAR 图像散射特征的定量关系可以表示为

$$w = (l_{\text{layover}} + l_{\text{D}}) \cdot \cos \phi \tag{3-4}$$

$$h = l_{\text{layover}} \cdot \tan \theta \tag{3-5}$$

$$h = l_{shadow} \cdot \sin\theta \cdot \cos\theta \tag{3-6}$$

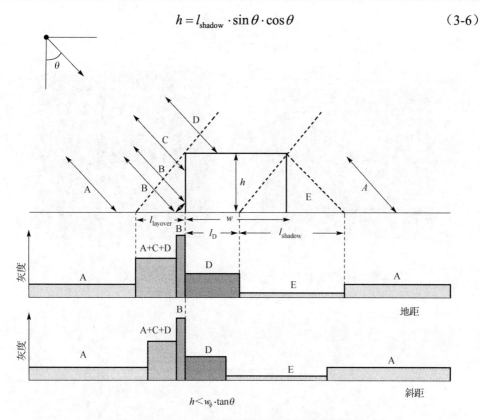

图 3-7　$h < w_\phi \cdot \tan\theta$ 时平顶建筑物的成像特征

图 3-8 为该类建筑物目标的一个实例 SAR 图像，该建筑物为典型平顶厂房，红色线条为该建筑物线框模型，图 3-8（a）为对应 TerraSAR-X 聚束模式地距图像，距离向从右向左，该建筑物的叠掩、二次散射、屋顶和阴影特征非常明显；图 3-8（b）为 SAR 图像距离向灰度剖面线，与图 3-7 的灰度剖面线的分布非常相似。但由于真实图像存在斑点噪声，所以各散射特征区域的灰度有一定波动。

2. 情况 2：$h \geqslant w_\phi \cdot \tan\theta$

该类建筑物一般为高层居民楼或者商业办公楼，在 SAR 图像中，屋顶完全处于叠掩区。根据回波信号组成的不同，可以将叠掩区域分成两部分，其中近距离端叠掩区包含来自地面 A、墙面 C 和屋顶 D 的回波信号，远距离端叠掩区由地面 A 和墙面 C 的信号组成，如图 3-9 所示。叠掩区总长度 $l_{layover}$ 的计算与式（3-2）相同，两部分叠掩的长度分别为 l_1 和 l_2，满足式（3-7）和式（3-8），阴影长 l_{shadow} 可以用式（3-9）表示为

$$l_{layover} = l_1 + l_2 = h \cdot \cot\theta \tag{3-7}$$

$$l_1 = w \cdot \sec\phi \qquad (3\text{-}8)$$

$$l_{shadow} = h \cdot \tan\theta + w \qquad (3\text{-}9)$$

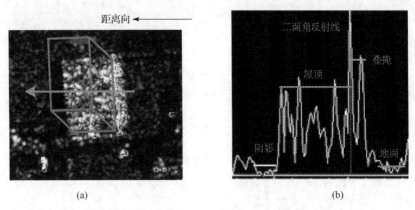

(a)　　　　　　　　　　　　　　(b)

图 3-8　TerraSAR-X 图像上平顶建筑物的散射特征（见文后彩图）

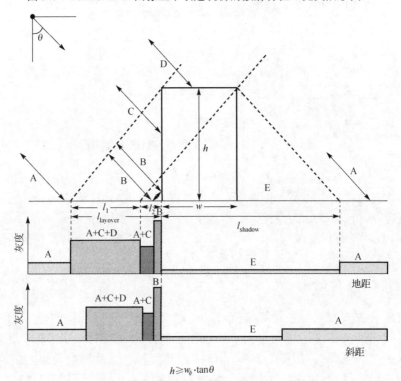

图 3-9　$h \geqslant w_\phi \cdot \tan\theta$ 时平顶建筑物的成像特征

因此，建筑物几何参数与 SAR 图像散射特征的定量关系可以表示为

$$w = l_1 \cdot \cos\phi \tag{3-10}$$

$$h = l_{\text{layover}} \cdot \tan\theta \tag{3-11}$$

$$h = (l_{\text{shadow}} - w) \cdot \cot\theta \tag{3-12}$$

图 3-10 为该类建筑物目标的一个实例 SAR 图像，该建筑物是北京科技大学主楼，是典型办公楼，呈长条状，图 3-10（a）中用线标注出了该建筑物的平面轮廓，图像为该办公楼的 TerraSAR-X 聚束模式地距图像，距离向从右向左，在该图像上叠掩、二次散射、阴影特征非常明显，无法分辨出屋顶区域；图 3-10（b）为 SAR 图像距离向灰度剖面线，与图 3-9 中的理论分析结果非常相似。同样，由于真实图像存在斑点噪声，所以各散射特征区域的灰度有一定波动。

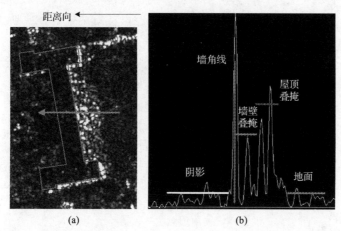

图 3-10　北京科技大学主楼 TerraSAR-X 图像散射特征（见文后彩图）

3.2.2　尖顶建筑物

尖顶建筑物可以看作平顶建筑物上部放置了一个倾角为 α 的三角形屋顶，但是其散射过程相较于平顶建筑物而言要复杂得多，屋顶倾角 α 与入射角 θ 的大小关系决定了屋顶叠掩区回波信号的特征。

如图 3-11 所示，当屋顶倾角满足 $\alpha > \theta$ 时，屋顶叠掩区不包括墙面回波信号；并且当 $\alpha = \theta$ 时，前屋顶所有信号与传感器斜距相等，被压缩在一个像元内，在近距离端形成亮线；当屋顶倾角满足 $\alpha < \theta$ 时，叠掩区包含前屋顶和墙面以及地面的回波信号。因此，根据倾角与入射角的大小关系，可以将尖顶建筑物分成三种情况进行分析。

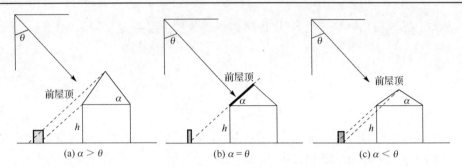

图 3-11　尖顶建筑物屋顶倾角与入射角大小关系

　　根据屋顶倾角与入射角余角的大小关系，可以确定距离 SAR 传感器较远一侧的屋顶是否有回波信号，也可以分成三种情况，如图 3-12 所示。当满足 $\alpha+\theta \geqslant 90°$ 时，后屋顶不能被电磁波照射到，只有前墙面和前屋顶能够被电磁波照射到，情况类似于平顶建筑物；当满足 $\alpha+\theta < 90°$ 时，后屋顶能够被雷达电磁波照射到，并且有回波信号。

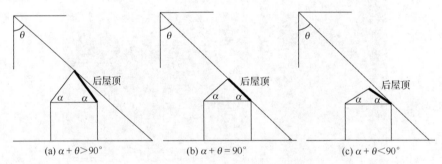

图 3-12　尖顶建筑物屋顶倾角与入射角余角大小关系

　　考虑到尖顶建筑物下部类似平顶建筑物部分所形成散射特征的两种情况，总共可以把尖顶建筑物分成六种不同的情况。表 3-3 给出了六种尖顶建筑物散射特征的分析情况及其定量关系，其中，A 对应地面散射，B 为墙地二面角反射器的二次散射，C 对应墙面散射，D_1 为前屋顶散射，D_2 为后屋顶散射，E 是阴影区域。

　　通过以上的分析可以看出，尖顶建筑物电磁散射回波信号比平顶建筑物复杂。但尖顶建筑物通常为几何尺寸较小的低层居民楼，其回波信号的复杂性难以体现在米级分辨率星载 SAR 图像中。当屋顶倾角与入射角相差不大时，SAR 图像中尖顶建筑物表现为两条平行亮线，近距离端亮线由前屋顶面的强反射导致，远距离端亮线是墙地二次散射形成的。图 3-13（a）包含 5 个尖顶建筑物目标，图 3-13（b）为对应的 TerraSAR-X 聚束模式地距图像，距离向从右向左，每个建筑物包含两条亮线，其中建筑物 5 被树遮挡，亮线特征不明显。图 3-13（c）为 SAR 图像距离向灰度剖面线，可以容易地区分建筑物二次散射亮线与屋顶叠掩亮线。

表 3-3　尖顶建筑物回波信号分析情况汇总

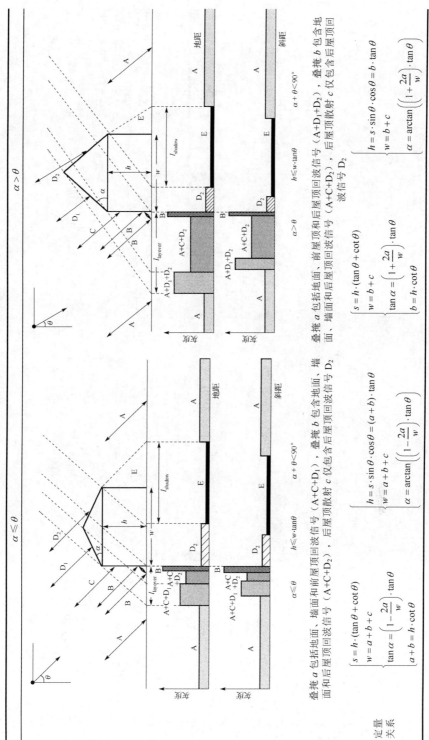

叠掩 a 包括地面、墙面和前屋顶回波信号（A+C+D₁），叠掩 b 包含地面和后屋顶回波信号（A+C+D₂），后屋顶散射 c（仅包含后屋顶回波信号 D₂）

$$
\begin{cases}
h = s \cdot \sin\theta \cdot \cos\theta = (a+b) \cdot \tan\theta \\
w = a + b + c \\
\tan\alpha = \left(\left(1 - \dfrac{2a}{w}\right) \cdot \tan\theta\right) \\
a + b = h \cdot \cot\theta
\end{cases}
$$

叠掩 a 包括地面、前屋顶和后屋顶回波信号（A+D₁+D₂），叠掩 b 包含地面、墙面和后屋顶回波信号（A+C+D₂），后屋顶散射 c（仅包含后屋顶回波信号 D₂）

$$
\begin{cases}
s = h \cdot (\tan\theta + \cot\theta) \\
w = b + c \\
\tan\alpha = \left(1 + \dfrac{2a}{w}\right) \cdot \tan\theta \\
b = h \cdot \cot\theta
\end{cases}
$$

$$
\begin{cases}
h = s \cdot \sin\theta \cdot \cos\theta = b \cdot \tan\theta \\
w = b + c \\
\alpha = \arctan\left(\left(1 + \dfrac{2a}{w}\right) \cdot \tan\theta\right)
\end{cases}
$$

$$
\begin{cases}
h = s \cdot \sin\theta \cdot \cos\theta = (a+b) \cdot \tan\theta \\
w = a + b + c \\
\alpha = \arctan\left(\left(1 - \dfrac{2a}{w}\right) \cdot \tan\theta\right)
\end{cases}
$$

定量关系

续表

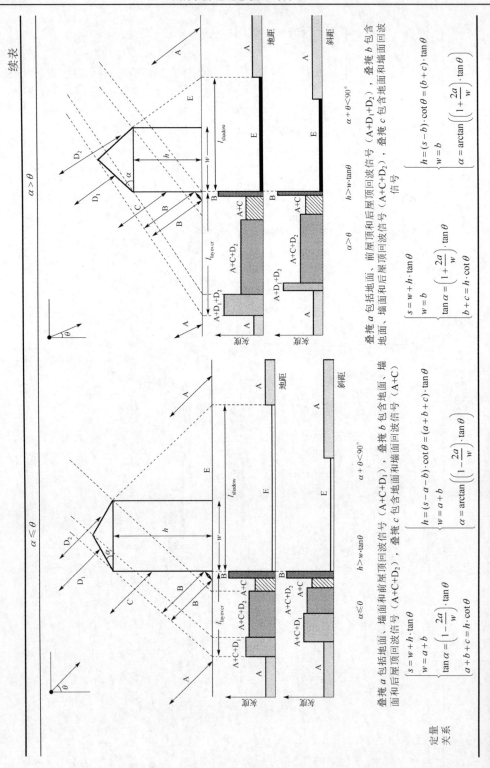

α ≤ θ

叠掩 a 包括地面、墙面和前屋顶回波信号（A+C+D₁），叠掩 b 包含地面、墙面和后屋顶回波信号（A+C+D₂），叠掩 c 包含地面和后屋顶回波信号（A+C）

定量关系

α≤θ　　h>w·tanθ

$$s = w + h \cdot \tan\theta$$
$$w = a + b$$
$$\tan\alpha = \left(1 - \frac{2a}{w}\right) \cdot \tan\theta$$
$$a + b + c = h \cdot \cot\theta$$

α+θ<90°

$$h = (s - a - b) \cdot \cot\theta = (a + b + c) \cdot \tan\theta$$
$$w = a + b$$
$$\alpha = \arctan\left(\left(1 - \frac{2a}{w}\right) \cdot \tan\theta\right)$$

α > θ

叠掩 a 包括地面、前屋顶和后屋顶回波信号（A+D₁+D₂），叠掩 b 包含地面、墙面和后屋顶回波信号（A+C+D₂），叠掩 c 包含地面和墙面回波信号

α>θ　　h>w·tanθ

$$s = w + h \cdot \tan\theta$$
$$w = b$$
$$\tan\alpha = \left(1 + \frac{2a}{w}\right) \cdot \tan\theta$$
$$b + c = h \cdot \cot\theta$$

α+θ<90°

$$h = (s - b) \cdot \cot\theta = (b + c) \cdot \tan\theta$$
$$w = b$$
$$\alpha = \arctan\left(\left(1 + \frac{2a}{w}\right) \cdot \tan\theta\right)$$

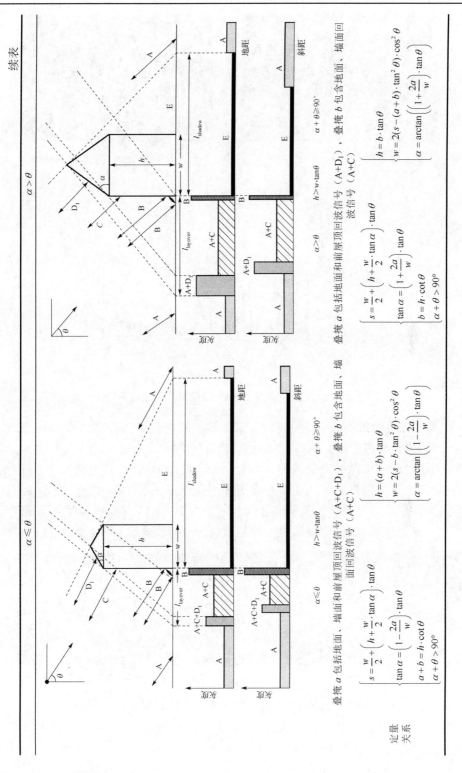

(a) 5个建筑物光学图像（Google Earth）

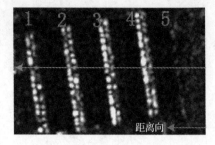
(b) 5个建筑物TerraSAR-X聚束模式地距图像，
较长箭头线为剖面线位置

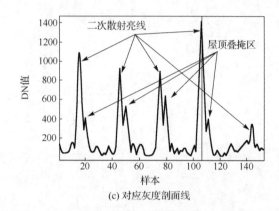
(c) 对应灰度剖面线

图 3-13　尖顶建筑物 SAR 图像及其剖面线分析

　　另外，尖顶建筑物 SAR 图像特征与建筑物目标朝向有关，屋脊线与距离向夹角越小，屋顶叠掩区信号越弱，只有墙地二次散射亮线较为明显。如图 3-14 所示，该尖顶建筑物在 SAR 图像中表现为典型 L 形状二次散射亮线。与星载 SAR 系统相比，机载 SAR 系统分辨率更高，能够呈现更多图像细节。然而，由于机载 SAR 系统入射角通常大于尖顶建筑物屋顶倾角（倾角通常为 20°～45°（中华人民共和国建设部，2005）），所以在机载 SAR 图像中尖顶建筑物屋顶叠掩亮线大多数时候也不明显。

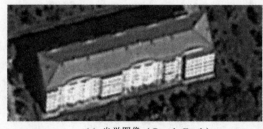
(a) 光学图像（Google Earth）

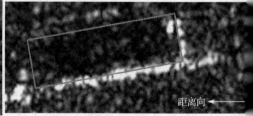
(b) TerraSAR-X 聚束模式地距图像

图 3-14　屋脊线与距离向夹角较小的尖顶建筑物 SAR 图像

3.3　建筑物目标 SAR 图像散射特征方位敏感性分析

3.3.1　建筑物目标散射特征基元与分解合成方法

建筑物目标的 SAR 图像散射特征对几何结构参数和方位非常敏感。一般情况下，不同几何结构的建筑物目标在相同的成像条件下的散射特征差异非常明显，而相同建筑物目标在不同方位下的散射特征差异性也很大。从 SAR 图像中识别目标的关键在于找到最为稳健的图像特征，并与已知的模型进行匹配进而实现目标识别，因此最理想的图像特征应具有不变形的特点，不随成像条件的改变而改变。例如，从光学图像中识别建筑物目标通常依靠建筑物屋顶规则的几何特征，在不同的成像几何关系下该特性基本保持不变。但由于 SAR 是侧视斜距成像方式，除了屋顶，还包括墙面回波信号，并且建筑物目标的成像区域随着成像角度而变化，从而增加了 SAR 图像建筑物目标识别难度。

针对这个问题，本节提出了一种建筑物目标散射特征基元分解与合成分析方法。首先将建筑物目标在高分辨率 SAR 图像中的散射特征分解为各种散射特征基元：墙面基元、屋顶基元、二次散射亮线基元和阴影基元；然后分析各种散射基元的一元和多元性质与成像方位间的关系以及随成像方位角的变化特性。其中，特征基元的一元性质为图像特性，包含几何形状、亮度和纹理特性；特征基元之间的多元性质包括各类特征基元之间的关系约束特性，例如，叠掩基元常与阴影基元具有"共生关系"，并且满足阴影基元在远距离端。

由于建筑物目标类型复杂多样，按照平面轮廓形状可分为矩形、弧形、圆形、折线形和 H 形等，如图 3-15 所示。在各种各样的建筑物中，矩形平面轮廓的建筑物最为常见，并且其他类型的建筑物都可以分解成矩形平面建筑物的组合进行分析，因此本节主要针对矩形平面结构建筑物开展 SAR 图像方向特性分析。

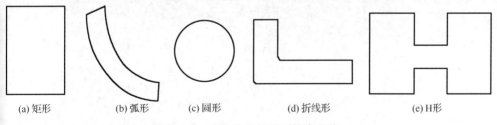

(a) 矩形　　　　(b) 弧形　　　　(c) 圆形　　　　(d) 折线形　　　　(e) H形

图 3-15　建筑物目标平面轮廓形状

图 3-16 为长方体建筑物目标 *ABCH-DEFG* 在 SAR 成像空间的位置，建筑物目标可表示为 $M_B = \{x_0, y_0, l, w, h, \phi\}$，其中 $x_0 = x_B$，$y_0 = y_B$，x_B 和 y_B 分别为角点 B 的坐标，l、w 和 h 分别为建筑物长、宽和高，ϕ 为建筑物的方位角，定义为边 *AB* 与

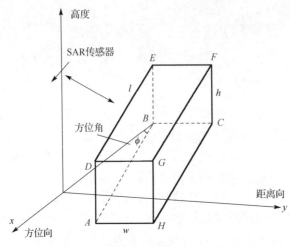

图 3-16　SAR 成像空间的长方体建筑物目标

方位向的夹角。此外，为了方便叙述，定义主墙面为 *ABED* ，侧墙面为 *BCFE* 。

根据 3.2 节 SAR 图像散射特征与建筑物的目标参数、SAR 成像几何的关系模型，生成不同方位角成像条件下的模拟特征图像，具体计算方法请阅读 3.3.3 节。图 3-17 中第三行包含了 7 个长、宽和高分别为 30m、20m、15m 的建筑物目标的三维模型，方位向分别为 0°、15°、30°、45°、60°、75°和 90°。入射角固定为 45°，像元大小为 0.75m×0.75m，生成的散射特征模拟图像有单次散射模拟图像（图 3-17 第二行）和二次散射模拟图像（图 3-17 第一行），其中单次散射模拟图像中包含了建筑物的墙面、屋顶和阴影基元，二次散射模拟图像中亮线所在位置为建筑物朝向传感器的墙角线。在单次散射模拟图像中，建筑物目标的墙面基元（R_l）形状标记为绿线，屋顶基元（R_r）标记为黄线，阴影基元（R_s）形状标记为红线；二次散射基元表示为 R_{db}，对应着建筑物的墙角线。下面分别对墙面、屋顶、阴影和二次散射基元进行分析。

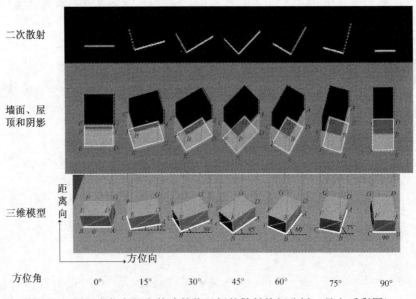

图 3-17　不同方位向长方体建筑物目标的散射特征分析（见文后彩图）

1）墙面基元分析

（1）$\phi = 0°$ 时，只有主墙面能够被电磁波照射到，墙面基元 R_l 为矩形。

（2）$0° < \phi < 90°$ 时，墙面基元 R_l 为两个平行四边形 $ABED$（$R_{l,1}$）和 $BCFE$（$R_{l,2}$）的组合，分别对应主墙面和侧墙面，并且满足平行四边形的边长不随方位角变化而变化，$ABED$ 的内角随着方位角增大而减小，满足 $\angle BAD = 90° - \phi$；$BCFE$ 的内角 $\angle BCF$ 随着方位向增大而增加，满足 $\angle BCF = \phi$。

（3）$\phi = 90°$ 时，只有侧墙面能够被照射到，墙面基元 R_l 为矩形。

2）屋顶基元分析

随着方位角的变化，SAR 图像屋顶基元 R_r 始终为大小固定的矩形，该矩形的方位角等于建筑物的方位角。一般情况下，建筑物屋顶较光滑，回波信号较弱，所以 SAR 图像上屋顶范围较难区分；当建筑物屋顶包含一些附属结构（例如，天窗、通风设备等）时，屋顶范围内可能出现亮斑或者亮线等。

3）阴影基元分析

（1）$\phi = 0°$ 时，阴影基元 R_s 为矩形。

（2）$0° < \phi < 90°$ 时，阴影基元 R_s 为凹八边形，当屋顶表面光滑，回波信号非常弱时，阴影基元 R_s 可以看作凸六边形，此外当建筑物屋顶宽度较小，屋顶完全在叠掩区内时，阴影基元 R_s 为凸六边形。

（3）$\phi = 90°$ 时，阴影基元 R_s 为矩形。

4）二次散射基元分析

（1）$\phi = 0°$ 时，二次散射亮线 R_{db} 为一条亮线，对应主墙面的墙角线。

（2）$0° < \phi < 90°$ 时，R_{db} 为 L 形亮线，两段亮线分别对应主墙面和侧墙面的墙角线。在地距图像中，两条亮线互相垂直；在斜距图像中，两条亮线的夹角大于 90°，具体原因参见第 2 章。

（3）$\phi = 90°$ 时，二次散射亮线 R_{db} 为一条亮线，对应侧墙面的墙角线。

3.3.2　方位角对建筑物目标散射特征基元的影响

图 3-18 为方位角为 ϕ 的长方体建筑物两种特征基元组合模式，绿框范围为墙面基元 R_l，红框范围为阴影基元 R_s，黄色矩形为屋顶基元 R_r。可以看出，两种组合模式的差别在于屋顶基元与阴影基元的位置关系。图 3-18（a）中屋顶基元分布于墙面基元和阴影基元中，阴影基元为凹八边形；图 3-18（b）中屋顶基元仅分布在墙面基元内，阴影基元为凸六边形。这两种组合模式出现的边界条件与建筑物的高度、宽度和入射角、方位角之间存在一定的关系。如图 3-19 所示，顶点 G 在墙角线 AB 或者其延长线上，即点 A、G、B 和 F 四点共线，满足等式关系 $|DG| = |AD| \cdot \cos\phi$，即

$w = h \cdot \cot\theta \cdot \cos\phi$。两种组合模式的满足条件分别为：组合模式一，$w > h \cdot \cot\theta \cdot \cos\phi$；模式二，$w \leqslant h \cdot \cot\theta \cdot \cos\phi$。

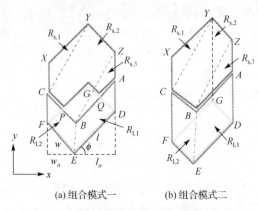

(a) 组合模式一　　　(b) 组合模式二

图 3-18　长方体建筑物的两种散射特征基元组合模式（见文后彩图）

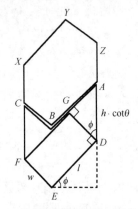

图 3-19　两种组合模式的临界条件（见文后彩图）

在两种组合模式中，墙面基元的几何形状保持稳定。根据上面的分析，墙面基元可分成平行四边形 $ABED(R_{l,1})$ 和 $BCFE(R_{l,2})$，表示为 $R_l = R_{l,1} \bigcup R_{l,2}$，并且 $R_{l,1} \bigcap R_{l,2} = \varnothing$。平行四边形 $ABED$ 中内角 $\angle BAD = 90° - \phi$ 的两个边长分别满足 $AB = l$ 和 $AD = h \cdot \cot\theta$，与方位角无关；其对应的方位向坐标范围 $l_a = l \cdot \cos\phi$，随着方位向的增加而减小，即被压缩得越多；平行四边形 $ABED$ 的面积满足 $S_{R_{l,1}} = l \cdot h \cdot \cot\theta \cdot \cos\phi$，随着方位角增加而减小。叠掩区 $R_{l,2}$ 对应的平行四边形 $BCFE$，内角 $\angle BCF = \phi$，两个边长分别满足 $BC = w$ 和 $CF = h \cdot \cot\theta$，与方位角无关；其对应的方位向坐标范围 $w_a = w \cdot \sin\phi$，随着方位向的增加而增大；平行四边形的面积满足 $S_{R_{l,2}} = w \cdot h \cdot \cot\theta \cdot \sin\phi$，其面积随着方位角增加而增大。

为了进一步说明方位角对建筑物墙面基元的影响，选取了 24 个不同朝向的建筑物，并且获取相应的机载 SAR 数据。图 3-20（a）为这 24 个建筑物的光学遥感图像，这些建筑物呈圆形分布成两圈，其中内圈 8 个建筑物 A1～A8，外圈 16 个建筑物 B1～B16。建筑物大致为长方体形状，图 3-21 为建筑物长边墙面和短边墙面的实地照片，墙面分布着大量的窗户结构，会产生强回波信号。图 3-22 为特征显著的墙面基元标注结果，可以看出成像方位角对墙面基元的影响主要体现为几何形状以及可见墙面的不同。

(a) 光学图像(Google Earth)

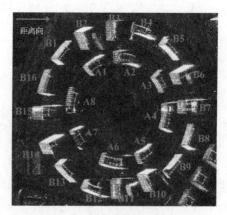

(b) 机载 SAR 图像

图 3-20　不同方位角建筑物光学和 SAR 图像（见文后彩图）

(a) 长边墙面

(b) 短边墙面

图 3-21　建筑物实地照片

图 3-22　不同方位角建筑物散射特征对比分析（见文后彩图）

与墙面基元不同，阴影基元的几何形状在两种组合模式中不一样，因此分两种情况讨论。

1）情况 1：$w \leqslant h \cdot \cot\theta \cdot \cos\phi$

建筑物目标的阴影基元 R_s 为凸六边形 $ABCXYZ$，如图 3-18（b）中红框标记范围。可以将阴影区域分成两个三角形（CXY、BAZ）和一个平行四边形 $BCYZ$，表示为 $R_s = \bigcup\limits_{i=1}^{3} R_{s,i}$，并且 $\bigcap\limits_{i=1}^{3} R_{s,i} = \varnothing$。其中，$R_{s,1}$ 和 $R_{s,3}$ 对应的三角形互为全等三角形，内角 $\angle BAZ = 90° + \phi$，边 AZ 和 CX 都是建筑物高度 h 引起的阴影，有 $|AZ| = |CX| = h \cdot \tan\theta$，边 XY 和 YZ 分别为屋顶 FG 和 GD 对应的阴影边界，有 $|XY| = l$，$|YZ| = w$。因此阴影基元的顶点坐标也可以确定，见表 3-4。

表 3-4　平顶建筑物散射特征基元的顶点坐标

点号	x	y
A	$x_0 + l \cdot \cos\phi$	$y_0 + l \cdot \sin\phi$
B	x_0	y_0
C	$x_0 - w \cdot \sin\phi$	$y_0 + w \cdot \cos\phi$
D	$x_0 + l \cdot \cos\phi$	$y_0 + l \cdot \sin\phi - h \cdot \cot\theta$
E	x_0	$y_0 - h \cdot \cot\theta$
F	$x_0 - w \cdot \sin\phi$	$y_0 + w \cdot \cos\phi - h \cdot \cot\theta$
G	$x_0 + l \cdot \cos\phi - w \cdot \sin\phi$	$y_0 + l \cdot \sin\phi - h \cdot \cot\theta + w \cdot \cos\phi$
X	$x_0 - w \cdot \sin\phi$	$y_0 + w \cdot \cos\phi + h \cdot \tan\theta$
Y	$x_0 + l \cdot \cos\phi - w \cdot \sin\phi$	$y_0 + l \cdot \sin\phi - h \cdot \cot\theta + w \cdot \cos\phi + h \cdot \sec\theta \cdot \csc\theta$
Z	$x_0 + l \cdot \cos\phi$	$y_0 + l \cdot \sin\phi + h \cdot \tan\theta$
P	$x_0 - w \cdot \sin\phi + h \cdot \cot\theta \cdot \sin\phi \cdot \cos\phi$	$y_0 + w \cdot \cos\phi - h\cot\theta \cdot \cos^2\phi$
Q	$x_0 + l \cdot \cos\phi - h \cdot \cot\theta \cdot \sin\phi \cdot \cos\phi$	$y_0 + l \cdot \sin\phi + h \cdot (\cot\theta \cdot \cos^2\phi - \cot\theta)$

图 3-23 为该类型建筑物目标光学图像及其 TerraSAR-X 图像标注结果。该建筑物为低层居民楼，长、宽、高分别为 55.6m、12.8m、16.5m，方位角为 11.5°，入射角为 45°。主墙面分布大量金属窗户或者空调结构，SAR 图像中表现为亮线或者亮条带；侧墙面窗户或空调等附属结构较少，回波信号较弱，在 SAR 图像中特征不明显；屋顶为矩形，完全在墙面基元内，由于屋顶表面光滑，回波信号远远弱于墙面回波，所以屋顶范围不明显；阴影为凸六边形结构，灰度较暗，阴影基元中亮斑为远距离端建筑物回波信号，使得该建筑物的阴影基元不完全均匀且灰度不为零。

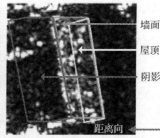

(a) 光学图像（Google Earth）　　　　(b) TerraSAR-X聚束模式图像

图 3-23　阴影基元为凸六边形的建筑物实例

2）情况 2：$w > h \cdot \cot\theta \cdot \cos\phi$

建筑物目标的阴影区域 R_s 为凹八边形，R_s 与矩形 $BPGQ$ 刚好可以组合成一个和情况 1（$w \leq h \cdot \cot\theta \cdot \cos\phi$）中的阴影一样的凸六面体。要确定 R_s 的范围，只需要再确定顶点 P 和 Q，确定方法如表 3-4 所示。图 3-24 为该种类型建筑物目标光学图像及其 TerraSAR-X 图像标注结果。该建筑物为长条形状居民楼，长、宽、高分别为 110.8m、17.4m、35.4m，成像方位角为 78.7°，入射角为 45°。主墙面分布大量金属窗户或者空调结构，SAR 图像中表现为亮线或者亮条带；侧墙面窗户或空调等附属结构较少，回波信号较弱，在 SAR 图像中不明显；屋顶为矩形，灰度分布不均匀，其中亮斑对应屋顶阁楼；阴影为凹八边形结构，灰度较暗，由于多次散射信号的干扰，阴影区域并非完全无回波信号。图 3-24 中建筑物目标所呈现出来的特征基元组合模式对应图 3-17 中方位角为 15°～75° 的情况。

(a) 光学图像（Google Earth）　　　　　　(b) TerraSAR-X 聚束模式图像

图 3-24　阴影基元为凹八边形的建筑物实例

3.3.3　建筑物目标散射特征基元模拟计算

通过以上分析，明确了建筑物目标在 SAR 图像中的散射特征基元随着成像条件（特别是方位角）的变化趋势。对于简单平顶建筑物而言，特征基元的形状与成像参数之间的关系是确定的，因此可以生成任意平顶建筑物目标在不同成像条件下的散射特征基元模拟图像，该过程包括计算基元顶点和生成模拟特征基元。当给定建筑物几何结构参数和 SAR 成像参数后，基于 SAR 成像原理可以确定基元坐标；然后，根据基元的顶点，利用区域填充算法来获得对应基元的图像区域，其中散射基元顶点的确定是最为关键的环节。

如图 3-16 所示，当建筑物 $M_B = \{x_0, y_0, l, w, h, \phi\}$ 和入射角 θ 已知时，可以得到唯一确定的墙面、屋顶和阴影及二次散射基元，如图 3-18 所示；而特征基元所有关键顶点坐标 $A \sim Q$ 的计算方法如表 3-4 所示。当方位角 $\phi > 90°$ 时，可以认为建筑物以点 C 为基准旋转了 $\phi - 90°$，给定的新建筑物为 $M_{BN} = \{x_0, y_0, w, l, h, \phi - 90°\}$，$x_0 = x_C$，$y_0 = y_C$，$x_C$ 和 y_C 分别为角点 C 的坐标，将表 3-4 中的 l 和 w 互换位置。此外，两种散射特征组合模式的临界条件变成 $l = h \cdot \cot\theta \cdot \sin\phi$。

墙面基元包括平行四边形 $ABED$ 和 $BCFE$，采用计算机图形学中的区域填充算法将墙面基元边界和内部填充为绿色；二次散射基元为 AB 和 BC，将该 L 形线条上的像元填充为白色；屋顶基元为矩形 $EDGF$，边界以黄色标记，内部填充为深灰色。阴影基元凸六边形 $AZYXCB$（$w \leqslant h \cdot \cot\theta \cdot \cos\phi$）或者凹八边形 $AZYXCPGQ$（$w > h \cdot \cot\theta \cdot \cos\phi$），边界以红色标记，内部填充为黑色。在实际应用中，为显示方便，一般仅显示边界基元，不显示内部填充效果，如图 3-17 所示。

图 3-25 给出了平顶建筑物散射特征基元模拟计算的示例。该建筑物目标长、宽、高分别为 150m、100m、70m，成像方位角为 45°，入射角为 45°，距离向从下往上。图 3-25 左边，三维模型中绿线标注的平面为可见面。图 3-25 中间为散射特征基元的边界示意图，其中青线标注建筑物平面轮廓，黄线标注屋顶基元范围，绿线标注墙面基元范围，红线标注阴影基元范围；将建筑物图像特征拆分成各种散射基元的组合，对各种类散射基元填充不同的颜色，图 3-25 右边为各种散射基元组合形成的模拟特征图像。

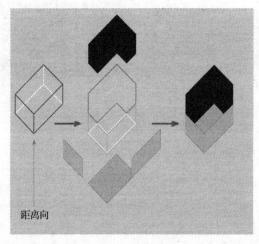

距离向

图 3-25　平顶建筑物散射特征基元模拟（见文后彩图）

3.4　遮挡效应对建筑物目标 SAR 图像散射特征的影响

由于 SAR 侧视斜距成像方式，相邻建筑物目标之间通常会发生相互遮挡和干扰，导致建筑物目标 SAR 图像散射特征的不完整，进一步增加了 SAR 图像建筑物目标识别和信息提取的难度。因此，遮挡问题对 SAR 图像建筑物目标识别具有非常重要的意义，特别是在建筑物密集分布的城区尤为重要。本节主要针对叠掩、阴影和二次散射亮线特征，分析 SAR 成像过程中建筑物目标之间相互遮挡和干扰对图像散射特征的影响，并结合实例进行说明。

3.4.1　建筑物目标叠掩阴影干扰分析

图 3-26 为建筑物成像距离向剖面示意图，图中灰色区域为建筑物目标对应的电磁波作用范围，该作用范围映射到 SAR 图像空间，对应建筑物目标叠掩和阴影区域。当该作用范围内无其他目标时，该建筑物目标不会对其他目标的电磁波进行遮挡，叠掩和阴影散射特征基元也不会受到其他目标的干扰。但当相邻目标对应的电磁波作用范围有重叠时，目标之间就会发生遮挡和干扰，具体程度与目标之间的距离、建筑物高度等有关。下面定量分析建筑物之间的距离对建筑物叠掩和阴影散射特征的影响。

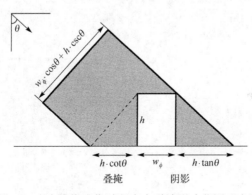

图 3-26　建筑物成像过程中电磁波影响范围示意图

图 3-27 中包含了各种情况的临界条件，其中建筑物 1 和 2 的高度分别为 h_1 和 h_2。图 3-27（a）中建筑物 1 阴影区的远距离端对应建筑物 2 叠掩区的近距离端，为建筑物 2 是否干扰建筑物 1 阴影区的临界条件，即距离 $D = h_1 \cdot \tan\theta + h_2 \cdot \cot\theta$；图 3-27（b）是建筑物 1 的阴影区远距离端刚好对应建筑物 2 近距离端墙角，该情况为建筑物 2 叠掩区是否被遮挡的临界条件，即距离 $D = h_1 \cdot \tan\theta$。因此，可以有以下三种情况。

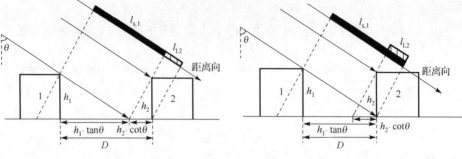

(a) 建筑物2是否干扰建筑物1阴影区临界条件　　　(b) 建筑物2叠掩区是否被遮挡的临界条件

图 3-27　建筑物成像过程中互相影响的临界条件

（1）当 $D(\phi) \geqslant h_1 \cdot \tan\theta + h_2 \cdot \cot\theta$ 时，建筑物 1 的阴影区和建筑物 2 的叠掩区是完整的，两者之间不存在相互干扰和遮挡。

（2）当 $h_1 \cdot \tan\theta \leqslant D(\phi) < h_1 \cdot \tan\theta + h_2 \cdot \cot\theta$ 时，建筑物 1 的阴影区受到建筑物 2 的叠掩区干扰而不完整，建筑物 2 叠掩区完整。因此，在对建筑物目标 1 的 SAR 图像进行解译或者参数提取时，不能完全利用其阴影。图 3-28 给出了这种情况的示意分析及实例。图 3-28（a）为两个目标之间散射特征的影响示意图，叠掩 1 和阴影 1 对应建筑物 1，叠掩 2 和阴影 2 对应建筑物 2，由于叠掩 2 与阴影 1 部分重叠，所以在 SAR 图像中，阴影 1 不完整；图 3-28（b）为满足该条件的两个建筑物光学图像，图 3-28（c）为对应的 TerraSAR-X 聚束模式地距图像的标注结果，电磁波照射方向从右往左，可以看出叠掩 2 破坏了阴影 1 的完整性。

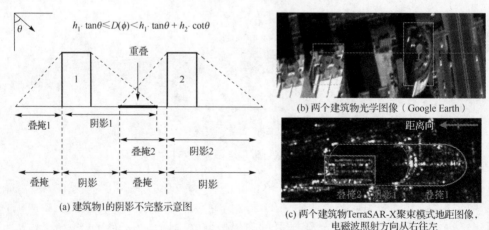

(a) 建筑物1的阴影不完整示意图

(b) 两个建筑物光学图像（Google Earth）

(c) 两个建筑物TerraSAR-X聚束模式地距图像，电磁波照射方向从右往左

图 3-28　近距离端建筑物阴影不完整的实例

（3）当 $D(\phi) < h_1 \cdot \tan\theta$ 时，建筑物 1 的阴影区和建筑物 2 的叠掩区都不完整，建筑物 1 的阴影区被建筑物 2 干扰，而建筑物 2 的部分墙面被建筑物 1 遮挡，因此其叠掩区不完整。所以，从 SAR 图像提取建筑物 1 的几何结构参数时不能利用其阴影特征，提取建筑物 2 的几何结构参数时不能利用其叠掩特征。图 3-29 给出了该情况的示意分析及实例。图 3-29（a）为两个建筑物目标相互遮挡和干扰的示意图，叠掩 1 和阴影 1 对应建筑物 1，叠掩 2 和阴影 2 对应建筑物 2，虚线表示建筑物 1 和 2 的轮廓，由于叠掩 2 与阴影 1 部分重叠，建筑物 2 的部分墙面被建筑物 1 遮挡。所以，在 SAR 图像中阴影 1 不完整，建筑物 2 的一部分被建筑物 1 遮挡，叠掩 2 也不完整；图 3-29（b）为满足该条件的两个建筑物的光学图像（Google Earth），图 3-29（c）为两个建筑物目标对应的 TerraSAR-X 聚束模式地距图像标注结果，电磁波照射方向从右往左，可以看出叠掩 2 破坏了阴影 1 的完整性，并且叠掩 2 由于建筑物 1 的遮挡而不完整。

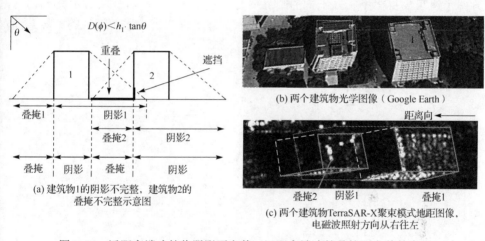

图 3-29　近距离端建筑物阴影不完整、远距离端建筑叠掩不完整的实例

3.4.2　墙地二次散射遮挡分析

图 3-30 为建筑物成像过程中，墙地二次散射电磁波作用范围示意图（灰色区域），当该范围内有其他目标时，墙地二次散射过程受到影响，二次散射过程中部分（或全部）电磁波被遮挡，从而影响到 SAR 图像中建筑物目标二次散射亮线。由于二次散射过程主要受到来自近距离端目标的干扰，从图 3-30 中可以看出，二次散射电磁波作用范围与建筑物高度成正比，即建筑物目标越高，墙地二次散射越容易受到影响，受到遮挡的程度与前后建筑物之间的距离、建筑物的高度有关。

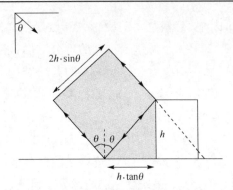

图 3-30　墙地二次散射电磁波作用范围示意图

　　下面定量地分析建筑物之间的距离对二次散射过程的影响。图 3-31 中包含两个建筑物，高度分别为 h_1 和 h_2，图中包含了各种情况的临界条件。图 3-31（a）为建筑物 1 的阴影区最远距离端刚好对应建筑物 2 的二次散射贡献区最近距离端，该情况为两个建筑物目标不相互干扰的临界情况；图 3-31（b）为建筑物 1 的阴影区刚好对应建筑物 2 的墙角，该情况是能否观测到建筑物 2 二次散射特征的临界条件。因此，有以下三种情况。

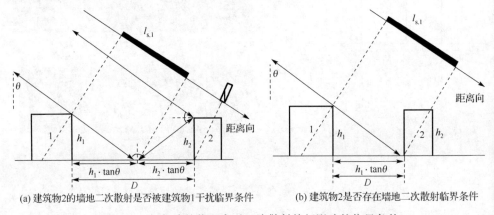

(a) 建筑物2的墙地二次散射是否被建筑物1干扰临界条件　　　　　(b) 建筑物2是否存在墙地二次散射临界条件

图 3-31　相邻建筑物距离对二次散射特征影响的临界条件

　　（1）当 $D(\phi) \geqslant (h_1 + h_2) \cdot \tan\theta$ 时，建筑物 2 的二次散射贡献区不被遮挡，则二次散射过程完整，如图 3-32（a）所示。

　　（2）当 $h_1 \cdot \tan\theta \leqslant D(\phi) < (h_1 + h_2) \cdot \tan\theta$ 时，建筑物 2 的二次散射贡献区的一部分被遮挡，二次散射不完整，如图 3-32（b）所示。

　　（3）当 $D(\phi) < h_1 \cdot \tan\theta$ 时，建筑物 2 的二次散射贡献区完全被遮挡，无法观测到二次散射过程，如图 3-32（c）所示。

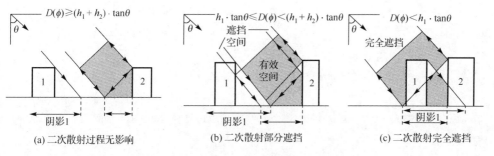

图 3-32　二次散射过程受遮挡的三种情况

图 3-33 为墙地二次散射遮挡的实例,其中图 3-33(a)为光学图像(Google Earth),图 3-33(b)为对应区域的 TerraSAR-X 聚束模式地距图像,入射角 θ 为 45.6°,像元大小为 0.75m×0.75m,距离向从右往左。建筑物 1 在建筑物 2 的近距离端,高度分别为 17m 和 24m。建筑物 2 分为 A、B、C、D 四段,其中,A 的近距离端没有建筑物,B 和 C 的近距离端为建筑物 1,D 的近距离端为低矮建筑物。因此,A 和 D 的墙地二次散射过程不受其他建筑物的遮挡,为图 3-33(b)中的 A 和 D 对应墙角处的高亮二次散射亮线。B 和 C 与建筑物 1 之间的地距分别为 d_B=16m 和 d_C=26m,建筑物 1 和建筑物 2 的高度分别为 h_1=17m 和 h_2=24m。可以看出 B 段满足条件 $d_B < h_1 \cdot \tan\theta = 17.4\text{m}$,其对应的墙地二次散射全部被建筑物 1 遮挡,从 SAR 图像中可以看出 B 对应墙角处没有明显的二次散射亮线。C 段满足条件 $h_1 \cdot \tan\theta \leqslant d_C < (h_1 + h_2) \cdot \tan\theta$,其对应的墙地二次散射电磁波部分被遮挡,从 SAR 图像中可以看出 C 对应墙角处存在二次散射亮线,但不如 A 处的二次散射强。

(a) 建筑物目标的光学图像(Google Earth)　　(b)建筑物目标的 TerraSAR-X 图像

图 3-33　二次散射过程遮挡的实例

参 考 文 献

王国军. 2014. 建筑物目标高分辨率 SAR 图像理解研究[D]. 北京: 中国科学院大学遥感与数字地球研究所.

中华人民共和国建设部. 2005. 民用建筑设计通则: GB 50352—2005[S]. 北京：中国建筑工业出版社.

Dong Y, Forster B, Ticehurst C. 1997. Radar backscatter analysis for urban environments[J]. International Journal of Remote Sensing, 18(6): 1351-1364.

Franceschetti G, Iodice A, Riccio D. 2002. A canonical problem in electromagnetic backscattering from buildings[J]. IEEE Transactions on Geoscience and Remote Sensing, 40(8): 1787-1801.

Franceschetti G, Iodice A, Riccio D. 2003. SAR raw signal simulation for urban structures[J]. IEEE Transactions on Geoscience and Remote Sensing Letters, 41(9): 1986-1995.

Soergel U. 2010. Radar Remote Sensing of Urban Areas[M]. Netherlands: Springer-Verlag.

Soergel U, Thoennessen U, Brenner A, et al. 2006. High-resolution SAR data: New opportunities and challenges for the analysis of urban areas[J]. IEEE Proceedings: Radar Sonar and Navigation, 153: 294-300.

Stilla U. 2012. Urban remote sensing by ultra high resolution SAR[C]. Proceedings of the 2012 IEEE International Geoscience and Remote Sensing Symposium, Munich: 5406-5409.

第4章　建筑物目标高分辨率 SAR 图像模拟

在建筑物目标几何模型与 SAR 图像散射特征之间构建正确映射关系的方法包括正向和逆向两个过程。其正向过程通过给定建筑物目标获得对应的 SAR 图像，并建立目标与 SAR 图像散射特征之间的对应关系，如 SAR 成像测试和图像模拟；逆向过程是通过遥感反演方法从 SAR 图像中获取建筑物目标属性（几何模型和表面属性等），在参数反演过程中也需要构建目标与 SAR 图像散射特征之间的映射关系。目视解译复杂建筑物目标 SAR 图像时，引入建筑物几何模型将有助于提高目标识别和图像解译的准确度，这是由于专业解译人员会利用 SAR 成像专业知识，在脑海中建立目标几何模型与 SAR 图像之间的映射关系，进而完成目标识别与图像解译任务。因此，如何构建 SAR 图像与真实目标之间的对应关系，有效综合目标/场景与成像参数对 SAR 图像中散射特征的影响，是 SAR 图像理解和发展自动算法的关键所在。

SAR 图像模拟是根据地面实际情况或其他资料（如地图或其他遥感资料）、传感器轨道参数和雷达成像参数，利用后向散射模型和雷达成像原理生成不同成像条件（不同入射角、方位角、波长、极化和分辨率等）下模拟 SAR 图像的过程，本质上属于计算机图形学中人工合成图像的范畴。模拟 SAR 图像与真实图像在几何特征和辐射特征方面可以保持一定的一致性（舒宁, 2000），并可以借助 SAR 图像模拟过程对散射特征形成的过程进行解释，因此是实现高分辨率 SAR 图像理解、发展目标提取与重建算法的重要手段。

本章首先通过构建虚拟 SAR 成像系统和建筑物目标几何模型及表面散射模型，利用改进的射线追踪算法来模拟电磁波与建筑物目标之间的多次散射过程，获得回波信号在方位向、距离向和高度向上的坐标，并对每种散射次数的信号分别进行成象。基于模拟得到的信号和图像，可以进行图像距离向和方位向的剖面分析，生成建筑物的散射单元直方图，还可以将模拟 SAR 图像和真实 SAR 图像配准，对模拟图像与真实图像中的散射特征进行匹配分析，分析图像上散射特征的形成机制，将信号散射中心定位到建筑物三维模型中，在建筑物模型上标记该散射信号的贡献面，进而对图像特征进行标注，最终完成图像解译或参数反演。本章的主要内容如图 4-1 所示，包括虚拟 SAR 系统构建、信号模拟和图像模拟与分析三部分。其中，虚拟 SAR 系统构建包括 SAR 成像几何模型、目标/场景三维模型及目标散射模型三个步骤；信号模拟是获得电磁波与目标/场景相互作用过程，包括参数生成、射线追踪和信号生成三个步骤；图像模拟与分析包括回波信号图像模拟、散射单元直方图生成、散射中心和散射贡献面分析，并将模拟图像与真实 SAR 图像进行匹配分析，最终实现图像理解或参数反演。

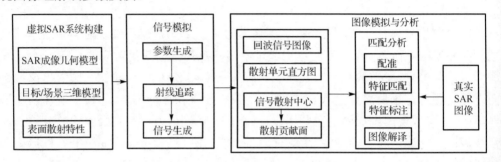

图 4-1　SAR 图像模拟与分析流程

4.1　SAR 图像模拟方法综述

Nasr 和 Vidal-Madjar（1991）最早研究了三维目标的 SAR 模拟方法，但限于当时 SAR 空间分辨率的限制，仅对建筑物目标在 SAR 图像上的可识别性进行了研究。近年来，随着 SAR 图像分辨率的提高，单个建筑物目标成像在多个像元内，其散射特性能够被识别，城市目标 SAR 图像模拟方面的研究越来越多。早期模拟方法主要是从分布式面目标模拟方法的基础上改进而来的，基本思路是通过投影变换方法获得对应成像条件下的后向散射系数图像，然后生成模拟回波信号进而生成模拟图像。意大利那不勒斯大学的 Franceschetti 等（2003）开发了 SAR 回波信号模拟器（SAR Simulation, SARSIM），首先基于地物属性和入射角计算地物的后向散射系数值，通过得到的原始回波信号进行成像，进而可以模拟简单建筑物的 SAR 图像特征，并可以根据模拟结果对建筑物的散射特性进行细致的研究。同年，意大利帕维亚大学的 Dell'acqua 等（2003）利用 SARSIM 模拟并分析了城区的 SAR 图像散射特征。加泰罗尼亚理工大学的 Margarit 等（2006）开发了图形电磁计算 SAR（Graphical Electromagnetic Computation SAR, GRECOSAR）模拟器，可以模拟建筑物在不同成像条件下全极化、干涉和极化干涉的 SAR 图像。复旦大学的 Xu 和 Jin 是国内较早研究城市建筑物模拟的团队，他们在 2006 年开发的 SAR 图像模拟器基于映射和投影算法，考虑建筑物墙面和地面之间的多次散射及空间的遮挡效应，采用积分方程粗糙面模型，模拟极化 SAR 成像的场景散射系数图和 SAR 原始回波数据，最后进行 SAR 成像（Xu and Jin, 2006）。此外，西北工业大学的张朋等（2006）利用电磁散射模型模拟城市目标的回波信号，电子科技大学的贺知明和周波（2008）采用小面单元分析方法和 Kirchihoff 近似方法得到城市场景三维回波信号并成像，国防科学技术大学的齐彬和刘方（2008）提出了利用图形加速的实时 SAR 仿真方法实时模拟人工目标的 SAR 图像。国防科学技术大学的王敏等（2009）引入构造实体几何（Constructive Solid Geometry，CSG）模型对城区建筑建模，将场景分解成三维立体网格，计算回波信号后进行 SAR 成像。

　　常规图像模拟方法虽然在一定程度上能够满足建筑物 SAR 图像散射特征分析和图像理解的需要，但是却存在一些固有的缺陷（王国军等，2012）。首先，由于模拟过程中包含了回波模拟和成像处理过程，势必需要耗费大量的时间；其次，常规模拟方法由于是从面目标图像模拟方法改进而来的，所以不能有效模拟建筑物目标的特殊而复杂的散射机理，特别是无法对多次散射效应进行有效的模拟。针对这两方面的限制，近年来发展了一系列的专门针对城市目标高分辨率 SAR 图像模拟的方法。

　　在 SAR 图像模拟过程中，回波信号模拟和成像处理是两个最为耗时的过程，为了提高模拟器的时间效率，普遍的做法是省略这两个步骤。Balz 和 Stilla（2009）开发了基于光栅法的高分辨率 SAR 图像模拟软件 SARViz，利用支持 3D 硬件加速和可编程图形处理器（Graphic Processing Unit，GPU）的显卡可以实时生成各种目标在不同成像条件下的 SAR 图像，最大的特点是耗时短，对于应急救灾中数据获取方案的制定和快速 SAR 图像理解具有明显的优势。2007 年，Speck 等在端对端 SAR 模拟器（SAR End-to-End Simulator, SETES）的基础上发展了 SAR 图像模拟器（SAR Image Simulator, SARIS），它引入点扩散函数与地物散射系数图卷积运算形成图像，从而避开了对原始回波信号的模拟和信号处理过程，可以快速模拟出不同成像条件下的 SAR 图像。这类方法能够快速生成模拟图像，却无法准确模拟电磁波与建筑物目标之间的复杂散射作用过程。

　　由于射线追踪算法能够模拟并跟踪 SAR 天线发射的电磁波及其与地物相互作用的整个过程，能够用于模拟电磁波与城市目标/场景之间发生的多次散射过程，所以近年来出现了大量基于射线追踪算法的建筑物目标 SAR 图像模拟方法。Auer 等（2010）开发了基于射线追踪法的图像模拟方法 RaySAR，它是一款在开源软件 POV-Ray 的基础上引入 SAR 成像几何模型并且功能强大的模拟器，可以模拟建筑物目标的多次散射特征。Hammer 和 Schulz（2011）基于改进的射线追踪算法开发了建筑物 SAR 图像模拟方法，能够模拟回波信号的幅度、相位和干涉相位图，并将模拟图像与纽约曼哈顿城区真实的 TerraSAR-X 图像进行比较从而完成城市大场景的图像解译。Brunner 等（2011）基于射线追踪算法开发了一种简单高效的 SAR 图像模拟器，它可以精确模拟目标的几何特征但对辐射特征则进行了近似，主要应用于城市人工目标的 3D 重建。中国科学院遥感卫星地面站的温晓阳等（2009）利用射线追踪法和图像域积分方法模拟建筑物的 SAR 图像并用于地震灾害建筑物损坏分析。王国军等（2013）基于射线追踪算法开发了建筑物 SAR 图像模拟与分析系统，不仅能够模拟复杂建筑物的各种散射机制，还可以将图像中散射特征对应的散射中心和散射来源绘制在建筑物的三维模型中，有利于明确建筑物 SAR 图像的复杂散射机制。

4.2　SAR 模拟系统构建

在中低分辨率 SAR 图像中，大多数人工目标小于一个像元分辨率，所以在模拟图像时，建筑物目标表现为平均后向散射系数。而在高分辨率 SAR 图像中，单个目标往往包含大量像元，因此在模拟高分辨率 SAR 图像时需要充分考虑目标的几何结构（王国军等，2012；王国军，2014）。本章介绍的我们自己开发的 SAR 模拟系统主要包括 SAR 成像几何模型、目标/场景三维模型及目标散射模型三部分内容。其中，SAR 成像几何模型构建了 SAR 虚拟系统，定义了场景坐标系统和成像坐标系统，确定了电磁波发射和接收天线平台及其与模拟场景之间的空间关系模型；目标/场景三维模型是在场景坐标系统中，确定待模拟建筑物的三维模型；目标散射模型考虑了电磁波与目标相互作用过程中表现出的散射特性（王国军等，2013）。下面分别进行介绍。

4.2.1　SAR 成像几何模型

在远场近似条件下，电磁波可以认为是平行波。因此对于小范围成像区域，入射角变化非常小，SAR 成像可近似为平行投影成像。图 4-2 为 SAR 成像几何模型示意图，该模型中包含两个坐标系：场景坐标系 $o\text{-}xyz$ 和成像坐标系 $O\text{-}ARE$，其中，OA 为方位向，OR 为向电磁波传播方向，OE 是高度向坐标轴，与 OA 和 OR 正交。对于单站 SAR 而言，接收和发射电磁波为同一个天线，因此定义方位向-高度向平面 OAE 为天线平面，天线同时发射并接收法线方向的信号；OE 与 oz 夹角 $\theta_{\text{rot}} = 90° - \theta$，其中 θ 为入射角，天线中心高度为 H_s。为了提高模拟效率，该 SAR 模拟系统暂不考虑合成孔径效应，而是将天线平面划分为均匀格网，格网单元的几何尺寸与成像分辨率成正比，为避免欠采样，至少保证每个分辨单元对应 4 个格网单元。每个格网单元独立发射和接收法向方向传播的电磁波。

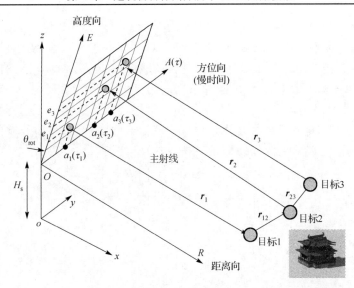

图 4-2　SAR 成像几何模型，正交投影到方位向和高度向平面内

4.2.2　目标/场景三维模型

在 SAR 图像模拟时，城市目标的 3D 模型精细程度对于模拟结果影响较大，任何复杂的散射模型都不能弥补错误或粗糙的三维模型输入给模拟结果带来的影响。目标三维模型可以利用常用的 CAD 软件来设计，例如，3ds Max、SketchUp、Moray、Wings 3D 等，也可以导入已有模型，例如，从 Google Earth 下载的建筑物三维模型或者城市规划部门提供的建筑物模型，此外三维模型还可以通过激光探测与测量（Light Detection and Ranging，LiDAR）或者摄影测量等方式获得。在计算机图形学中，3D 模型有栅格和矢量两种表示方法。栅格表示法将建筑物目标网格化成大量的 3D 体元，每个体元包含需要的属性，并且要求体元的尺度小于波长的十分之一，通常用于需要精确描述电磁波传播的模拟器中。在大范围城市场景模拟时，栅格法对内存空间需求太大而不适用，只能用矢量表示法，该方法将场景目标模型表示成一些最简单的图元，如三角面元或者简单多边形。为了方便计算电磁波与目标表面的相互作用，这里的三维模型采用矢量表示法。三维模型表面划分为三角面元，每一个三角面元可以表示为

$$F_i = \{V_{1i}, V_{2i}, V_{3i}\}, \quad i = 1, 2, 3, \cdots, N_{tri} \tag{4-1}$$

其中，V_{1i}、V_{2i} 和 V_{3i} 分别是第 i 个面元 F_i 对应的三个顶点；N_{tri} 为三角面元总数。

对于三维模型存储，STL（Stereo Lithography）文件类型是常用的标准文件类型，是计算机图形应用系统中用于表示三角形网格的一种文件格式，其格式简单，应用广泛。大多数三维模型软件都能够导出 STL 文件，因此本节利用 STL 的 ASCII（American Standard Code for Information Interchange）码格式来表示目标的三维模型。

通常情况下，目标/场景三维模型位于地图坐标系（UTM 坐标系统（Universal Transverse Mercator Grid System））*O-ENH*，*O-E* 指向东，*O-N* 指向北，*O-H* 指向高度。在成像模拟之前，需要将三维模型转换成虚拟成像系统中对应的场景坐标系 *o-xyz*。如图 4-3（a）所示，两个坐标系之间的夹角为 φ，转换过程如图 4-3 所示。首先将 *O-EN* 坐标系旋转到 *o-xy* 坐标系，然后平移目标场景使 *x*、*y* 坐标最小值都为 0，转换公式为式（4-2）。此外，模拟过程中假定天线右视照射目标，对于左视情况只需将三维模型经水平镜像处理即可转换成右视情况：

$$
\begin{bmatrix} x \\ y \\ z \end{bmatrix} = \begin{bmatrix} \cos\varphi & \sin\varphi & 0 \\ -\sin\varphi & \cos\varphi & 0 \\ 0 & 0 & 1 \end{bmatrix} \cdot \begin{bmatrix} E \\ N \\ H \end{bmatrix} - \begin{bmatrix} x_{\min} \\ y_{\min} \\ 0 \end{bmatrix} \tag{4-2}
$$

其中，$\begin{bmatrix} x_{\min} \\ y_{\min} \end{bmatrix}$ 是 $\begin{bmatrix} x \\ y \end{bmatrix}$ 的最小值。

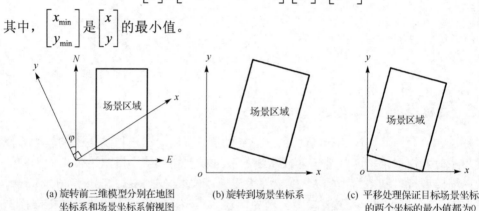

(a) 旋转前三维模型分别在地图坐标系和场景坐标系俯视图　　(b) 旋转到场景坐标系　　(c) 平移处理保证目标场景坐标的两个坐标的最小值都为0

图 4-3　目标场景的旋转和平移过程

4.2.3　目标散射模型

电磁波在目标表面的散射过程如图 4-4 所示，电磁波从信号源方向 $\boldsymbol{R}_{in}$ 入射，与目标表面相交于 *P* 点，在该点会出现三种信号：回波信号、镜面反射信号和透射信号，三种信号方向矢量分别满足以下几点。

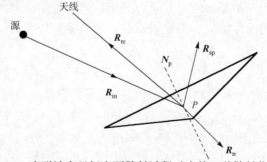

图 4-4　电磁波在目标表面散射过程对应的三种散射信号

（1）回波信号方向 $\boldsymbol{R}_{\text{re}}$：指向接收天线的射线，如果射线被场景中其他建筑物遮挡，则点 P 无回波信号，位于阴影中。

（2）镜面反射信号方向 $\boldsymbol{R}_{\text{sp}}$：指向镜面反射方向的射线，由发射信号 $\boldsymbol{R}_{\text{in}}$ 和交点法向量 $\boldsymbol{N}_{\text{p}}$ 确定，只考虑镜面反射射线，是假设强散射信号都来自于镜面反射。

（3）透射信号方向 $\boldsymbol{R}_{\text{tr}}$：指向透射方向的射线，大多数情况下，电磁波信号都无法穿透建筑物材质，因此暂时不考虑透射信号。一般对于玻璃类材质建筑物需要考虑，如果考虑透射现象，则对于第（1）点的判断也需要修改。

建筑物表面散射特性主要表现在后向散射特性和镜面反射特性，需要采用适当的表面散射模型对建筑物表面散射特性进行建模。精确的散射模型需要输入表面粗糙度和介电常数等参数，而建筑物目标几何结构的复杂性和表面材质的多样性增加了建筑物表面参数建模的工作量，因此本节采用一种与表面参数无关的简单散射 I_{sp} 模型。如图 4-5 所示，该散射模型包含朗伯体散射和镜面反射两部分，其中朗伯体散射模型用于计算后向散射能量 I_{rec}，镜面反射模型用于追踪多次散射并计算镜面反射能量，计算公式分别为

$$I_{\text{rec}} = k \cdot I_{\text{in}} \cdot A_{\text{e}} \cdot \cos^p \omega \tag{4-3}$$

$$I_{\text{sp}} = F_{\text{s}} \cdot A_{\text{e}} \cdot (\cos \omega)^{\frac{1}{F_{\text{r}}}} \tag{4-4}$$

其中，I_{in} 为入射能量；漫反射系数 k 与表面粗糙特性有关；参数 p 与表面材质有关；ω 为局部入射角，有效面积 $A_{\text{e}} = |\boldsymbol{r}| \cdot \Delta \theta_i \cdot \Delta A \cdot \cos \omega$，$\Delta \theta_i = \theta_i - \theta_{i-1}$；镜面反射系数 F_{s} 与表面粗糙度和材质有关；F_{r} 为粗糙度调节系数，决定了反射能量沿着反射方向的集中程度。

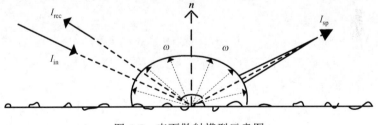

图 4-5 表面散射模型示意图

4.3 回波信号模拟

回波信号模拟是在给定的目标场景和成像参数条件下，获得电磁波与目标/场景目互作用过程，并最终对回波信号属性进行计算的过程，主要包含电磁波的射线追

踪和回波信号属性计算。其中，模拟系统参数初始化是获取对应的成像参数，并对虚拟 SAR 系统进行参数实例化；电磁波的射线追踪是模拟并跟踪天线发射的电磁波及其与地物相互作用并生成回波的过程；回波信号属性计算是基于射线追踪结果，计算回波信号分别在场景坐标系 *o-xyz* 和成像坐标系 *O-ARE* 的坐标、散射次数、回波能量等参数。

4.3.1　模拟系统参数初始化

模拟系统参数初始化包括获取成像系统参数，并对虚拟 SAR 系统中各种参数进行实例化。以 TerraSAR-X 聚束模式地距图像为例，需要从头文件（XML 文件）中获取必要的成像参数如下。

（1）场景平均高程 H_{fm}，对应 XML 文件中的 sceneAverageHeight。

（2）成像方位角 ϕ，对应 XML 文件中的 headingAngle。

（3）入射角 θ，提取 4 个角点和图像中心的入射角，然后内插得到图像中任意点的入射角，对应 XML 文件中的 incidenceAngle。

（4）传感器平台高度 H_{pf}，利用 XML 文件中传感器平台的坐标值内插传感器平台在成像过程中任意时刻的位置，然后获得传感器平台的高度 H_{pf}，则虚拟 SAR 系统中天线中心高度为 $H_s = H_{pf} - H_{fm}$。

（5）方位向和距离向像元大小 ΔA 和 ΔR，分别对应 XML 文件中的 rowSpacing units 和 columnSpacing units。

此外，天线平面的几何尺寸由输入场景的几何尺寸决定。假设建筑物目标三维模型在一个 $L \times W \times H_{max}$ 的长方体空间内，如图 4-6 所示。由于建筑物目标的叠掩和阴影特征的存在，需要扩大场景的范围，电磁波的作用范围应该是包含叠掩和阴影所在的区域，因此需要扩大三维场景的范围，如图 4-6 中最大的矩形，对应的几何尺寸满足：

$$\begin{cases} X_{max} > L + H_{max}(\tan\theta + \cot\theta) + 2\Delta \\ Y_{max} > W + 2\Delta \end{cases} \tag{4-5}$$

其中，Δ 为模拟图像多余边框的宽度。

天线中心坐标为 $S_0 = (-H_s \cdot \tan\theta, Y_{max}/2, H_s)$，天线格网单元的几何尺寸 da 和 de 满足 $da = de = \beta\Delta A$，$\beta < 0.5$。天线格网单元在方位向和高度向对应的大小 N_A 和 N_E 满足：

$$\begin{cases} N_A = Y_{max}/da \\ N_E = X_{max}\cos\theta/de \end{cases} \tag{4-6}$$

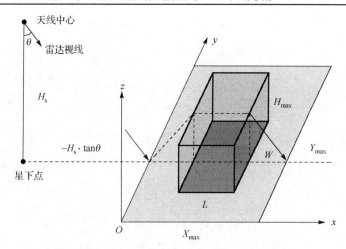

图 4-6　目标/场景三维模型在虚拟 SAR 系统中的范围

4.3.2　射线追踪电磁波与目标/场景相互作用

作为图像模拟的核心步骤，我们采用射线追踪算法模拟并跟踪天线发射的电磁波及其与地物目标相互作用并生成回波的过程。射线追踪算法是一种以几何光学（Geometrical Optics, GO）与几何一致性绕射理论（Uniform Theory of Diffraction, UTD）为基础的电磁场场强预测算法，假设传播的电磁波波长趋于零，电磁波的能量仅在直径为无限小的细管内传播，称为射线，通过模拟射线的传播路径可以确定目标的散射过程。

射线追踪算法具有迭代递归的特点，可以模拟并跟踪天线发射的电磁波与目标表面的多次散射过程。首先根据 4.3.1 节中的内容确定图 4-2 中天线平面的长度和宽度，确保天线照射范围包括整个场景，然后根据方位向和高度向分辨率将天线平面划分成小的天线单元，每个天线单元的性质与天线平面相同，只能发射并接收天线平面法线方向的电磁波信号。由于建筑物目标/场景的复杂性，电磁波易与建筑物目标/场景发生多次散射，将每一个天线网格单元发射的电磁波射线称为主射线，主射线及其后续多次散射射线的集合称为一个射线族；追踪整个射线族的传播，并判断其与场景中的三角面元集合的相互作用，直到最后一条反射线不与场景中任何三角面元相交或者到达最大追踪次数，则停止该射线族的追踪。在计算机实现时，射线族采用树结构表示，根节点对应于每一个天线网格单元发射的主射线，树节点是传播过程多次散射的射线。由于电磁波与目标相互作用回波能量衰减，当散射次数过多（大于 5 次）时，回波能量太弱，可以忽略，因此定义最大追踪次数为电磁波与目标相互作用的最大次数，本书设定为 5，即树结构的深度为 5。对整个场景的射线追踪过程如图 4-7 所示，具体算法如下。

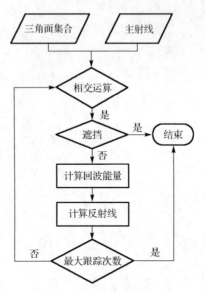

图 4-7　射线追踪算法流程

（1）主射线生成及传播。如图 4-8 所示，从点 $P_0 = (x_0, y_0, z_0)$ 发射一条射线，入射方向为 $\boldsymbol{d} = (dx, dy, dz)$，则发射该条射线的过程可表示为

$$r = P_0 + \boldsymbol{d} \cdot t , \quad t \geqslant 0 \tag{4-7}$$

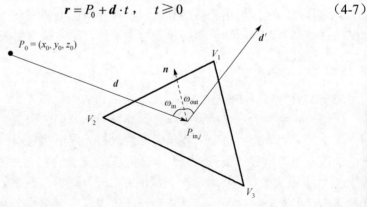

图 4-8　射线与目标之间的作用

（2）射线与场景求交运算。对于每一条射线 $\boldsymbol{r}_j = P_0 + \boldsymbol{d} \cdot t$，如果满足 $t = t_{\text{in}}$，使得 $P_{\text{in},j} = P_0 + \boldsymbol{d} \cdot t_{\text{in}}$ 在三角面元 $F_i = \{V_{1i}, V_{2i}, V_{3i}\}$ 内，则判定该条射线 $\boldsymbol{r}_j$ 与面 F_i 相交于点 $P_{\text{in},j} = (x_{\text{in},j}, y_{\text{in},j}, z_{\text{in},j})$；若射线与场景中多个三角面元相交，则取距离射线起点最近的交点，该条射线的追踪距离 $R = t_{\text{in}}$；如果射线不与任何三角面元相交，则追踪结束。

（3）遮挡检测及能量计算。以点 $P_{\text{in},j}$ 为原点产生一条测试射线，指向传感器方向，如果该测试射线不与场景中其他三角面元相交，则表明该点未被遮挡，其回波能量能够被传感器接收，然后利用式（4-3）计算该照射点的后向散射能量；如果测试射线与三角面元相交，则表明该点位于阴影中。

（4）计算反射射线。如图 4-8 所示，反射射线的传播满足菲涅尔反射定律，反射线在入射线 r 与相交三角面元表面法向量 $\boldsymbol{n}$ 构成的平面内，反射角 ω_{out} 等于入射角 ω_{in}，反射线的方向矢量 $\boldsymbol{d'}$ 为

$$\boldsymbol{d'} = \boldsymbol{d} - 2(\boldsymbol{d} \cdot \boldsymbol{n})\boldsymbol{n} \tag{4-8}$$

其中，$(\boldsymbol{d} \cdot \boldsymbol{n})$ 表示矢量 $\boldsymbol{d}$ 与 $\boldsymbol{n}$ 的点乘。则反射线可表示为式（4-9），其能量大小为式（4-4），追踪次数增加 1：

$$\boldsymbol{r}_{\mathrm{out}} = P_{\mathrm{in},j} + \boldsymbol{d'} \cdot t, \quad t \geqslant 0 \tag{4-9}$$

（5）判断是否达到最大追踪次数：如果新产生的反射射线的追踪次数已经达到最大追踪次数，表示追踪完毕，转到步骤（6）；否则继续追踪该反射射线与目标/场景的相互作用，转到步骤（2）。

（6）结束。

采用以上射线追踪过程对天线平面内每个小天线单元的电磁波进行追踪，则可以模拟电磁波与整个场景的相互作用。

4.3.3　回波信号属性计算

由于 SAR 为斜距成像，回波信号的斜距为电磁波从发射到与地物相互作用后返回天线过程中的所有传播路径之和的一半。如图 4-2 中，目标 1 的单次散射信号斜距为射线终点与天线平面的距离，可以用式（4-10）表示；而多次散射信号斜距为电磁波传播距离之和的一半，目标 1 和目标 2 的二次散射回波信号对应斜距可以用式（4-11）表示，类似地可以得到更多次散射信号的斜距：

$$r = |\boldsymbol{r}_1| \tag{4-10}$$

$$r = \frac{|\boldsymbol{r}_1| + |\boldsymbol{r}_{12}| + |\boldsymbol{r}_2|}{2} \tag{4-11}$$

其中，$|\boldsymbol{r}_1|$、$|\boldsymbol{r}_{12}|$ 和 $|\boldsymbol{r}_2|$ 分别是三条射线的长度。

对于方位向坐标的计算，散射中心对应的方位向坐标与回波信号的多普勒频率有关。设 τ 为方位向慢时间，λ 为电磁波波长，v_{s} 为天线平台沿着方位向的速度，r_0 为目标与传感器最近的距离，目标与位于慢时间 τ 的传感器的斜距为 $r(\tau) = \sqrt{r_0^2 + v_{\mathrm{s}}^2 \tau^2}$，其对应多普勒频率为 $f_\tau = -\dfrac{2}{\lambda}\dfrac{\mathrm{d}r(\tau)}{\mathrm{d}\tau}$，对于目标 1 的单次散射信号，其多普勒频率为

$$f_{\tau,1} = -\frac{2v_s^2}{\lambda}\frac{\tau-\tau_1}{\sqrt{r_1^2+v_s^2(\tau-\tau_1)^2}} \tag{4-12}$$

其中，τ_1 为目标 1 对应的零多普勒慢时间；r_1 为对应的斜距。

同理，目标 3 的多普勒频率为

$$f_{\tau,3} = -\frac{2v_s^2}{\lambda}\frac{\tau-\tau_3}{\sqrt{r_3^2+v_s^2(\tau-\tau_3)^2}} \tag{4-13}$$

其中，τ_3 为目标 3 对应的零多普勒慢时间；r_3 为对应的斜距。

如图 4-2 所示，假设电磁波照射目标 1，然后与其他目标发生多次散射，从目标 3 返回传感器，距离为

$$r_m(\tau) = r_1(\tau) + \sum r_j(\tau) + r_3(\tau) \tag{4-14}$$

则回波信号对应的多普勒频率为

$$f_{\mathrm{mb},\tau} = -\frac{2v_s^2}{\lambda}\left[\frac{\tau-\tau_1}{\sqrt{r_1^2+v_s^2(\tau-\tau_1)^2}} + \frac{\tau-\tau_3}{\sqrt{r_3^2+v_s^2(\tau-\tau_3)^2}}\right] - \frac{2}{\lambda}\sum\frac{\mathrm{d}r_j(\tau)}{\mathrm{d}\tau} \tag{4-15}$$

其中，$-\dfrac{2}{\lambda}\sum\dfrac{\mathrm{d}r_j(\tau)}{\mathrm{d}\tau}$ 是由目标 1 到目标 3 之间的多次散射的路径引起的多普勒频率，由于它们相较于方位向慢时间的变化率非常小，所以该项近似为零。可以得到多次散射的方位向聚焦位置为

$$\tau_{\mathrm{mb}} = \frac{r_1\tau_3 + r_3\tau_1}{r_1 + r_3} \tag{4-16}$$

由于目标到传感器之间的距离远远大于发生多次散射的目标之间的距离，所以近似认为 $r_1 = r_3$，则方位向聚焦位置为

$$\tau_{\mathrm{mb}} = \frac{\tau_1 + \tau_2}{2} \tag{4-17}$$

回波信号的方位向坐标对应于天线网格单元坐标值。发生单次散射时，回波信号和发射信号为同一天线单元，则方位向坐标等同于该天线网格单元坐标值，即式（4-18）；发生多次散射时，接收回波信号与发射信号的天线网格单元不同，则回波信号方位向坐标为两个天线单元的中间值，即式（4-19）。

同理，在高度向成像的原理与方位向合成孔径效应类似，所有对于单次散射和多次散射信号的高度向坐标分别可以表示为式（4-20）和式（4-21）：

$$a = a_1 \tag{4-18}$$

$$a = \frac{a_1 + a_m}{2} \qquad (4\text{-}19)$$

$$e = e_1 \qquad (4\text{-}20)$$

$$e = \frac{e_1 + e_m}{2} \qquad (4\text{-}21)$$

其中，a_m 和 e_m 为接收第 m 次散射回波信号的天线单元坐标值；m 为散射次数。

最终，回波信号属性表示为矢量形式：

$$S_r = [a, r, e, I_{\text{rec}}, b_s, x, y, z] \qquad (4\text{-}22)$$

其中，a、r、e 分别为该信号方位向、距离向、高度向坐标值；I_{rec} 为该信号回波能量；b_s 为该回波能量经过的散射次数；x, y, z 为该回波对应的目标点坐标，即电磁波与目标的交点坐标。

4.4 模拟图像生成与散射机制分析

通过射线追踪可以获得所有回波信号的矢量形式，如式（4-22）所示，为了生成模拟 SAR 图像，需要将所有回波信号按照方位向坐标和斜距坐标投影在斜距-方位向平面上。由于回波信号存储在一种树结构的"射线树"中，节点的深度对应散射次数，所以能够区分不同散射次数的回波信号，从而得到不同散射次数对应的模拟图像。根据生成的"射线树"，可以生成建筑物的散射单元直方图，分析图像中的散射特征形成机制，并将信号散射中心定位到建筑物三维模型中，在建筑物模型上标记该散射信号的贡献面。

4.4.1 二维模拟 SAR 图像生成

在二维模拟 SAR 图像生成之前，需要确定模拟距离向和方位向尺寸，首先利用式（4-23）和式（4-24）计算图像的方位向行数 N_{Height} 和列数 N_{Width}。然后建立 $N_{\text{Height}} \times N_{\text{Width}}$ 大小的空白图像，分别将回波信号按照方位向坐标和距离向坐标值映射到空白图像中对应的像元点，当多个回波能量映射到一个像元内时，则将它们进行非相干叠加。然后生成单次散射和多次散射模拟图像，并将单次和多次散射图像叠加在一起则可以得到完整的模拟 SAR 图像。在形成的"射线树"中，当回波信号发生的最后一次散射为镜面反射时，其回波信号相对较强，在 SAR 图像中通常会形成较为明显的特征，因此还可以获得由镜面反射信号组成的模拟图像。

生成的模拟图像通常会出现灰度分布不均匀现象，这是由于离散化过程中欠采样的缘故，通过窗口为 3 的双线性滤波后可以得到相对平滑的模拟 SAR 图像。此外，由于入射角已知，地距像元大小为 $\Delta G = \Delta R / \cos\theta$，经过斜距转地距过程可以得到目标场景的地距 SAR 模拟图像。最后，将图像像元重采样为距离向与方位向大小相等的方像元：

$$N_{\text{Height}} = \left[\frac{\text{Az}_{\text{max}} - \text{Az}_{\text{min}}}{\Delta A} \right] + 1 \qquad (4\text{-}23)$$

$$N_{\text{Width}} = \left[\frac{R_{\text{max}} - R_{\text{min}}}{\Delta R} \right] + 1 \qquad (4\text{-}24)$$

其中，Az_{max} 和 Az_{min} 分别为方位向坐标最大值和最小值；R_{max} 和 R_{min} 分别为距离向坐标最大值和最小值；ΔA 和 ΔR 为方位向和距离向像元大小。

　　下面以一个典型三面角反射器的模拟说明模拟 SAR 图像的生成过程。图 4-9 是一个直角边长为 10m 的三面角反射器的三维模型，入射角为 45°，视线方向与电磁波照射方向相同，方位向、距离向和高度向分辨率为 0.05m。图 4-10 为该三面角反射器的模拟图像，电磁波入射方向从下往上。三面角反射器表面通常比较光滑，镜面反射强而漫反射信号弱，所以真实图像中识别不到单次散射和二次散射信号。为了表现三面角反射器单次散射和二次散射信号，图像模拟过程中适当提高了表面散射模型的漫反射能量。图 4-10（a）为单次散射模拟图像，亮三角形为三面角反射器两个垂直面与水平面的信号叠加在一起，为叠掩区；图 4-10（b）中二次散射模拟图像中有三条亮线，分别对应三面角反射器三条棱边，二次散射信号来自两个垂直面的二次漫反射；图 4-10（c）中的亮点为电磁波与三个面发生散射镜面反射之后形成的，这与理论分析一致；图 4-10（d）中包含了所有散射的信号，可以看出该模拟方法能够准确模拟图像的几何特性。

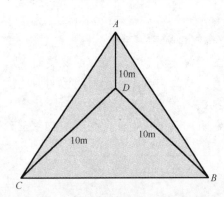

图 4-9　三面角反射器模型，视线方向同电磁波照射方向

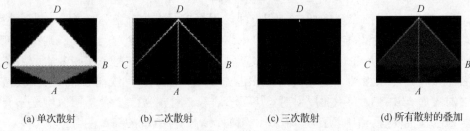

(a) 单次散射　　　　(b) 二次散射　　　　(c) 三次散射　　　　(d) 所有散射的叠加

图 4-10　三面角反射器的模拟图像，电磁波照射方向从下往上

4.4.2　散射单元直方图

　　由于 SAR 斜距成像导致来自
不同高度而斜距相同的散射单元
的信号叠加在一个分辨单元内，
二维 SAR 图像中无法分辨来自不
同高度向的散射单元，如图 4-11
所示，来自地面、墙面和屋顶的
三个散射单元的回波信号成像在
一个分辨单元内，形成叠掩而无
法区分信号来自于哪个散射单
元。利用我们的模拟方法能够获
得信号的方位向、距离向和高度
向坐标（式（4-22）），因此可以区

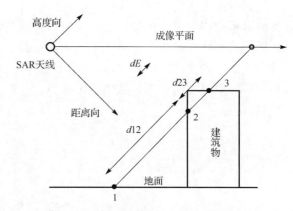

图 4-11　不同高度向的散射单元信号成像在一个像元内

分来自不同高度向的散射单元的信号。在高度向上，当散射单元之间的距离大于高
度向分辨率 dE 时，即可分辨出来。图 4-11 中三个散射单元之间的距离都大于 dE，
则该像元包含来自三个不同散射单元的信号。将该过程遍历图像中每一个像元，可
以生成一幅与模拟图像相同尺寸的图像，像元值为散射单元个数，该图称为散射单
元直方图。图 4-12 为三面角反射器的散射单元直方图，近距离端的三角形值包含了
一个散射单元，叠掩区包含了两个散射单元；二次散射线仅包含了一个散射单元，
因为在两个互相垂直的平面交线处，两个散射单元的距离小于高度向分辨率而无法
分辨。

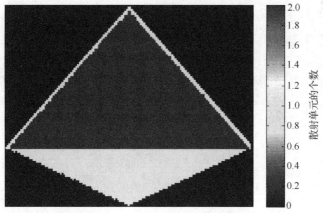

图 4-12　三面角反射器的散射单元直方图（见文后彩图）

4.4.3 散射中心定位及散射贡献来源分析

生成模拟图像的过程即建立了回波信号与 SAR 图像之间的对应关系,在回波信号模拟过程中得到了回波信号与建筑物三维模型之间的对应关系,图 4-13 为回波信号映射到建筑物三维模型表面的效果图。因此,可以借助 SAR 图像模拟建立 SAR 图像与三维模型之间的映射关系,用于分析 SAR 图像中复杂散射特征形成机制,将其对应的散射中心定位到建筑物三维模型,并在三维模型中标记该散射信号的散射贡献面。

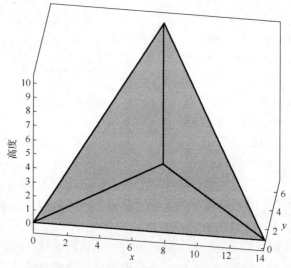

图 4-13　回波信号映射到三维模型表面

SAR 图像散射特征形成机制分析主要包括回波信号散射中心定位及散射贡献来源分析。回波信号可以表示为式(4-22),即回波信号在成像坐标系 *O-ARE* 中的坐标已知,而从图 4-2 中可以得到成像坐标系 *O-ARE* 与场景坐标系 *o-xyz* 之间存在如式(4-25)所示的关系。因此,通过该变换可以将图 4-10(c)中三面角反射器点目标的三次散射信号映射到场景坐标系中,结果如图 4-14(a)所示,即三面角反射器的等效散射中心刚好位于顶点,这也与理论分析一致:

$$\begin{bmatrix} x \\ y \\ z \end{bmatrix} = \begin{bmatrix} \cos\theta_{\text{rot}} & 0 & -\sin\theta_{\text{rot}} \\ 0 & 1 & 0 \\ \sin\theta_{\text{rot}} & 0 & \cos\theta_{\text{rot}} \end{bmatrix} \begin{bmatrix} r \\ a \\ e \end{bmatrix} + \begin{bmatrix} x_0 \\ y_0 \\ z_0 \end{bmatrix} \tag{4-25}$$

其中,$\theta_{\text{rot}} = \theta - 90°$,$\theta$ 为入射角;$[x_0, y_0, z_0]' = [-H_s \cdot \tan\theta, 0, H_s]'$,$H_s$ 为传感器高度;

$$\begin{bmatrix} x \\ y \\ z \end{bmatrix} \text{和} \begin{bmatrix} r \\ a \\ e \end{bmatrix}$$ 分别为回波信号的场景坐标和成像坐标。

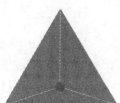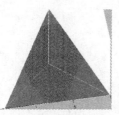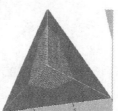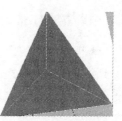

(a) 散射信号　　　　(b) 第一次散射贡献面　　(c) 第二次散射贡献面　　(d) 第三次散射贡献面
中心映射到三维模型

图 4-14　信号散射中心定位及其散射贡献面

　　确定了回波信号散射中心后，可以较容易地分析其对应的散射贡献来源。由于射线追踪算法可以记录电磁波发射并返回天线过程中与目标表面的交点坐标，即图 4-2 中目标 1、2、3 的位置。因此将这些交点集合映射到目标的三维模型上，可以分析信号的散射贡献来源。图 4-14（b）、图 4-14（c）和图 4-14（d）分别为三面角反射器三次散射信号的第一次、第二次和第三次贡献面，则三面角反射器的有效面为所有三次散射贡献面的并集。

　　图 4-15 为建筑物墙地二次散射信号等效散射中心的定位及散射贡献面。其中图 4-15（a）为一个正方体建筑物模型，边长为 10m；图 4-15（b）为对应的模拟图像，两条亮线是由于墙地二次散射形成的；图 4-15（c）为图 4-15（b）中左边二次散射亮线的等效中心及其散射贡献面映射在建筑物三维模型的效果图，绿线对应墙地二次散射的等效散射中心，位于建筑物墙角线及其延长线上；墙面和地面的浅蓝

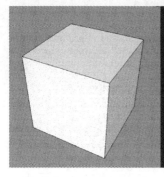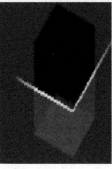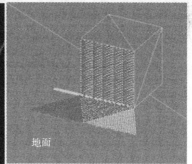

(a) 正方体建筑物模型　　　　(b) 模拟图像　　　　(c) 二次散射等效中心及其散射贡献面

图 4-15　墙地二次散射中心定位及散射贡献面（见文后彩图）

色区域为二次散射过程中第一次散射贡献区域，红色区域为第二次散射贡献区域。因此墙地二次散射回波信号除了与建筑物墙面有关，还与对应的下垫面材质和结构有关，关于具体的分析可以参考文献（Ferro et al., 2011）。

4.4.4　模拟分析示例

为了明确建筑物目标散射特征形成机制，可以抽象出典型建筑物模型，运用图像模拟与分析技术来解析电磁波与建筑物目标之间的相互作用过程，解译不同散射特征的形成原因，为城市 SAR 图像解译和信息提取提供支持。为了方便使用，本书基于 MATLAB 语言开发了一套"建筑物目标的高分辨率 SAR 图像模拟与分析系统"，集成了以上所有的功能模块，软件界面如图 4-16 所示，以下分析过程都是在该软件环境下实现的。

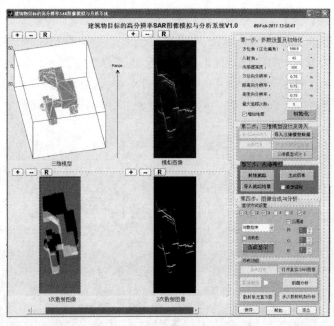

图 4-16　建筑物目标高分辨率 SAR 图像模拟与分析系统软件界面

图 4-17 是长、宽、高分别为 10m、10m、10m 的平顶建筑物，每一面墙壁上有 3×4 个窗户结构，窗户的宽度和高度分别为 2m、2m，窗台的宽度为 0.5m，4 个角均能够形成稳定三面角反射器。模拟基本参数设定为：方位角 45°，入射角 45°，方位向、距离向和高度向分辨率是 0.1m。地面和建筑物墙面为光滑水平表面，以镜面反射占主导。由于需要追踪并计算每一条射线与整个场景的相互作用过程，所以计算复杂度较高，利用配置为 Intel Core i3-2310M CPU@2.10GHz，内存为 4GB 的便携式计算机运行 4.5 小时。

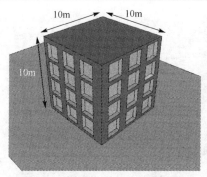
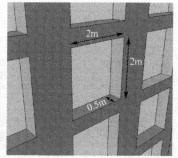

(a) 三维模型，视线方向为电磁波照射方向　　　　　(b) 墙面窗户结构

图 4-17　建筑物精细三维模型

图 4-18 是该建筑物的 SAR 图像模拟结果，距离向从下往上。图 4-18 (a) 为单次散射信号的模拟图像，墙面叠掩区、屋顶和阴影区域特征比较明显；图 4-18 (b) 为二次散射信号的模拟图像，图 4-18 (c) 为三次散射信号的模拟图像，图 4-18 (d) 为四次散射信号的模拟图像，图 4-18 (e) 为五次散射信号的模拟图像，图 4-18 (f) 为镜面反射信号的模拟图像。二次散射和三次散射回波信号分布在墙面叠掩区，四次散射和五次散射回波信号分布在阴影区。下面分别对各种散射次数的回波信号进行分析，明确其形成机制。

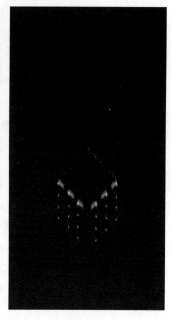

(a) 单次散射信号　　　　　　　　(b) 二次散射信号　　　　　　　　(c) 三次散射信号

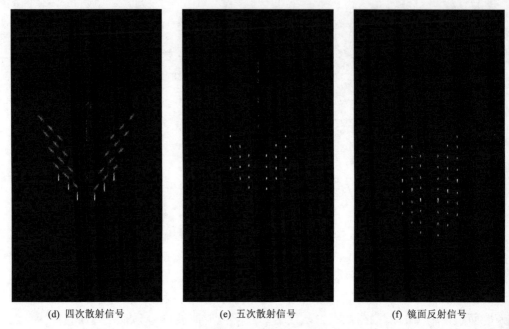

(d) 四次散射信号   (e) 五次散射信号   (f) 镜面反射信号

图 4-18 平顶建筑物模拟图像，距离向从下往上

1. 单次散射信号分析

图 4-19（a）为单次散射回波信号的模拟图像标注结果，距离向从下往上。其中黄线标注屋顶范围，黄色虚线标注建筑物平面轮廓位置，绿线标注墙面叠掩区范围，红线标注建筑物阴影范围，其他未被标注的区域为地面。图 4-19（b）为图 4-19（a）中的叠掩区图像，并对图像显示方式进行了调整以便更好地展示叠掩区的图像细节。可以看出，叠掩区存在 24 个规则排列的亮暗块状目标，叠掩区墙面窗户个数一致，并且亮块与暗块成对出现，如图 4-19（c）中的红框所示。

图 4-20 为距离向剖面上墙面叠掩区的信号来源分析，墙面叠掩区回波信号主要包括地面回波、墙面回波、窗户回波和屋顶回波信号，并且回波信号能量相等。根据回波信号的不同，将墙面叠掩区分成 4 个区域，其中，区域 1 包含地面、墙面和屋顶回波信号；区域 2 只包含地面和屋顶回波信号；区域 3 包含地面、窗户和屋顶回波信号；区域 4 包含地面、屋顶回波信号，还包含两部分窗户信号。因此区域 2 和区域 4 分别对应图 4-19（b）中的暗块目标和亮块目标。因此，窗户的上框和下框分别对应暗块和亮块目标，并且两者成对出现，暗块目标在近距离端。

然而，由于星载 SAR 图像的分辨率和信噪比较差，窗户结构导致的墙面叠掩区域亮暗分布不均匀特性可能无法呈现出来，需要采用更高分辨率的机载 SAR 图像或者实验室测量的方法对这种特性进行分析。此外，建筑物在 SAR 图像上的散射特征还与墙面和窗户的表面散射特性有关。

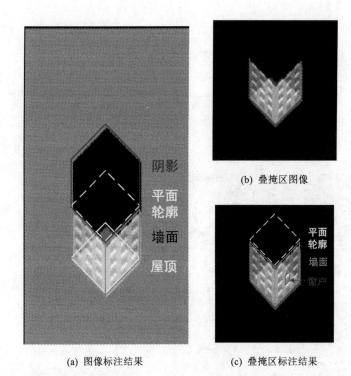

(b) 叠掩区图像

(c) 叠掩区标注结果

(a) 图像标注结果

图 4-19　单次散射回波信号分析，距离向从下往上（见文后彩图）

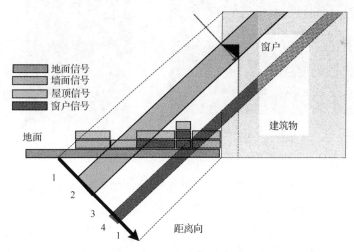

图 4-20　墙面和窗户回波信号分析

2. 二次散射信号分析

图 4-21（a）为二次散射回波信号的模拟图像标注结果，距离向从下往上。其中黄线标注屋顶范围，黄色虚线标注了建筑物平面轮廓位置，绿线标注墙面叠掩区范围。图 4-21（b）和图 4-21（c）分别为图 4-21（a）中红框内二次散射信号局部放大图及其标注结果。二次散射信号主要形成亮线，根据形成原因分成 4 类。线条 1（绿线）对应墙地二次散射，其长度大于建筑物墙角线，具体形成原因见 2.2 节内容；线条 3（蓝线）和线条 4（黄线）组合成 12 个 L 形状，对应墙面的 12 个窗户。

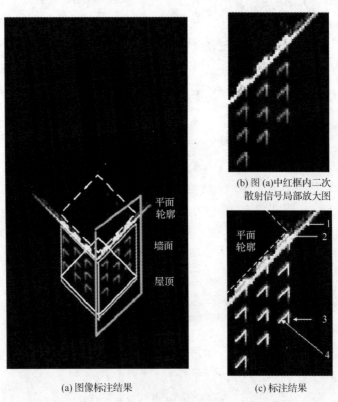

(a) 图像标注结果 (b) 图 (a)中红框内二次
散射信号局部放大图

(c) 标注结果

图 4-21　二次散射回波信号分析，距离向从下往上（见文后彩图）

图 4-22 中标记了线条 3 和线条 4 的散射来源，其中线条 3 由窗户面与窗边框组成的二面角反射器形成，线条 4 由窗户面与窗台组成的二面角反射器形成。线条 3 平行于距离向，线条 4 平行于墙面，因此两者之间的夹角等于建筑物墙面成像方位角 45°。图 4-23 为在距离向剖面上分析二次散射信号的形成过程，墙面上分布着 4 个窗户。信号 1 来自墙面和地面二次散射，等效散射中心位于墙角处；信号 2 来自地面与窗面二次散射，其等效散射中心位于窗面与地面交线上，位于建筑物内部，

信号 2 在 SAR 图像中存在于阴影区内。信号 4 等效散射中心位于窗台与窗面交线上。这些散射中心在 SAR 图像中成像位置与窗台的高度有关。其中，来自最底层窗台的信号 4 对应散射中心与墙地二次散射信号 1 混在一起，增加了墙地二次散射亮线的宽度，这也是 SAR 图像中墙地二次散射亮线宽度大于单个像元的原因之一。

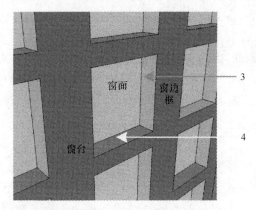

图 4-22 窗户二次散射信号散射中心

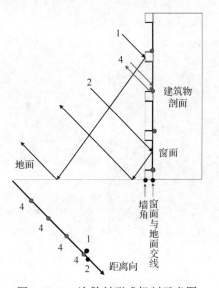

图 4-23 二次散射形成机制示意图

3. 三次散射信号分析

图 4-24（a）为三次散射回波信号的模拟图像标注结果，距离向从下往上。其中黄线标注屋顶范围，黄色虚线标注建筑物平面轮廓位置，绿线标注墙面叠掩区范围。图 4-24（b）和图 4-24（c）分别为图 4-24（a）中红框内三次散射信号局部放

大图及其标注结果。三次散射信号主要形成亮点，根据形成原因分成 3 类，在图 4-24
和图 4-25 中用数字 1、2、3 表示。亮点 1（小圆圈）由窗户构成的三面角反射器形
成，等效散射中心位置如图 4-25（a）中窗户角落处的小圆圈。图 4-24（c）中红色
圆圈内为亮点和较亮条带的组合，包含了 3 种三次散射回波信号。根据图 4-25（b）
距离向剖面中三次散射路径分析示意图，信号 2 来源于地面和窗户构成的三面角反
射器，其形成机制如图 4-25（a）中相应射线所示，其等效散射中心位于窗户角点
在地面上的投影点，因此 4 个窗户对应的等效散射中心重合，加强了回波信号能量，
如图 4-25（b）中 2 所标记的圆圈所示。由于来自最底层窗台的信号 1 对应散射中
心与信号 2 混在一起，所以在 SAR 图像中形成高亮点（图 4-24（c）的红色圆圈内
亮点）。这些亮点的等效散射中心通常比较靠近建筑物墙角线，这也是 SAR 图像中
墙地二次散射亮线宽度大于单个像元的原因之一。信号 3 不同于信号 2，其回波信
号较弱，其形成机制如图 4-25（a）中相应射线所示，电磁波传播过程为：地面镜
面反射→窗户上框面镜面反射→窗面漫反射→传感器。其等效散射中心与窗户的高
度有关，所有的窗户形成的信号 3 近似分布在墙角线处，如图 4-24（c）中红色圆
圈内的较亮条带。由于窗面光滑，其漫反射信号非常弱，所以信号 3 对应的回波能
量非常弱，在真实 SAR 图像中较难呈现出来。

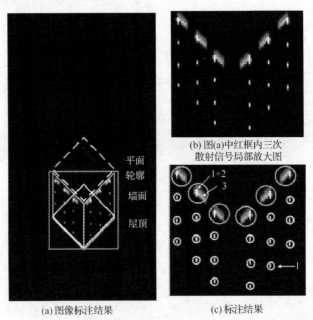

(b) 图(a)中红框内三次
散射信号局部放大图

(a) 图像标注结果　　　　　　　　(c) 标注结果

图 4-24　三次散射回波信号分析，距离向从下往上（见文后彩图）

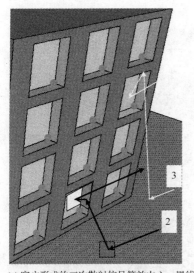

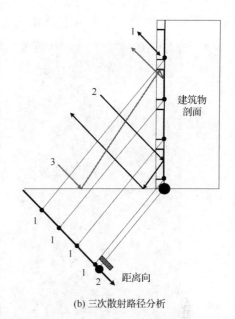

(a) 窗户形成的三次散射信号等效中心，黑线为
电磁波与地面和窗户发生三次散射的传播路径

(b) 三次散射路径分析

图 4-25　三次散射形成机制分析

4. 四次散射信号分析

图 4-26（a）为四次散射回波信号的模拟图像标注结果，距离向从下往上。图 4-26（b）和图 4-26（c）分别为图 4-26（a）中四次散射信号局部放大图及其标注结果。四次散射信号分布在 SAR 图像中的建筑物阴影区，表现为线状，根据形成原因分成两类：亮线 1 和亮线 2。其中亮线 1 的数量与窗户数量相等，其方向与墙面方向一致，与方位向夹角为 45°；亮线 2 平行于距离向，数量对应于窗户的列数。图 4-27 为四次散射信号的形成机制分析。信号 1 对应的电磁波散射过程为：地面镜面反射→窗面镜面反射→窗户上框面镜面反射→地面漫反射→传感器，或者地面镜面反射→窗户上框面镜面反射→窗面镜面反射→地面漫反射→传感器，如图 4-27（a）中黑色射线 1 所示。为了计算信号 1 的等效散射中心，首先作建筑物相对于地面的镜像，如图 4-27（b）所示；然后，通过等效路径分析可以得到信号 1 的等效散射中心位于地面镜像窗户上框面，所以信号 1 在 SAR 图像中位于阴影区，相对于墙角线的偏移量与高度成正比。信号 2 对应的电磁波散射过程为：地面镜面反射→窗户上框面镜面反射→窗面镜面反射→窗户侧面漫反射→传感器，或者地面镜面反射→窗户上框面镜面反射→窗户侧面镜面反射→窗面漫反射→传感器，如图 4-27（a）中射线 2 所示。其等效散射中心位于建筑物内部，并且满足同一列窗户对应的信号 2 散射中心具有相同的方位向，所以在 SAR 图像中形成平行于方位

向的直线。由于窗面光滑，其漫反射信号非常弱，所以四次散射对应的回波能量非常弱，在真实 SAR 图像中较难呈现出来。

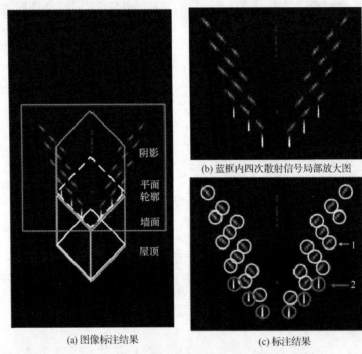

（a）图像标注结果　　　　　　　　　（c）标注结果

（b）蓝框内四次散射信号局部放大图

图 4-26　四次散射回波信号分析，距离向从下往上

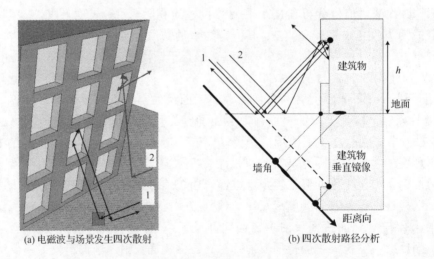

（a）电磁波与场景发生四次散射　　　　（b）四次散射路径分析

图 4-27　四次散射形成机制示意图

5. 五次散射信号分析

图 4-28（a）为五次散射回波信号的模拟图像标注结果，距离向从下往上。图 4-28（b）和图 4-28（c）分别为图 4-28（a）中五次散射信号局部放大图及其标注结果。五次散射信号分布在 SAR 图像中的建筑物阴影区，表现为亮点，数量与窗户数量相等。图 4-29 为五次散射信号的形成机制分析。五次散射信号 1 对应的电磁波散射过程如图 4-29（a）中射线 1 所示，首先经地面镜面反射，然后经上窗角三面角反射器后反向传播，经地面镜面反射回传感器。由于是镜面反射，其对应的回波信号较强，通常会在建筑物阴影区形成规则分布的亮点。图 4-29（b）在距离向剖面上分析了五次散射信号 1 的等效散射中心，通过路径分析发现该信号等效散射中心位于建筑物地面镜像上窗角，如图 4-29（b）中小圆圈 1 所示。

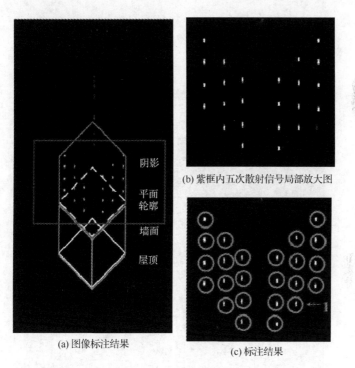

(b) 紫框内五次散射信号局部放大图

(a) 图像标注结果

(c) 标注结果

图 4-28　五次散射回波信号分析，距离向从下往上

6. 镜面反射信号分析

图 4-30（a）为镜面反射回波信号的模拟图像标注结果，距离向从下往上。图 4-30（b）为图 4-30（a）中两类镜面反射信号形成的亮点。两类亮点个数均对应窗户个数，其中亮点 1 对应五次散射信号，亮点 2 对应窗台三面角形成的三次散射信号，等效散射中心分别为图 4-29（a）中上窗角和下窗角处的圆圈。由于回波信

号均来自镜面反射，并且对成像角度不敏感，所以会形成比较稳定的强散射点。相对于亮点 2 而言，亮点 1 的散射次数多，因此信号衰减程度大，其信号弱于亮点 2；此外，亮点 1 的信号强度还取决于地面的光滑程度，随着地面粗糙程度增加，信号强度递减。因此在高分辨率 SAR 图像中，亮点 2 是非常显著稳定的散射特征。

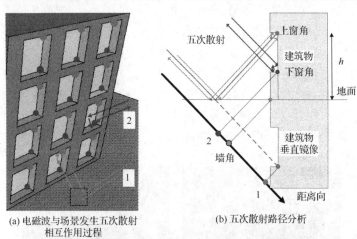

(a) 电磁波与场景发生五次散射
相互作用过程

(b) 五次散射路径分析

图 4-29　五次散射形成机制示意图

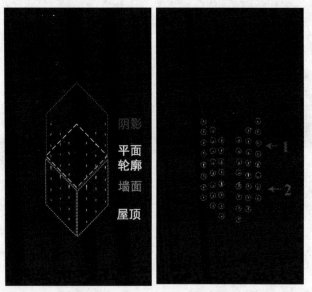

(a) 图像标注结果

(b) 两类镜面反射形成的亮点

图 4-30　镜面反射信号分析，距离向从下往上

4.5　基于 SAR 图像模拟的 SAR 图像理解

利用图像模拟技术来理解真实 SAR 图像的过程是通过建立真实 SAR 图像与三维模型之间的映射关系来实现对真实 SAR 图像中散射特征形成机制的分析。真实图像与模拟图像精确配准是这一过程的基础，只有实现了图像配准，才可以将模拟图像与真实图像的对应散射特征进行匹配分析，进而分析散射特征的形成机制，在完成散射特征匹配分析之后，可以完成对复杂 SAR 散射特征的标注，赋予其高层语义特征，完成对复杂 SAR 图像的理解。

4.5.1　模拟 SAR 图像与真实 SAR 图像配准

作为模拟图像与真实图像对比分析的先决条件，图像配准通过建立两幅图像像元之间的对应关系使其几何关系达到匹配，去除或抑制待配准图像和参考图像之间几何上的不一致。通常情况下，模拟 SAR 图像包含的场景信息不完整，与真实 SAR 图像之间存在一定差异，两者之间的匹配存在较大的困难（Brunner et al., 2010）。图像配准可以分为自动配准和人工配准，其中，人工配准是通过交互式方式建立两者之间的对应关系来实现图像匹配；自动配准通过两幅图像中的灰度或者基元特征来实现图像配准（Bentoutou et al., 2005）。由于模拟图像对应的目标场景仅是真实图像中的很小一部分，采用基于灰度或者基元特征的自动配准方法，效率和精度通常不能满足需求。当两幅图像之间的对应关系确定之后，采用自动配准方法通常能够得到优于人工配准的精度，因此采用粗匹配和精匹配相结合的方法来实现模拟图像与真实图像的配准。在粗匹配过程中，采用人工选点方式确定两幅图像的大致关系；基于人工匹配结果，采用自动配准方法来实现两幅图像的精确配准。从真实 SAR 图像中提取建筑物散射特征的真实边界是一件具有挑战性的任务，因此基于特征的自动配准方法不能有效地配准真实图像和模拟图像。由于图像模拟器采用的简化辐射模型使得模拟图像与真实图像中的灰度特征存在一定的差异，所以常规的灰度匹配方法也难以奏效。基于灰度互信息（Mutual Information，MI）的配准方法考虑的是象元邻域的灰度特性变化，利用图像的统计特性，可以不依赖于图像本身的灰度，并且鲁棒性好，可实现自动校准（Maes et al., 1997）。

这里采用仿射变换表示两幅 SAR 图像之间的关系。由于模拟图像对应的成像参数与真实 SAR 图像相同，两幅图像之间仅存在着平移关系，变换公式如式（4-26）所示，因此在粗匹配过程中，只需选择一个同名点即可。此处选择真实图像作为参考图像，模拟图像为待配准图像，由于单次散射信号模拟图像能够表现建筑物目标叠掩和阴影散射基元的形状特征，模拟图像选用单次散射信号模拟图像：

$$\begin{pmatrix} x_s \\ y_s \end{pmatrix} = \begin{pmatrix} x_r \\ y_r \end{pmatrix} + \begin{pmatrix} b_x \\ b_y \end{pmatrix} \tag{4-26}$$

其中，x_r 和 y_r 为真实图像的坐标；x_s 和 y_s 为模拟图像的坐标；b_x 和 b_y 分别为 x 和 y 方向的偏移。

求出偏移参数 b_x 和 b_y，即实现了图像配准，此时真实图像和模拟图像之间的匹配度最大。采用 MI 方法对配准结果进行评价，假设 $\tilde{X}$ 和 X 分别为模拟图像和真实图像，两幅图像间 MI 值的计算方法如式（4-27）所示：

$$\mathrm{MI}(\tilde{X}, X) = H(\tilde{X}) + H(X) - H(\tilde{X}, X) \tag{4-27}$$

$$H(X) = -E_X(\log(P(X))) \tag{4-28}$$

$$H(\tilde{X}, X) = -E_{\tilde{X}, X}(\log(P(\tilde{X}, X))) \tag{4-29}$$

其中，$H(\tilde{X})$ 和 $H(X)$ 是图像 $\tilde{X}$ 和 X 的熵；$H(\tilde{X}, X)$ 是两幅图像的联合熵；$P(X)$ 是 X 的灰度分布函数；$P(\tilde{X}, X)$ 为联合灰度分布函数。对于模拟图像 $\tilde{X}$ 和真实图像 X，基于互信息的配准方法，就是要找到一个平移变换 T，使两者之间的互信息 $\mathrm{MI}(X, T(\tilde{X}))$ 达到最大。将模拟图像 $\tilde{X}$ 在真实图像 X 上以一定步距沿 x 方向和 y 方向平移，当 MI 值最大时，即找到了平移值，实现了两幅图像间的配准。当平移步距小于一个像元时，需要对像元灰度进行插值。由于部分体积（Partial Volume，PV）插值法不会产生新的灰度值，而是对两幅图像的联合直方图进行更新，非常适合 MI 的计算，所以本节方法中采用 PV 插值法（Maes et al., 1997）。

将该配准方法应用于国家体育馆模拟图像与真实 SAR 图像。图 4-31（a）为国家体育馆及其周边 TerraSAR-X 降轨右视地距图像，距离向从下往上；图 4-31（b）为国家体育馆三维模型，视线方向为电磁波照射方向；图 4-31（c）为单次散射信号生成的模拟图像，由于输入的几何模型和辐射模型与真实情况存在差异，所以真实图像和模拟图像特征之间在众多的细节上存在较大差异，但模拟图像中叠掩和阴影等特征与真实图像中基本一致；图 4-31（d）为基于 MI 配准方法对模拟图像和真实图像的配准结果，从配准结果可以看出，用 MI 作为匹配度，可以实现模拟 SAR 图像与真实 SAR 图像的配准。

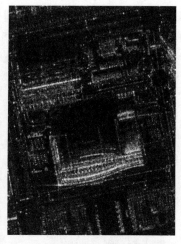

(b) 国家体育馆三维模型

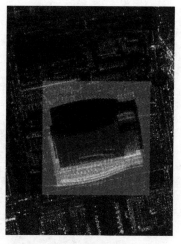

(a) 真实 TerraSAR-X 图像　　　　(c) 单次散射模拟图像　　　　　(d) 配准结果

图 4-31　国家体育馆真实图像与模拟图像配准结果，距离向从下往上

4.5.2　图像特征匹配分析与标注

当模拟图像与真实图像配准后，两者之间的散射特征基元一一对应，这就建立了模拟图像、真实图像与三维模型之间的映射关系。因此，通过对真实图像与模拟图像散射特征的匹配分析，即可完成对真实图像的散射特征形成机制分析。由于模拟图像中三维模型和辐射模型存在误差，模拟图像通常与真实图像之间存在一定差距，所以在图像配准和匹配分析时，需要适当调整三维模型和辐射模型，以保证两者中对应的散射特征满足匹配关系。下面以北京唯实大厦为例说明该过程。北京北航唯实大厦（北航科技楼）为高档商务酒店，位于海淀区学院路 37 号，长、宽、高分别为 78.1m、32.7m、107.7m。图 4-32（a）为该建筑物的三维模型，视线方向为电磁波照射方向，主墙面上分布着大量的窗户结构，侧墙面为落地窗，表面较为光滑，屋顶有一些凸起结构，为了减少模拟时间，在模拟过程中省去了屋顶的细节；图 4-32（b）为该建筑物对应的 TerraSAR-X 聚束模式地距图像，距离向从下往上，图 4-32（c）为真实 SAR 图像标记结果。

为了对比不同的几何模型对特征匹配的影响，构建一个高度为 60m 的三维模型，并输入图像模拟中，其他参数保证与真实 SAR 图像一致。图 4-33（a）和图 4-33（b）分别为高度为 60m 的模型对应的模拟图像及配准结果，图 4-33（c）和图 4-33（d）分别为高度为 107.7m 的模型对应的模拟图像及配准结果。通过对比可以发现，三维模型与建筑物目标真实情况的差异会导致特征失配，这对于叠掩散射特征的影响最为明显。因此，准确的几何模型是实现真实与模拟 SAR 图像进行正确匹配的基础。当真实图像与模拟图像特征匹配后，即可对散射特征形成机制进行分析。图 4-34（a）为模拟图像与真实图像配准融合的标注结果，与图 4-32（c）中真实 SAR 图像标注结果相比，融合后散射特征更加明显，增强了图像呈现的方式，在一定程度上起到了视觉优化的作用；图 4-34（b）为真实图像与模拟图像散射特征匹配分析后的差异 1～6，下面逐一分析这些差异形成的原因。

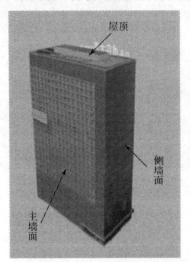
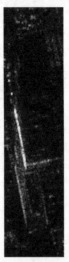
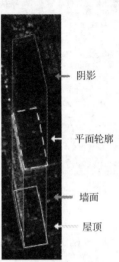

(a) 三维模型，视线方向为电磁波照射方向　(b) TerraSAR-X 图像　(c) 真实图像标注结果

图 4-32　北京唯实大厦三维模型及其 SAR 图像，距离向从下往上

(a) 输入三维模型高度为 60m 的模拟图像　(b) 高度为 60m 的配准结果，叠掩特征失配严重　(c) 输入三维模型高度为 107.7m（建筑物实际高度）的模拟图像　(d) 高度为 107.7m 的配准结果，两者之间的散射特征基本重合

图 4-33　两种高度对应的模拟图像及其与真实图像配准结果

差异 1 和 2 位于主墙面，图 4-35（b）为大厦主墙面照片，主墙面从上往下分成三部分，上部分和下部分呈长条状，会产生较强的回波信号，中间部分回波信号弱于其他两部分，因此在图像中表现为两条亮线，如图 4-34（b）中的 1 和 2。图 4-34（b）中差异 3 为侧墙面二次散射亮线引起的，侧墙面宽度为 32.7m，SAR 图像二次散射亮线长度为 48m，这是由于侧墙面光滑，电磁波照射到墙面后镜面反射到达下垫面，然后经地面漫反射回传感器，导致图像中二次散射亮线长于墙角线。图 4-34（b）中差异 4 表现为不太明显的亮线，长度为 50.3m；由图 4-35（b）可以看出建筑物屋顶相应位置有通风设备，测量长度为 49m，经过比较分析可以发现差异 4 对应的亮线由屋顶通风设备导致的较强回波信号形成。图 4-34（b）中差异 5 和差异 6 位于建筑物阴影区范围内的亮斑点，然而两者的形成原因不一样，差异 5 是由于该建筑物后端建筑物的回波信号，具体原因参考 3.4 节关于遮挡效应的分析；而差异 6 是由于建筑物侧墙面（图 4-35（c））与近距离端宽阔的街道（图 4-35（a））之间发生的多次散射信号形成，具体原理参考 4.4.4 节。

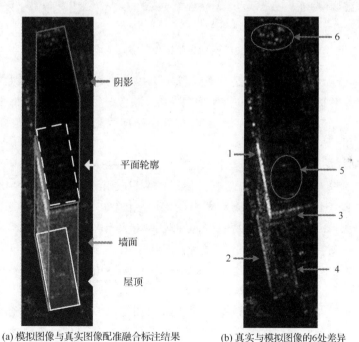

(a) 模拟图像与真实图像配准融合标注结果　　　(b) 真实与模拟图像的 6 处差异

图 4-34　唯实大厦 TerraSAR-X 图像散射特征形成机制分析

(a) 屋顶及地面光学图像（Google Earth）

(b) 主墙面实地照片

(c) 侧墙面照片

图 4-35　唯实大厦屋顶光学图像、主墙面和侧墙面照片

　　下面以一栋典型高层居民楼为例，以三维模型为输入，利用模拟图像与真实图像的匹配对散射特征进行分析，并对真实 SAR 图像进行标注，最终将真实图像与三维模型进行叠加显示，将 SAR 图像中建筑物立体信息加入，实现建筑物高分辨率 SAR 图像的解译。

　　图 4-36 为北京市京师园 2 号楼光学图像及 TerraSAR-X 图像，该建筑物为典型高层居民楼，长方体形状，长、宽、高分别为 110.8m、17.35m、35.4m，长边为东西走向。SAR 图像为 TerraSAR-X 聚束模式地距图像，获取时间为 2010 年 4 月 16 日，降轨右视，HH 极化，像元大小为 0.75m×0.75m。图像灰度动态范围大，建筑物目标表现为高亮条带和暗条带的组合。图 4-37 为该建筑物实地照片和简化三维模型，由于建筑物顶部尖顶结构太小，对星载 SAR 图像中的建筑物散射特征影响可以忽略，所以三维模型中假设建筑物为平顶建筑物。图 4-38 为该建筑物模拟图像与真实图像融合图像及其标注结果，可以看出融合图像能够更好地展示图像中各种散射特征，特别是屋顶和阴影等不明显的散射特征基元，在融合图像中能够与背景区分开来。图 4-39 为该建筑物 TerraSAR-X 图像与三维模型叠加显示效果图，由于引入了三维模型，融合图像不同于只有二维信息的 SAR 图像（图 4-36（b）），图像信息更加丰富，更加符合人类的视觉特性。

(a) 光学图像（Google Earth）

(b) TerraSAR-X 聚束模式地距图像

图 4-36　北京市京师园 2 号楼光学图像及 TerraSAR-X 图像，距离向从右往左

(a) 建筑物实地照片，箭头为电磁波照射方向　　　(b) 简化线框模型，视线方向为电磁波照射方向

图 4-37　北京市京师园 2 号楼实地照片和简化三维模型

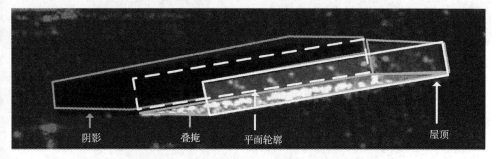

图 4-38　北京市京师园 2 号楼模拟图像与真实图像融合图像及其标注结果

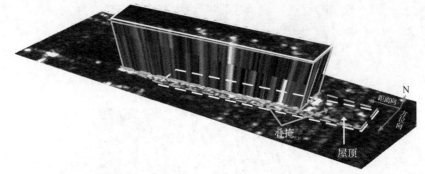

图 4-39　北京市京师园 2 号楼 TerraSAR-X 图像与三维模型叠加显示效果图

接下来将本章的图像模拟与分析方法应用于一个典型办公楼的 TerraSAR-X 图像的理解中。图 4-40（a）为中国科学院遥感与数字地球研究所（简称遥感地球所）奥运园区办公楼的三维模型，图 4-40（b）为降轨 TerraSAR-X 聚束模型图像，像元大小为 0.75m×0.75m。图 4-41（a）为二次散射的模拟图像，其中二次散射亮线对应建筑物墙角线；图 4-41（b）为所有散射次数的模拟图像，对于二次散射的亮度模拟偏大，这是因为模拟中采用的辐射模型对多次散射回波信号强度过模拟导致。图 4-41（c）为单次散射模拟图像和二次散射模拟图像的双通道显示，绿色通道为单次散射，蓝色通道为二次散射图像。图 4-41（d）为单次散射模拟图像与真实 SAR 图像的融合显示，真实图像中亮度较大的条带为墙面的叠掩区，而模拟图像中叠掩区的亮度偏小。原因在于，墙面叠掩区的亮度是墙面空调等的强反射信号或者窗户结构形成的多次散射信号引起的，而模拟时采用的三维模型墙面没有包含附属结构，所以亮度较小。但是从融合结果来看，模拟图像和真实图像的散射特征对应得非常好，这说明将模拟图像与真实图像进行对比分析，对于明确复杂的散射机理和图像理解分析有巨大帮助。

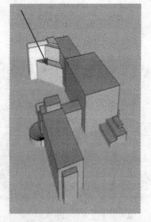

(a) 三维模型，视线方向同电磁波照射方向　　(b) TerraSAR 图像，距离向从下往上

图 4-40　遥感地球所三维模型及 TerraSAR 图像

(a) 二次散射模拟　　(b) 所有散射次数的模　　(c) 单次散射（绿色通道）和二　　(d) 单次散射模拟图像与真
　　图像　　　　　　　　拟图像　　　　　　　　次散射（蓝色通道）合成显示　　　实 SAR 图像的融合显示

图 4-41　模拟图像及融合结果（见文后彩图）

　　图 4-42（a）为该建筑物的散射单元直方图，从图中可以看出，阴影区域由于电磁波无法照射而散射单元数为 0，对应区域为黑色；叠掩区域的散射单元数大于 1，这是因为具有多个斜距相同但来自不同高度的散射单元成像在一个分辨单元内，图中散射单元数为 5 的区域为阶梯状结构，如图 4-40（a）中箭头所指部分。图 4-42（b）和图 4-42（c）中有 4 个亮目标（TA、TB、TC1、TC2），将对应亮目标的散射中心映射到三维模型中，如图 4-42（d）中红色点，可以发现亮目标是由三面角反射器形成的，散射中心刚好为三面角反射器的顶点。为了分析多次散射的散射贡献来源，可以将三次散射的贡献面映射到三面模型中，结果如图 4-43 所示，可以进一步帮助理解多次散射的形成机制。

  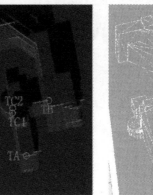 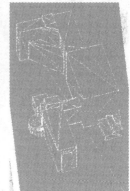

(a) 散射单元直方图　　(b) 真实图像上 4 个亮目标　(c) 模拟图像上 4 个亮目标　　(d) 4 个两目标的散射中心
　　　　　　　　　　　　　　　　　　　　　　　　　　　　　　　　　　　　映射到三维模型中

图 4-42　遥感地球所散射机制分析（见文后彩图）

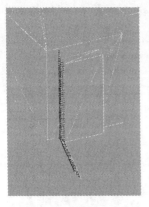 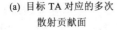   

(a) 目标 TA 对应的多次　　　(b) 目标 TB 对应的多次　　　(c) 目标 TC1 对应的多次　　　(d) 目标 TC2 对应的
　　散射贡献面　　　　　　　　　散射贡献面　　　　　　　　　散射贡献面　　　　　　　　　多次散射贡献面

图 4-43　　亮目标对应多次散射贡献面（见文后彩图）

4.6　基于 SAR 图像模拟和迭代匹配的建筑物高度反演

借助 SAR 图像模拟能够获得不同几何结构参数建筑物目标在各种成像条件下的散射特征，将模拟图像与真实 SAR 图像进行比较，可以完成 SAR 图像的散射机制分析和复杂 SAR 图像的理解，这在 4.5 节进行了阐述。同时，这也给建筑物高度反演提供了一种思路，借助 SAR 图像模拟，当建筑物高度模拟输入值与真实值最接近时，模拟生成的 SAR 图像与真实 SAR 图像匹配度将最高；否则匹配度将减小。基于这种思路，提出了一种基于 SAR 图像模拟图像和迭代匹配进行建筑物高度估算的方法，其核心问题包括两个方面：一是设计高效的 SAR 图像模拟器，这里使用我们自己开发的基于 SAR 成像机理与射线追踪算法相结合的 SAR 图像模拟方法；二是构建真实 SAR 图像与模拟 SAR 图像的匹配度函数，下面重点介绍。

假设建筑物的真实 SAR 图像为 X，首先获取 SAR 图像成像时的系统参数，借助地理信息系统（Geographic Information System，GIS）、光学图像等先验知识得到建筑物除高度之外的其他几何结构参数，这些参数假设为 $\{w,l,h,\alpha,\theta,\phi,\delta_{\mathrm{a}},\delta_{\mathrm{r}}\}$，其中 w 为建筑物宽度，l 为建筑物长度，h 为建筑物高度，α 为屋顶倾角，θ 为入射角，ϕ 为方位角，$\delta_{\mathrm{a}}\times\delta_{\mathrm{r}}$（方位向×距离向）为像元大小。假设建筑物高度为 h 时对应的模拟 SAR 图像为 $\tilde{X}(h)$，则 SAR 模拟图像与真实 SAR 图像匹配度最高时对应的高度即为建筑物最优估计高度 $\tilde{h}$，表示为

$$\tilde{h} = \arg\max_{h} M\left[\tilde{X}(h), X\right]\theta \tag{4-30}$$

其中，M 为匹配度函数。在计算匹配度前，首先需要对真实 SAR 与模拟 SAR 图像进行配准，即保证两幅图像相同散射特征在空间位置上是对应的。由于建筑物除高度外的一系列参数已知，最终生成的模拟 SAR 图像与真实 SAR 图像之间仅存在平移关系，求出平移参数，即可实现配准。具体实现过程中，配准与匹配度的求算在实际过程中是可以同时进行的，当实现了图像的配准后，可以较容易地计算两图像间的匹配度。

MI 作为一种图像配准方法能够同时完成配准和匹配度计算，因此这里仍采用 MI 作为匹配度函数，寻找真实和模拟 SAR 图像之间的最佳匹配度，并同时完成图像配准。两幅图像间 MI 值的计算方法如式（4-27）所示。如前所述，模拟与真实 SAR 图像之间只存在平移关系，将高度 h 对应的模拟图像 $X(h)$ 在真实图像上以一定步距沿 x 轴方向和 y 轴方向平移，当 MI 值最大时，即找到了最佳平移值，实现了两幅图像间的配准。具体实现过程中当平移步距小于一个像元时，需要对像元灰度进行插值，这里同样采用 PV 插值法。

图 4-44（a）所示为 TerraSAR-X 降轨右视图像上截取的某建筑物目标的图像，图 4-44（b）为建筑物高度 h=6m 时对应的模拟图像，图 4-44（c）为基于 MI 方法对模拟图像和真实图像的配准结果。可以看出，采用 MI 作为匹配度，可以实现模拟 SAR 图像与真实 SAR 图像的配准。此外，为了提高建筑物高度反演的效率，可以先利用建筑物的叠掩区域和 SAR 成像参数等预估建筑物高度，然后围绕预估值确定建筑物高度的搜索范围，从而减小计算量和搜索空间。

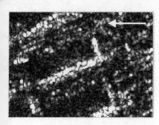

(a) TerraSAR-X 图像　　　　　(b) 高度 6m 对应的模拟图像　　　　(c) 配准结果

图 4-44　配准实验结果

下面给出两个实验区的建筑物高度反演结果。首先从真实图像上获得建筑物的长度、宽度、方位角等参数，然后结合 SAR 图像的成像参数，利用 SAR 图像模拟系统模拟不同高度对应的 SAR 图像，然后将模拟得到的图像与真实 SAR 图像进行匹配并计算匹配度，通过不断迭代最后确定最大匹配度对应的高度即为最佳的建筑物高度反演结果。

图 4-45（a）为实验区一对应的光学图像，可以看出这是个平顶建筑物。图 4-45（b）是对应的 TerraSAR-X 降轨地距图像。将建筑物高度的变化范围设为 12~24m，并

按 0.2m 的步长递增，生成不同假设高度对应的模拟 SAR 图像，并计算不同高度模拟 SAR 图像与 TerraSAR-X 图像间的 MI 值，图 4-45（c）给出了 MI 值随建筑物高度假设值的变化规律，则最大 MI 值对应的假设高度值 17.8m 即认为是这一建筑物目标的高度反演结果，该值基本等于实地测量得到的真实高度。

图 4-46（a）为实验区二对应的光学图像，图 4-46（b）为对应的 TerraSAR-X 降轨地距图像，图 4-46（c）给出了 MI 值随建筑物高度假设值的变化规律，可以看出 MI 最大值对应的建筑物高度为 19.6m，而经实地测量得到的建筑物真实高度为 19m，误差为 0.6m，优于一个像元。

(a) 光学图像　　　　　　　　　　　　　　(b) SAR图像

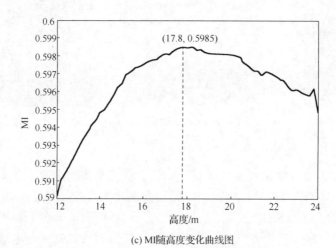

(c) MI随高度变化曲线图

图 4-45　实验区一建筑物高度反演

(a) 光学图像 (b) SAR图像

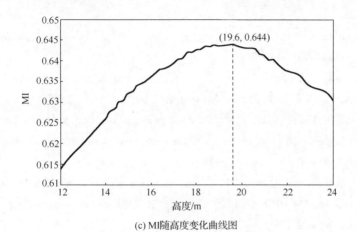

(c) MI随高度变化曲线图

图 4-46 实验区二建筑物高度反演

参 考 文 献

贺知明, 周波. 2008. 城市场景 SAR 原始回波模拟方法[J]. 系统仿真学报, 20(22): 6100-6102.

齐彬, 刘方. 2008. 人造目标 SAR 图像实时仿真[J]. 系统仿真学报, 20(1): 186-190.

舒宁. 2000. 微波遥感原理[M]. 武汉：武汉大学出版社.

王国军, 邵芸, 张风丽. 2012. 城市建筑物 SAR 图像模拟综述[J]. 遥感信息, 27(4): 116-122.

王国军, 张风丽, 邵芸. 2013. 建筑物目标高分辨率 SAR 图像模拟方法[J]. 遥感技术与应用, 28(4): 594-603.

王国军. 2014. 建筑物目标高分辨率 SAR 图像理解研究[D]. 北京: 中国科学院遥感与数字地球研究所.

王敏, 何志华, 董臻, 等. 2009. 基于 CSG 模型的 SAR 城区回波模拟[J]. 信号处理, 25(2): 318-321.

温晓阳, 张红, 王超. 2009. 地震损毁建筑物的高分辨率SAR图像模拟与分析[J]. 遥感学报, 13(1): 169-176.

张朋, 张超, 郭陈江, 等. 2006. 建筑物的 SAR 回波信号模拟方法[J]. 系统仿真学报, 18(7): 1742-1744.

Auer S, Hinz S, Bamler R. 2010. Ray-tracing simulation techniques for understanding high resolution SAR images[J]. IEEE Transactions on Geoscience and Remote Sensing, 48(3): 1445-1456.

Balz T, Stilla U. 2009. Hybrid GPU-based single-and double-bounce SAR simulation[J]. IEEE Transactions on Geoscience and Remote Sensing, 47(10): 3519-3529.

Bentoutou Y, Taleb N, Kpalma K, et al. 2005. An automatic image registration for applications in remote sensing[J]. IEEE Transactions on Geoscience and Remote Sensing, 43(9): 2127-2137.

Brunner D, Lemoine G, Bruzzone L, et al. 2010. Building height retrieval from VHR SAR Imagery based on an iterative simulation and matching technique[J]. IEEE Transactions on Geoscience and Remote Sensing, 48(3): 1487-1504.

Brunner D, Lemoine G, Greidanus H, et al. 2011. Radar imaging simulation for urban structures[J]. IEEE Transactions on Geoscience Remote Sensing, 8(1): 68-72.

Dell'acqua F, Gamba P, Iodice A, et al. 2003. Simulation and analysis of fine resolution SAR images in urban areas[C]. Proceedings of the 2nd GRSS/ISPRS Joint Workshop on Remote Sensing and Data Fusion over Urban Areas, Berlin: 133-136.

Ferro A, Brunner D, Bruzzone L, et al. 2011. On the relationship between double bounce and the orientation of buildings in VHR SAR images[J]. IEEE Transactions on Geoscience and Remote Sensing Letters, 8(99): 612-616.

Franceschetti G, Iodice A, Riccio D. 2003. SAR raw signal simulation for urban structures[J]. IEEE Transactions on Geoscience and Remote Sensing Letters, 41(9): 1986-1995.

Hammer H, Schulz K. 2011. SAR-simulation of large urban scenes using an extended ray tracing approach[C]. 2011 Joint Urban Remote Sensing Event(JURSE) , Munich: 289-292.

Maes F, Collignon A, Vandermeulen D, et al. 1997. Multimodality image registration by maximization of mutual information[J]. IEEE Transactions on Medical Imaging, 16(2): 187-198.

Margarit G, Mallorqui J J, Rius J M, et al. 2006. On the usage of GRECOSAR, an orbital polarimetric SAR simulator of complex targets, to vessel classification studies[J]. IEEE Transactions on Geoscience and Remote Sensing, 44(12): 3517-3526.

Nasr J M, Vidal-Madjar D. 1991. Image simulation of geometric targets for spaceborne synthetic aperture radar[J]. IEEE Transactions on Geoscience and Remote Sensing, 29(6): 986-996.

Xu F, Jin Y Q. 2006. Imaging simulation of polarimetric synthetic aperture radar for comprehensive terrain scene using the mapping and projection algorithm[J]. IEEE Transactions on Geoscience Remote Sensing, 44(11): 3219-3234.

第 5 章　高分辨率 SAR 图像预处理方法

高分辨率 SAR 图像预处理是城市目标信息提取的基础。本章 5.1 节介绍高分辨率 SAR 图像的滤波方法及滤波效果的评价方法，最后得出增强 Lee 滤波和 Kuan 滤波对于城市 SAR 图像滤波处理来说是相对较好的选择。接下来主要针对城市高分辨率 SAR 图像的特点，介绍几种分割和分类方法。其中 5.2 节介绍恒虚警率分割算法，通过分析城市 SAR 图像的概率分布函数，认为 Log-normal 函数能较好地描述城市 SAR 图像灰度的分布，进而可以利用阈值分割实现建筑物目标像元的提取。5.3 节介绍 K-means 聚类方法，并结合恒虚警率分割提出了改进方法，既能充分发挥 K-means 算法的优点，又可以保证对建筑物等强散射特征的检出率。5.4 节介绍一种充分利用纹理特征进行 SAR 图像分割的方法，该方法首先利用 Gabor 滤波提取不同尺度、不同方向的纹理特征，然后利用模糊 C 均值聚类方法实现 SAR 图像中建筑物目标的分割。5.5 节介绍基于马尔可夫随机场的 SAR 图像分割方法，该方法可以充分利用图像的空间关系信息，提取的建筑物高亮特征更完整，连贯性好，有利于后续处理及目标的提取。5.6 节介绍基于隐马尔可夫模型的 SAR 图像分割方法，该方法基于贝叶斯估计理论在全局最优分类意义下对 SAR 图像进行分类，能较完整地提取建筑物目标区域。

5.1　SAR 图像滤波

SAR 发射的是相干波，这种相干信号照射目标时，目标上随机散射面的散射信号与雷达发射的相干信号之间发生相互作用，形成斑点噪声。斑点噪声在 SAR 图像上以颗粒状体现，是一种与目标信号本身相关的噪声，不能单靠提高雷达系统本身的信噪比来改善其性能（Oliver and Quegan, 2004）。因此，在利用 SAR 图像进行目标检测和信息提取时，首先需要进行去噪和滤波处理。

经国内外多位学者论证，SAR 图像斑点噪声可模型化为乘性噪声，均值为 1 的指数分布是描述该模型最适合的分布函数。相干斑产生的乘性模型为

$$y = x \cdot v \tag{5-1}$$

其中，y 为带有相干斑噪声的图像；x 为未受相干斑噪声污染的理想图像；v 为均值为 1，方差为 σ_v^2 的独立于图像的相干斑噪声。

理想的滤波器应当在平滑斑点噪声的同时，能够保持边缘和特征边界的锐度及

细节信息。常见的空间域滤波算法包括很多种，这里主要分析传统方法，如中值滤波、均值滤波，以及局部统计自适应滤波方法，如 Kuan 滤波、增强 Lee 滤波、增强 Frost 滤波等（勾烨，2003）。

5.1.1　传统滤波方法

传统滤波方法直接对图像进行处理，不考虑任何噪声模型及噪声统计特性。优点是计算简单，速度快，但细节保持不好，图像边缘变模糊，点目标损失大，随着处理窗口的增大，图像容易整体模糊，分辨率下降严重。

1. 均值滤波

均值滤波是将平滑窗口内所有像元的灰度值进行平均计算，赋给平滑窗口的中心像元，其数学表达式为

$$R_{ij} = \frac{1}{n^2} \sum_{i=1}^{n} \sum_{j=1}^{n} g_{ij} \qquad (5\text{-}2)$$

其中，R_{ij} 为滤波窗口中心元素灰度值；g_{ij} 为滤波窗口内各个像元的灰度值，窗口大小为 $n \times n$。

2. 中值滤波

中值滤波是一种非线性信号处理技术，假设信号有极端的数值，即认为在平滑窗口内噪声是极大值或极小值。中值滤波将平滑区域内所有像元的中值作为平滑区域中心像元值。

设 g_{ij} $(i = 1, \cdots, 2n-1; \ j = 1, \cdots, 2n-1)$ 为按大小重新排列的奇数项离散系列，则中值滤波的数学表达式为

$$R_{ij} = g_{nn} \qquad (5\text{-}3)$$

其中，R_{ij} 为滤波窗口中心像元灰度值；g_{ij} 为滤波前平滑模板内各个像元的原始灰度值，窗口大小为 $(2n-1) \times (2n-1)$。

5.1.2　基于局部统计特性的自适应滤波算法

自适应滤波是在维纳滤波、Kalman 滤波等线性滤波基础上发展起来的一类滤波方法，具有更强的适应性和更优的滤波性能，在工程中得到广泛应用（Kaplan，2001）。

1. Lee 滤波及增强 Lee 滤波

Lee 滤波基于完全发育的斑点乘性噪声模型，以最小均方误差（Minimum Mean Square Error, MMSE）准则作为基础，是固定窗口中观察强度和局部平均强度的线

性组合，是一个优化的线性滤波器。

假设 $\hat{x}$ 为 x 的估计值，$\bar{x}$ 是 x 的均值，Lee 滤波假设 $\hat{x}$ 是 $\bar{x}$ 和 y 的线性组合，即

$$\hat{x} = a\bar{x} + by \tag{5-4}$$

其中，$\bar{x} = E(x) = E(y) = \bar{y}$，$E(\bullet)$ 表示数学期望。均方误差函数为

$$J = E[(\hat{x} - \bar{x})^2] \tag{5-5}$$

最小化目标函数 J 可得 a 和 b 的解：

$$a = 1 - b, \quad b = \frac{\sigma_x^2}{\sigma_y^2} \tag{5-6}$$

其中，σ_y^2 是滑动窗口中的局部方差，计算公式为

$$\sigma_x^2 = \frac{\sigma_y^2 - \bar{y}^2 \sigma_v^2}{1 + \sigma_v^2} \tag{5-7}$$

综上，可得相干斑滤波公式为

$$\hat{x} = (1 - b)\bar{y} + by \tag{5-8}$$

先验均值和方差由均质区内计算局部的均质和方差得到，使用滤波窗口内样本均值和方差的自适应滤波算法。首先计算窗口内各像元灰度的平均值 $\bar{g}_{ij}$ 作为滤波中心像元 (i, j) 的平均值；再求窗口内标准差 σ_{ij} 作为滤波中心像元点 (i, j) 的标准差，计算公式如下（设窗口大小为 $(2M+1) \times (2N+1)$）：

$$\bar{g}_{ij} = \bar{g}(i, j) = \frac{1}{(2M+1) \times (2N+1)} \sum_{k=j-M}^{j+M} \sum_{l=i-N}^{i+N} g(k, l)$$
$$\sigma_y^2 = \sigma_{ij}^2 = \frac{1}{(2M+1) \times (2N+1)} \sum_{k=j-M}^{j+M} \sum_{l=i-N}^{i+N} (g(k, l) - \bar{g}_{ij})^2 \tag{5-9}$$

在均质区域，$\sigma_x^2 \approx 0$，$\hat{x} = \bar{y}$，Lee 滤波输出为滑动窗的均值；但在边缘等对比度很强的区域，$b \approx 0$，$\hat{x} = \bar{y}$，滤波输出等于中心点的像元值。因此该算法在均值区域内能有效地去除噪声，在异质区域不能有效地抑制相干斑。

增强 Lee 滤波算法根据图像不同区域采用不同的滤波方法（Lee，1980）。首先把图像分成三类区域：第一类是均匀区域，相干斑噪声可以简单地用均值滤波平滑掉；第二类是异质区域，去除噪声时应尽可能地保留原始值；第三类介于两者之间。增强 Lee 滤波表达式为

$$\begin{cases} g'_{ij} = \bar{g}_{ij}, & \sigma_{ij} \leqslant c_u \\ g'_{ij} = \bar{g}_{ij} w + g(1 - w), & c_u < \sigma_{ij} < c_{\max} \\ g'_{ij} = g_{ij}, & \sigma_{ij} \geqslant c_{\max} \end{cases} \tag{5-10}$$

其中，$w = 1 - c_u^2/c_l^2$ 是 Lee 滤波的权函数；$c_l = \sigma/\overline{g}_{ij}$，$\sigma$ 为局部标准差；$c_u = 0.5227/\sqrt{L}$，L 为成像视数；$c_{max} = \sqrt{3}c_u$；c_u、c_{max} 分别为均质区域和异质区域的阈值。

2. Frost 滤波及增强 Frost 滤波

Frost 滤波算法以假定斑点噪声是乘性噪声为前提，且 SAR 影像是平稳过程。其冲激响应为一个双边指数函数，近似为低通滤波器，参数由图像局域方差系数决定，数学表达式为

$$g'_{ij} = \frac{\sum_{i=1}^{n}\sum_{j=1}^{n} g_{ij} \times M_{ij}}{\sum_{i=1}^{n}\sum_{j=1}^{n} M_{ij}} \tag{5-11}$$

$$M_{ij} = \exp(-A_{ij} \times T_{ij}), \quad A_{ij} = \frac{\sigma_{ij}}{\overline{g}_{ij}^{\,2}}$$

增强的 Frost 滤波表达式为

$$\begin{cases} g'_{ij} = \overline{g}_{ij}, & c_l \leqslant c_u \\[2mm] g'_{ij} = \dfrac{\sum_{i=1}^{n}\sum_{j=1}^{n} g_{ij} \times M_{ij}}{\sum_{i=1}^{n}\sum_{j=1}^{n} M_{ij}}, & c_u < c_l < c_{max} \\[2mm] g'_{ij} = g_{ij}, & c_l \geqslant c_{max} \end{cases} \tag{5-12}$$

其中，g'_{ij} 为平滑处理后的像元灰度值；g_{ij} 为平滑窗口中各像元的原始灰度值；$\overline{g}_{ij}$ 为窗口内像元灰度平均值；$c_l = \sigma_{ij}/\overline{g}_{ij}$；$c_u = 1/\sqrt{L}$；$c_{max} = \sqrt{1 + 2/L}$，$L$ 为成像视数；M_{ij} 为平滑窗口中各个对应像元的权重指数；T_{ij} 为平滑窗口内中心像元到其邻近像元的绝对距离；σ_{ij} 为平滑窗口中像元值的方差（张朝晖等，2005）。

3. Kuan 自适应滤波

Kuan 滤波器是一种基于局部统计特性的空域自适应滤波器。首先对乘性噪声进行对数变换，变换后的模型转化为加性高斯白噪声。然后，使用线性模型对变换后的模型进行最小均方误差近似，推导出滤波计算公式为

$$\hat{x} = \overline{y} + k \cdot (y - \overline{y})$$
$$k = (1 - \overline{y}^2 \cdot \sigma_v^2 / \sigma_y^2)/(1 + \sigma_v^2) \tag{5-13}$$

其中，$\hat{x}$ 为重建后的像元灰度值；$\overline{y}$ 和 σ_y 分别为滤波窗口内像元的局部平均值和标

准差；σ_v 为噪声标准差，可通过平坦区域内像元的均值和标准差估计。

5.1.3　图像滤波效果评价指标

1. 等效视数 L

$$L = \frac{\overline{I}^2}{\text{var}(I)} \tag{5-14}$$

其中，$\overline{I}$ 为图像灰度均值；$\text{var}(I)$ 为图像灰度方差。等效视数越大，噪声抑制能力越强，但相应的几何分辨率也越低。

2. 图像平滑指数 ISI

$$\text{ISI} = \frac{\overline{I}}{\sigma} \tag{5-15}$$

其中，$\overline{I}$ 为输出图像中所有像元的均值；σ 为标准差。ISI 表征了算法对各种地物类型斑点噪声的平滑能力，ISI 值越高，表示平滑作用越强。

3. 边缘保持指数 ESI

$$\text{ESI} = \frac{\sum\limits_{i=1}^{m} |\text{DN}_{R_1} - \text{DN}_{R_2}| 滤波后}{\sum\limits_{i=1}^{m} |\text{DN}_{R_1} - \text{DN}_{R_2}| 原始图像} \tag{5-16}$$

其中，m 为检验样本的个数；DN_{R_1} 和 DN_{R_2} 分别是沿边缘交接处左右或上下相邻像元的值；原始图像 ESI=1，ESI<1 表示边界被模糊，ESI>1 表示边界被增强。ESI 表示滤波处理后各类算法对图像水平和垂直方向边缘的保持能力，ESI 值越高，边缘保持能力越强。

5.1.4　实验结果与分析

利用以上所述 7 种滤波器对城市高分辨率 SAR 图像进行滤波实验，并采用以上三个指标对各滤波器的效果进行评估。图 5-1（a）给出了北京市朝阳区鸟巢的 SAR 图像，分别选用 3×3 和 5×5 窗口两个尺寸的滤波器进行实验。图 5-1（b）～图 5-1（h）给出了 7 种滤波器的滤波结果图像（窗口大小为 5×5），表 5-1 给出了对各滤波结果的评价情况。从表 5-1 中可以看到随着窗口的增大，各滤波器的平滑能力明显增大，边缘保持能力降低，相同 3×3 窗口下，Lee 滤波的边界保持能力最高，但平滑能力相对较弱；5×5 窗口下，Kuan 滤波的边界保持能力最高，中值滤波的平滑能力较强，但边界保持较差。滤波时既要考虑滤波器的抑制噪声，也就是平滑的能力，又不能忽视其边界保持能力，必须从这两个矛盾的能力折中选择。经过对多景图像实验结果的分析，我们认为3×3窗口的增强Lee滤波和5×5窗口的Kuan滤波对于城市SAR图像滤波处理来说是相对较好的选择。

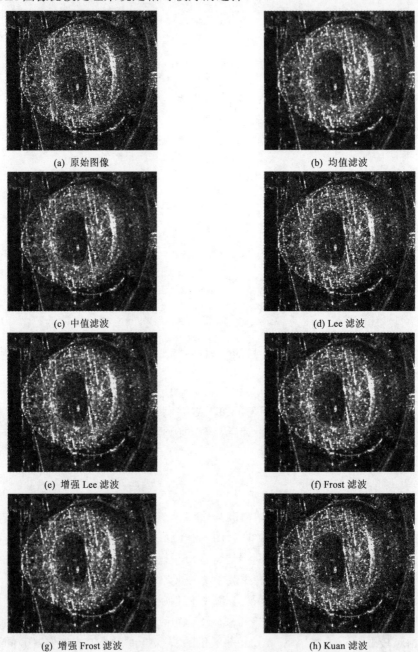

(a) 原始图像　　　　　　　　　　　　(b) 均值滤波

(c) 中值滤波　　　　　　　　　　　　(d) Lee 滤波

(e) 增强 Lee 滤波　　　　　　　　　　(f) Frost 滤波

(g) 增强 Frost 滤波　　　　　　　　　(h) Kuan 滤波

图 5-1　7 种滤波器滤波结果分析

表 5-1　7 种滤波器效果评估结果

图像		L	ISI	ESI	
				竖直方向	水平方向
原始图像		5.6555×10^{-7}	7.5203×10^{-4}	1	1
均值滤波	3×3	9.2891×10^{-7}	9.6380×10^{-4}	0.7370	0.7375
	5×5	1.7234×10^{-6}	0.0013	0.4097	0.4053
中值滤波	3×3	9.0901×10^{-7}	9.5342×10^{-4}	0.7880	0.8033
	5×5	2.0474×10^{-6}	0.0014	0.4247	0.4287
Lee 滤波	3×3	7.0924×10^{-7}	8.4216×10^{-4}	0.8915	0.8956
	5×5	8.5704×10^{-7}	9.2577×10^{-4}	0.7861	0.7857
增强 Lee 滤波	3×3	9.2718×10^{-7}	9.6290×10^{-4}	0.7403	0.7412
	5×5	1.6135×10^{-6}	0.0013	0.4315	0.4276
Frost 滤波	3×3	9.1258×10^{-7}	9.5529×10^{-4}	0.7463	0.7448
	5×5	1.5248×10^{-6}	0.0012	0.4528	0.4471
增强 Frost 滤波	3×3	9.2401×10^{-7}	9.6126×10^{-4}	0.7399	0.7381
	5×5	1.6782×10^{-6}	0.0013	0.4211	0.4159
Kuan 滤波	3×3	5.7702×10^{-7}	7.5962×10^{-4}	0.7964	0.7992
	5×5	1.0174×10^{-6}	0.0010	0.6997	0.6969

5.2　恒虚警率阈值分割算法

恒虚警率（Constant False Alarm Rate，CFAR）处理技术是在雷达自动检测系统中给检测策略提供检测阈值并且使杂波和干扰对系统的虚警概率影响最小化的信号处理算法。Nitzberg 将雷达自动检测按照检测阈值的形成方法归纳为以下几种：①固定阈值；②根据外部干扰的平均幅度形成的阈值；③在获得干扰统计分布的部分先验信息基础上形成的阈值；④在没有干扰统计分布的先验信息时，为分布自由的统计假设检验所形成的阈值。

第一种情况就是固定阈值检测。第二种和第三种情况是自适应阈值的 CFAR 检测。第四种情况是非参量 CFAR 检测。

对最优固定阈值检测的研究已经取得了大量非常有价值的成果，但对 CFAR 的研究只是在近几十年才发展起来的，目前已成为国际雷达信号处理界的一个重要研究方向，并且形成了如下一些研究领域：高斯和非高斯杂波背景中的 CFAR 检测；参量和非参量 CFAR 方法；时域和频域的 CFAR 研究；标量和向量（阵列信号处理）CFAR 方法；单传感器和多传感器分布式 CFAR 检测，相关和不相关条件下的 CFAR 检测，以及在各种目标模型条件下和结合各种检测策略的 CFAR 处理的性能分析。这些领域是相互交叉的，为了简化对 CFAR 检测的性能分析，可将均匀和非均匀杂波背景简化为三种典型情况：①均匀杂波背景，这种模型描述了参考滑动窗中统计平稳的杂波背景；②杂波边缘，这种模型描述了特性不同的背景区域间的过渡区；③多目标，这种模型描述了两个或两个以上的目标在空间上很靠近的情况。

5.2.1 目标模型

通常的目标模型是 Swerling 模型，它包括非起伏模型（即 0 型）和起伏模型。Swerling 起伏目标模型分为 I 型和 II 型以及 III 型和 IV 型。I 型和 II 型描述的是目标幅度具有 Rayleigh 起伏，III 型和 IV 型描述的是目标幅度具有 Domiant＋Rayleigh 起伏。I 型和 III 型对应于慢起伏情况（完全相关），II 型和 IV 型则对应于快起伏情况（不相关）。Chi 平方模型是 Swerling 模型的改进，它包含了各种 Swerling 起伏模型。Swerling 起伏模型和 Chi 平方模型描述的都是雷达目标回波脉冲间相关性的两种极端情况（完全相关和不相关）。

5.2.2 杂波模型

对于低分辨率雷达，雷达杂波回波由大量基本散射点反射响应构成，杂波幅度服从 Gaussian 分布，接收机包络检波输出服从 Rayleigh 分布。随着雷达分辨率的提高或者在低视角观测时，尖杂波使杂波包络的分布相对于分布有一个长的拖尾。Log-normal 分布和污染的正态分布可以描述海杂波（Trunk and George，1970），然而它往往过高地估计实际杂波分布的动态范围，而 Rayleigh 模型的估计又往往过低，Weibull 分布相对较为准确（Sekine and Mao，1990）。Log-normal 分布和 Weibull 分布都是双参数分布，其中，一个参数是反映杂波平均功率的尺度参数，另一个是反映分布偏斜度的形状参数。在模拟草地和树木等非均匀区域时，K 分布比 Log-normal 分布和 Weibull 分布更有效（Jakeman and Pusey，1976），并且相关 K 分布可以很好地模拟杂波回波脉冲间的相关特性（Lombardo and Farina，1996）。K 分布的复合形式假设每个分辨单元的幅度服从复高斯分布（称为散斑分量，Speckle），其方差在时间和空间上服从 Gamma 分布。这相当于用 Gamma 分布的随机变量在时间和空间上调制散斑分量的功率，因此称为调制过程。在相关 K 分布杂波模型中，调制分量在时间和空间上都将具有相关性，这时调制分量的联合分布包含了杂波结构的信息，因此也称为结构分量。Long 指出，如果在均匀地面散射体中，存在着与众不同的分类目标，如铁塔、烟囱、高大的建筑物等，则杂波的统计特性可以用 Rice 模型描述。

5.2.3 CFAR 的检测原理

对于某像元，其值为 x，理论上可以采用贝叶斯准则最优地判断该像元是属于背景还是属于目标。设背景和目标分布的先验概率分别为 $p(\omega_0)$ 和 $p(\omega_1)$，条件概率分别为 $p(x|\omega_0)$ 和 $p(x|\omega_1)$，其中 ω_0 和 ω_1 分别代表背景和目标，这样基于最小错误

率的贝叶斯决策规则如下。

如果

$$p(x \mid \omega_0) < p(x \mid \omega_1) \tag{5-17}$$

则把像元归类于目标，反之归类于背景。上述规则的似然等价形式为

$$l(x) = \frac{p(x \mid \omega_1)}{p(x \mid \omega_0)} > \frac{p(\omega_0)}{p(\omega_1)} \tag{5-18}$$

则把像元归类于目标，反之归类于背景。

对于 SAR 图像，若不知道目标和背景杂波的先验概率，取两者相等，则得到判别为目标的最大似然准则为

$$l(x) = \frac{p(x \mid \omega_1)}{p(x \mid \omega_0)} > 1 \tag{5-19}$$

而对于实际的 SAR 图像，像元属于目标的先验概率远小于属于杂波的，因而上述相等的假设并不合理，需要采用更为合理的 Neyman-Pearson 准则，即先限定一类错误率为常数，然后使另一类错误率最小。由该规则可知：当 $\lambda = \lambda(t) = \dfrac{p(t \mid \omega_1)}{p(t \mid \omega_0)}$ 且

$p_{FA} = \displaystyle\int_t^\infty p(x \mid \omega_0) \mathrm{d}x$ 同时成立时，目标分类的错误率最小。此时决策规则为

$$l(x) = \frac{p(x \mid \omega_1)}{p(x \mid \omega_0)} > \lambda \tag{5-20}$$

则把像元归类于目标，反之归类于背景。

实际上，通常 SAR 图像中目标相对于杂波来说所占的像元数目很小，一般只可能获得背景杂波分布的概率密度函数，目标分布的概率密度函数很难获得。这时不得不采用一种次优的异常检测算法，即：若 $p(x \mid \omega_0) > p(t \mid \omega_0)$，则判定像元为背景，否则认为是目标。其中 t 可通过给定虚警率，由 $p_{FA} = \displaystyle\int_t^\infty p(x \mid \omega_0) \mathrm{d}x$ 求得（张嘬，2010）。

5.2.4　概率分布函数选择

在利用 CFAR 方法进行图像分割时，首先要选择正确的杂波模型，即确定合适的概率分布函数，对像元灰度的分布进行正确的描述。结合 5.2.2 节所述内容，选择 6 种 SAR 图像中常用的模型，并基于 K-S（Kolmogorov-Smirnov）规则检验是否接受该分布函数。这 6 个分布函数是 Rayleigh 分布、Weibull 分布、Log-normal 分布、Gaussian 分布（也称正态分布，Normal 分布）、Generalized-Gamma 分布、Rice 分布，下面对它们的分布函数进行简单介绍。

1）Rayleigh 分布

概率密度函数为

$$f(x) = \begin{cases} \dfrac{x}{\sigma^2} \exp\left(\dfrac{-x^2}{2\sigma^2}\right), & x \geq 0 \\ 0, & x < 0 \end{cases} \tag{5-21}$$

参数极大似然估计（Kuruologlu and Zenlbia，2004）为

$$\hat{\sigma} = \sqrt{\dfrac{\sum\limits_{i=1}^{n} x_i^2}{2n}} \tag{5-22}$$

2）Weibull 分布

概率密度函数为

$$f(x) = \begin{cases} \dfrac{k}{\lambda}\left(\dfrac{x}{\lambda}\right)^{k-1} \mathrm{e}^{-\left(\frac{x}{\lambda}\right)^k}, & x \geq 0 \\ 0, & x < 0 \end{cases} \tag{5-23}$$

参数极大似然估计为

$$\dfrac{\sum\limits_{i=1}^{n} x_i^{\tilde{c}} \ln x_i}{\sum\limits_{i=1}^{n} x_i^{\tilde{c}}} - \dfrac{1}{\tilde{c}} = \dfrac{1}{n}\sum_{i=1}^{n} \ln x_i, \quad \tilde{b} = \left(\dfrac{1}{n}\sum_{i=1}^{n} x_i^{\tilde{c}}\right)^{\frac{1}{\tilde{c}}} \tag{5-24}$$

对于 c 的估计值 $\tilde{c}$ 并非显式，采用 Newton 迭代求解。

3）Log-normal 分布

概率密度函数为

$$f(x) = \dfrac{1}{\sqrt{2\pi}\sigma x} \mathrm{e}^{-\frac{(\ln x - \mu)^2}{2\sigma^2}} \tag{5-25}$$

参数极大似然估计为

$$\tilde{\mu} = \dfrac{1}{n}\sum_{i=1}^{n} \ln x_i, \quad \tilde{\sigma}^2 = \dfrac{1}{n}\sum_{i=1}^{n} (\ln x_i - \tilde{\mu}) \tag{5-26}$$

4）Gaussian 分布

概率密度函数为

$$f(x) = \dfrac{1}{\sqrt{2\pi}\sigma} \mathrm{e}^{-\frac{(x - \mu)^2}{2\sigma^2}} \tag{5-27}$$

正态分布的期望值 μ 决定其位置，标准差 σ 决定分布的幅度。参数极大似然估计为

$$\tilde{\mu} = \frac{1}{n}\sum_{i=1}^{n} x_i , \quad \tilde{\sigma}^2 = \frac{1}{n}\sum_{i=1}^{n}(x_i - \tilde{\mu})^2 \tag{5-28}$$

5）Generalized-Gamma 分布

Gamma 分布的概率密度函数为

$$f(x) = \begin{cases} \dfrac{1}{\Gamma(\alpha)\beta^{\alpha}} x^{\alpha-1}\mathrm{e}^{-\frac{x}{\beta}} I_{(0,\infty)}(x), & x \geqslant 0 \\ 0, & x < 0 \end{cases} \tag{5-29}$$

其中，$\alpha > 0$ 称为形状参数；$\beta > 0$ 称为尺度参数；$\Gamma(\alpha) = \int_0^{\infty} x^{\alpha-1}\mathrm{e}^{-x}\mathrm{d}x$；$I_{(0,\infty)}(x)$ 为示性函数。

则 Generalized-Gamma 的概率密度函数为

$$f(x) = \begin{cases} \dfrac{b}{a\Gamma(v)}\left(\dfrac{x}{a}\right)^{bv-1} \exp\left[-\left(\dfrac{x}{a}\right)^{b}\right], & x \geqslant 0 \\ 0, & x < 0 \end{cases} \tag{5-30}$$

其中，$a > 0$ 是尺度参数；$v > 0$ 是形状参数；b 是概率密度函数（Probability Density Function, PDF）的功率参数，功率参数 b 与形状参数决定了模型的分布特性（李恒超，2007）。

6）Rice 分布

概率密度函数为

$$f(x) = \begin{cases} \dfrac{x}{\sigma^2}\exp\left(-\dfrac{1}{2\sigma^2}(x^2 + A^2)\right)\mathrm{I}_0\left(\dfrac{Ax}{\sigma^2}\right), & x \geqslant 0 \\ 0, & x < 0 \end{cases} \tag{5-31}$$

其中，$\mathrm{I}_0(\bullet)$ 是修正的 0 阶第一类贝塞尔函数。Rice 分布常用参数 K 来描述，$K = A^2/2\sigma^2$ 是 Rice 因子，完全确定了 Rice 分布。当 $A \to 0$，$K \to +\infty$ 时 Rice 分布转变为 Rayleigh 分布。

基于 K-S 的检验规则有以下假设：

$$\begin{array}{l} H_0：样本服从该分布； \\ H_1：样本不服从该分布； \end{array} \tag{5-32}$$

对个拟合后函数的累积分布函数（Cumulative Distribution Function, CDF），记为 $F_0(x)$，计算样本图像的累积频数分布 $F_n(x)$，得到最大累积误差 D 为

$$D = \max|F_n(x) - F_0(x)| \tag{5-33}$$

D 表征理论分布与样本分布的差异。若实际观测 $D > D(n,\alpha)$（$D(n,\alpha)$ 是显著水

平为α、样本容量为n时，D的拒绝临界值），则表示该样本与该 CDF 差异大，拒绝 H_0，反之接受 H_0。由于图像的样本个数n很大，计算得到的 $D(n,\alpha)$ 趋近于 0，不符合实际，规定 $D(n,\alpha)=0.05$，即当 $D>0.05$ 时，拒绝该分布函数作为样本的模型。

选取 10 个城区的 SAR 图像开展实验分析，每个实验图像内的场景包含建筑群、道路，部分图像包含水体，考虑到图像像元跨度较大，而灰度较大的像点数量极少，因此不仅需要对图像直方图进行全局拟合，也要进行局部拟合，以描述直方图中起伏较大的特征。另外，城区 SAR 图像与草地、森林、海洋等分布式目标构成的场景不同，其包含较多异质区域，这里粗略地将图像分割成高亮、中亮、暗像元三种后向散射强度特征区域，然后分别对其进行模型拟合。

1. 全局直方图模型拟合

设样本图像灰度最大值为 max_gray，即其灰度范围为[1，max_gray]，6 个模型拟合效果如图 5-2 所示（灰度最大值 max_gray=32767）。

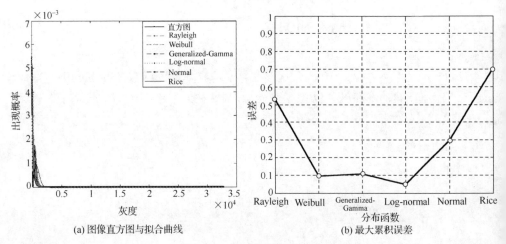

(a) 图像直方图与拟合曲线　　　　　　(b) 最大累积误差

图 5-2　全局模型拟合结果

从图 5-2（b）看到，Log-normal 分布与样本直方图差距相对较小，其他 5 个拟合效果都不理想，从图 5-2（a）中看到，曲线在最左侧有高低起伏，之后有很长的拖尾，幅值基本为 0，是因为图像灰度跨度比较大，而灰度大于 2000 的像点很少，因此使用全局直方图进行拟合效果不好。

2. 灰度小于 G 的直方图模型拟合

观察实验 SAR 图像的直方图，可以发现其形状变化较大的灰度区域是 1~800，灰度大于 800 的点几乎为 0，样本直方图有一个很长的拖尾。对灰度小于 G（G=300，500，800）的直方图进行拟合，结果如图 5-3~图 5-5 所示，可以看出 Weibull、Generalized-Gamma、Log-normal 三种分布都可接受。

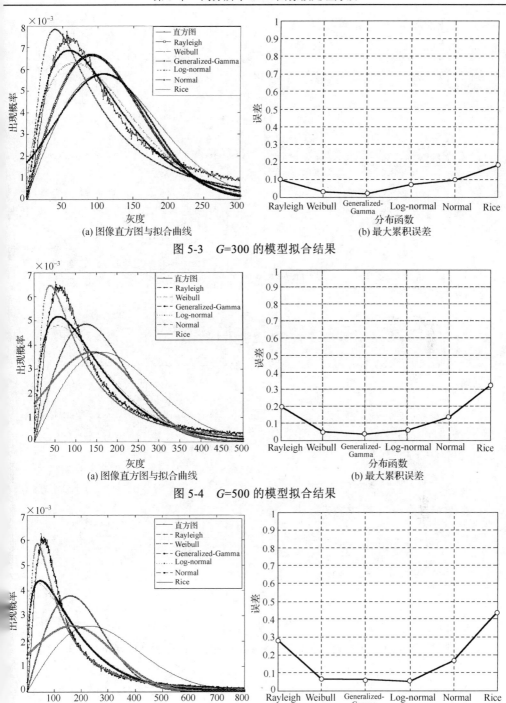

(a) 图像直方图与拟合曲线　　　　　　　　(b) 最大累积误差

图 5-3　G=300 的模型拟合结果

(a) 图像直方图与拟合曲线　　　　　　　　(b) 最大累积误差

图 5-4　G=500 的模型拟合结果

(a) 图像直方图与拟合曲线　　　　　　　　(b) 最大累积误差

图 5-5　G=800 的模型拟合结果

3. 高中低三类灰度分布拟合

先将图像分割成三种亮度区域：暗区域、中亮区域、高亮区域，分别对这三类区域模型拟合，拟合效果如图 5-6～图 5-8 所示。

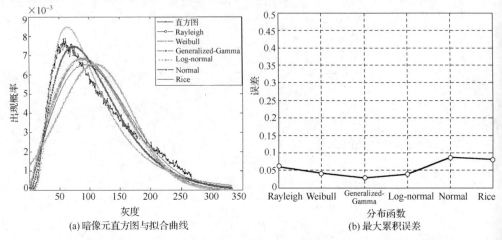

(a) 暗像元直方图与拟合曲线　　　　　　(b) 最大累积误差

图 5-6　暗像元模型拟合效果

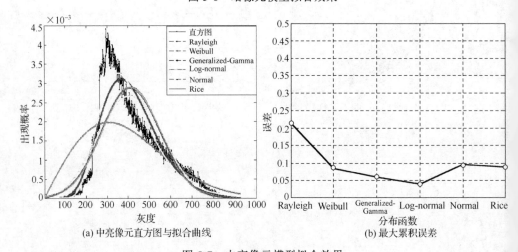

(a) 中亮像元直方图与拟合曲线　　　　　(b) 最大累积误差

图 5-7　中亮像元模型拟合效果

根据以上三组实验结果，可以得出以下结论。

（1）暗像元灰度服从 Weibull、Generalized-Gamma、Log-normal 分布。

（2）中亮像元灰度服从 Log-normal 分布。

（3）对于高亮像元，通过 K-S 检验规则，六种分布都被拒绝，但相对其他函数 Log-normal 分布函数更准确。

综上可以看到，无论对全局分布，对局部分布的描述，还是对不同灰度类别的描述，Log-normal 分布都是更适合的分布函数。

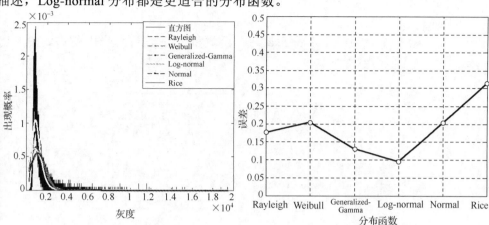

(a) 高亮像元直方图与拟合曲线　　　　　　(b) 最大累积误差

图 5-8　高亮像元模型拟合效果

5.2.5　CFAR 分割结果及分析

利用 CFAR 算法对图 5-9 所示图像进行分割实验(计算机配置：Intel Core 2 Quad CPU；主频：2.67GHz，2.96GB 内存，下同；软件环境：MATLAB 2006a)。

图 5-9　建筑物目标高分辨率 SAR 图像

采用的步骤如下。

（1）根据式（5-26）的双参数 Log-normal 极大似然估计结果得到，$\mu = 4.6164$，$\sigma = 0.8655$。

（2）绘制参数估计后的 Log-normal 分布函数和原图像的直方图，结果如图 5-10 所示。

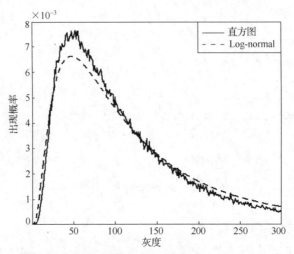

图 5-10　Log-normal 模型拟合结果

（3）选取恒虚警率分别为 90% 和 95%。

（4）计算选取的恒虚警率对应的阈值为 238.2265 和 459.9054，为方便处理，在不影响精度的情况下，取整得到 238 和 460。

（5）分别用两个阈值对原始图像进行分割，显示每次分割后提取的高像元值像元，结果分别如图 5-11 和图 5-12 所示。

 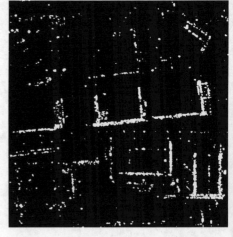

图 5-11　阈值为 238 的 CFAR 分割结果　　　图 5-12　阈值为 460 的 CFAR 分割结果

由图 5-11 和图 5-12 可以看出，阈值的选取对于图像的分割效果影响很大。尽管通过参数估计和概率分布函数拟合找出了高分辨率 SAR 图像中杂波的统计分布模型，较为准确地进行了恒虚警率阈值分割，但是从其效果来看仅依靠单阈值对图像进行分割，很难得到理想的结果。尤其是当杂波对应的像元与建筑物对应的像元在强度上相差不大时，寻找较好分割效果的阈值更加困难。

5.3　K-means 聚类及改进方法

5.3.1　K-means 聚类算法

K-means 聚类算法的基本思想是把待聚类的对象划分成 K 个类，首先设定聚类个数 K，然后迭代调整对象所属的类别，当算法收敛到各个组中的对象不再发生变化时，结束迭代过程，即完成聚类。算法的具体操作过程是：首先用户从待聚类的对象中选择几个对象作为初始的质心；然后每个点都被划分到其最近的质心，而被指定到同一个质心的点集属于一个分组，共形成 K 个分组；重复指派并更新步骤，直到分组不发生变化，也就是质心不发生变化时为止。考虑邻近性度量为欧几里得距离的数据，较常采用的是误差的平方和（Sum of Squared Errors, SSE）作为度量聚类质量的目标函数。SSE 定义如下：

$$\text{SSE} = \sum_{i=1}^{K} \sum_{x \in C_i} \text{dist}(c_i, x)^2 \tag{5-34}$$

其中，dist 是欧几里得空间中两对象之间的标准欧几里得距离；K 是簇的个数；x 是对象；C_i 是第 i 个簇(分组)；c_i 是簇 C_i 的质心。

为了对算法进行具体说明，进行如下定义：已知对象集 $A = \{x_1, x_2, \cdots, x_{n-1}, x_n\}$，共有 n 个待聚类的数据点，数据点 x_i 的密度记为 $\text{dens}(x_i)$，即

$$\text{dens}(x_i) = \sum_{j=1}^{n} \frac{1}{\min\limits_{P_{ij}} \sum\limits_{k=1}^{l-1} w^{d(x^k, x^{k+1})} - 1} \tag{5-35}$$

其中，n 为待聚类的数据集中数据点的个数；P_{ij} 为数据点 x_i 与 x_j 之间的所有连接；l 代表连接数据点 x_i 和 x_j 之间的路径的个数；w 为密度参数；$d(x^k, x^{k+1})$ 为数据点 x_i 与 x_j 之间的欧几里得距离。

对共享最近邻（Shared Nearest Neighbor, SNN）相似度进行如下定义，只要两个对象都在对方的最近邻列表中，SNN 相似度就是它们共享的近邻个数。

计算 SNN 相似度的过程如下：首先找出所有点的 k_2 最近邻，如果两个点 x 和 y

不是相互在对方的 k_2 最近邻中，则 SNN 相似度赋值为 0，否则 SNN 相似度为共享的近邻个数。例如，图 5-13 中两个黑色的点都有 5 个最近邻，相互包含，这些最近邻中有两个是共享的，因此这两个黑色的点之间的 SNN 相似度为 2。

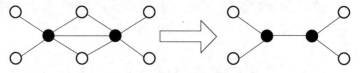

图 5-13　两点间 SNN 相似度的计算

由于 K-means 算法对于初始质心的选择是随机的，这样就会导致聚类的结果可能不是最优解，所以初始质心的选择对于聚类结果的影响很大。K-means 聚类算法选择初始质心时，输入为聚类的数目 K、待聚类的样本集，输出为初始质心集 U，具体算法流程如下。

（1）根据式（5-35）计算所有数据点的密度。

（2）设定一个最近邻相似度的阈值 $t(t \geqslant 1)$。

（3）初始化分类样本集 $M_1 = \cdots = M_K = \{\}$。

（4）找出密度最大的数据点，并入集合 M_1，在样本集中找出与此数据点最近邻相似度值不小于 t 值的点，并入集合 M_1。

（5）对集合 M_1 中所有的数据点重复执行步骤（4）的操作，直到集合 M_1 不再发生变化。

（6）将集合 M_1 中的数据点从样本集中删除。

（7）在样本集剩余的数据点中找出密度最大的数据点，重复执行步骤（4）～（6）的操作，直到生成 M_{K-1} 个集合。

（8）将样本集中剩余的数据点组成集合 M_1，共形成新的样本集 $M_1, M_2, \cdots, M_K$。

（9）将样本集 $M_1, M_2, \cdots, M_K$ 中的样本点按步骤（1）中求出的密度进行降序排列。

（10）初始化初始质心的集合 $U = \{\}$。

（11）将各样本集 $M_1, M_2, \cdots, M_K$ 中排在第 1 位的数据点并入集合 U。

5.3.2　K-means 聚类改进算法

（1）首先输入待划分的类别，如图 5-9 所示，可以将图像所有像元划分为三种类别，即低强度散射特征、中强度散射特征、高强度散射特征，故 $K = 3$。

（2）按照 5.3.1 节介绍的初值选取办法，设定最近邻相似度的阈值 $t = 2$，得到聚类中心对应的像元值，这里分别为 53、617 和 1824。

（3）随机选择聚类中心 25、100、200。

（4）根据（2）、（3）两种方式取得的初始聚类中心，根据 5.3.1 节介绍的步骤对原始图像进行聚类，迭代次数均为 100 次。

实验结果表明，虽然两种方式取得的初始聚类中心不同，但最终得到的聚类中心像元值相同（取整后分别为 107、597、2112）。实验表明按照 5.3.1 节介绍的选取聚类中心的方法，聚类速度明显加强，总共耗时 1.06s；而随机选取聚类中心进行聚类时，共耗时 2.19s，可见 5.3.1 节介绍的选取初始聚类中心的算法可以大大减少运算时间。

利用 5.3.1 节介绍的 K-means 聚类方法从图 5-9 提取的高强度散射特征如图 5-14 所示，可以看出，提取效果并不是特别理想。尽管 K-means 算法通过式（5-34）定义了误差平方和函数，利用像元间方位距离的远近和像元值之差来区分不同像元类别，但是这种算法对于城市高分辨率 SAR 图像并不完全适用，这主要是城市目标/场景的强后向散射特征区域并不完全均匀造成的。当恒虚警率为90%时，图 5-9 所示图像利用 CFAR 阈值分割算法得出的提取目标强散射特征的阈值为 238，而原始图像像元值的最大值为 7840，过大的灰度范围很容易导致像元的误判，为了避免这一情况的出现，本节提出了 K-means 聚类改进算法。

即在聚类之前，首先利用 CFAR 检测算法确定检测强散射特征区域的阈值，然后对原始图像的像元值进行修正，令大于该阈值的所有像元值等于该阈值，能较好地保证对高强度散射特征的检出率。这里，设恒虚警率为95%，对应 CFAR 阈值为 460，令图 5-9 中所有像元值大于 460 的像元都赋值为 460；然后再对赋值后的图像按照 5.3.1 节中的方法进行 K-means 分类，提取高强度散射特征对应的像元，结果如图 5-15 所示。可以看出，改进算法的检测结果远远优于 CFAR 和 K-means 算法单独使用的结果，因为该方法既充分利用了 K-means 算法的优点，又可以保证对强散射特征的检出率。

图 5-14　K-means 聚类结果　　　　　　图 5-15　改进的 K-means 聚类结果

5.4　基于 Gabor 纹理特征和 FCM 的 SAR 图像建筑物分割

建筑物在 SAR 图像上呈现二次散射、叠掩、阴影等典型特征，利用图像分割的方法将建筑物特征和背景分离，是实现建筑物目标检测和信息提取的基础。建筑物目标的 SAR 图像结构复杂，相干噪声也会造成严重干扰，常见的最大似然法、神经网络、决策树分类等分割方法并不适用。模糊 C 均值（FCM）是一种基于模糊集理论的分割方法，能较好地处理复杂图像问题，因此 FCM 分割方法已经得到广泛应用（DasGupta，2008）。FCM 的模糊理论也适用于复杂的建筑物高分辨率 SAR 图像。FCM 分割在很大程度上依赖于所使用的图像特征，常用的 SAR 图像特征主要有灰度特征和纹理特征。SAR 图像具有复杂的纹理特征，Gabor 滤波则是提取纹理特征的常用方法，利用 Gabor 滤波可以得到不同尺度、不同方向的纹理特征，结合 Gabor 纹理特征和图像灰度特征可以对地物目标进行更加完整的描述，然后用于 FCM 图像分割。因此，本节运用 Gabor 滤波对 SAR 图像的纹理特征进行提取，并与灰度特征进行组合，然后利用 FCM 算法对组合特征进行聚类，最后实现 SAR 图像中建筑物目标的分割（徐旭，2014）。

5.4.1　基于 Gabor 滤波的纹理特征提取

二维 Gabor 小波变换可以较好地描述人类视觉神经元的感受，与人类视觉机理十分符合，因此 Gabor 变换在纹理分析、图像检索和图像识别等领域得到了广泛的应用。使用 Gabor 变换可以提取不同尺度和方向上的局部细节特征，得到适合纹理分割的显著特征。

1. 二维 Gabor 小波函数

Gabor 小波函数是将 Gabor 基函数经过移位、旋转和比例变换后得到的一组 Gabor 函数，其二维形式为

$$g(x,y) = \frac{1}{2\pi\sigma_x\sigma_y} \exp\left[-\frac{1}{2}\left(\frac{x^2}{\sigma_x^2} + \frac{y^2}{\sigma_y^2}\right) + 2\pi \mathrm{j} Wx\right] \tag{5-36}$$

其中，参数 σ_x 和 σ_y 表示尺度参数，是高斯包络沿 x 和 y 轴方向的常量；W 表示 Gabor 小波的中心频率。通过下列函数对基函数进行旋转和尺度伸缩可以得到一套自相似的方向、尺度滤波器：

$$g_{mn}(x,y) = a^{-m} g(x',y') \tag{5-37}$$

其中

$$\begin{cases} x' = a^{-m}(x\cos\theta + y\sin\theta) \\ y' = a^{-m}(-x\sin\theta + y\cos\theta) \\ \theta = n\pi / K, n = \{0,1,2,\cdots,K-1\} \end{cases} \quad （5\text{-}38）$$

其中，K 为方向；a^{-m} 是尺度因子，确保总能量与 m 独立。

2. Gabor 纹理特征提取

利用 Gabor 滤波提取图像纹理的主要思想是：不同的纹理一般具有不同的带宽和中心频率，根据不同的频率和带宽设计一组 Gabor 滤波器对图像在不同方向和尺度上进行滤波，不同的滤波器只允许与其频率对应的纹理通过，并抑制其他纹理的能量。通过对每个滤波器输出的图像进行分析，将每一个输出图像的统计特征作为纹理特征，提取出的具有差异的纹理特征可以用于后续的图像分割。

将生成的滤波器 $g_{mn}(x,y)$ 对图像 $I(x,y)$ 进行卷积运算得到不同方向和尺度的输出图像，设图像尺寸是 $M \times N$，则输出图像表示为

$$W(x,y) = \sum_{x_1=0}^{M-1}\sum_{y_1=0}^{N-1} I(x-x_1, y-y_1)g_{mn}^*(x,y) \quad （5\text{-}39）$$

其中，$g_{mn}^*(x,y)$ 表示 $g_{mn}(x,y)$ 的共轭复数。输出图像的均值 μ 和方差 σ 常用来作为纹理特征，表示为

$$\mu = \frac{\sum_{x=1}^{M}\sum_{y=1}^{N}|W(x,y)|}{M \times N} \quad （5\text{-}40）$$

$$\sigma = \sqrt{\frac{\sum_{x=1}^{M}\sum_{y=1}^{N}\left(|W(x,y)-\mu|\right)^2}{M \times N}} \quad （5\text{-}41）$$

假设 Gabor 滤波器的尺度为 p 而且方向为 q，经过滤波后生成的多尺度、多方向的纹理特征构成一个特征向量，表示为

$$V = \left[\mu_{00}, \sigma_{00}, \mu_{01}, \sigma_{01}, \cdots, \mu_{(p-1)(q-1)}, \sigma_{(p-1)(q-1)} \right] \quad （5\text{-}42）$$

本书为了提高计算效率，构造单尺度多方向的 Gabor 滤波器。方向参数分别设为 0，$\pi/8$，$\pi/4$，$\pi/2$，$3\pi/8$，$5\pi/8$，$3\pi/4$，$7\pi/8$ 共 8 个值。图像经过该滤波器的处理，可以得到一个 16 维的特征向量作为纹理特征。

5.4.2 FCM 聚类与 SAR 图像分割

FCM 聚类是一种无监督聚类算法，相比于传统的硬分割算法，FCM 聚类建立

了样本对类别的不确定程度，更加客观地反映了现实世界，已广泛应用于图像处理领域。其基本思路是：将 n 个样本点构成的样本集 $X = \{x_1, x_2, \cdots, x_{n-1}, x_n\}$ 划分为 c 个模糊组（类别），通过计算每个类别的聚类中心和隶属度矩阵，使非相似性指标的价值函数（目标函数）达到最小。FCM 的目标函数定义为

$$J(U, v_1, v_2, \cdots, v_c) = \sum_{i=1}^{c} J_i = \sum_{i=1}^{c} \sum_{j=1}^{n} u_{ij}^m d_{ij}^2 \qquad (5\text{-}43)$$

$$\sum_{i=1}^{c} u_{ij} = 1, \quad \forall j = 1, 2, \cdots, n \qquad (5\text{-}44)$$

其中，u_{ij} 表示第 j 个像元对第 i 类的隶属度，构成了隶属度矩阵；v_i 为类别 i 的聚类中心；$d_{ij} = \| v_i - x_j \|$ 为第 i 个聚类中心与第 j 个样本点之间的距离，一般采用欧氏距离；$m \in [1, \infty)$ 是模糊加权指数，通常 m 取值为 2。

FCM 聚类是通过反复迭代实现目标函数优化的过程，下面介绍了如何利用 SAR 图像灰度特征和 Gabor 滤波器提取的纹理特征，对建筑物图像进行 FCM 聚类分割的过程。

（1）初始化聚类中心 $\{v_1, v_2, \cdots, v_c\}$。由于综合利用 SAR 图像灰度特征和 Gabor 纹理特征，构造的 Gabor 滤波器提取的纹理特征是一个 16 维的特征向量，再加上灰度特征，每一个样本点 x_j 是一个 17 维的向量。典型的方法是在 n 个 17 维向量中任选 c 个作为初始的聚类中心。

（2）计算隶属度矩阵。隶属度 u_{ij} 的计算方法为

$$u_{ij} = \sum_{k=1}^{c} \left(\frac{d_{ij}}{d_{kj}} \right)^{\frac{-2}{m-1}} \qquad (5\text{-}45)$$

（3）更新聚类中心。根据隶属度矩阵计算新的聚类中心：

$$c_i = \frac{\sum_{j=1}^{n} u_{ij}^m x_j}{\sum_{j=1}^{n} u_{ij}^m} \qquad (5\text{-}46)$$

（4）由聚类中心和隶属度矩阵计算目标函数值，若小于某个阈值，或者相对于上一次的目标函数值的变化非常小，则算法结束；否则转到步骤（2）。

图 5-16（a）给出的是机载高分辨率 SAR 图像，图像的中心入射角是 59.5°，像元大小为 0.5m×0.5m，图 5-16（b）是运用基于 Gabor 纹理特征和 FCM 的分割方法得到的结果图像，可以看出，该方法能较好地将实验图像分为建筑物亮特征和背景两类，并且检测出的建筑物亮特征呈 L 形状，较好地指示了建筑物的边界信息。

 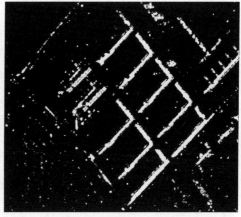

(a) 实验区 SAR 图像　　　　　　　　　(b) 基于灰度和 Gabor 纹理特征的 FCM 分割结果

图 5-16　建筑物 L 形状结构中心线提取实验

5.5　基于马尔可夫随机场的分割

由于乘性斑点噪声的影响，仅基于像元灰度信息对高分辨率 SAR 图像进行分割一般无法得到满意的效果。基于马尔可夫随机场（Markov Random Field，MRF）模型进行图像分割，能充分利用各点的邻域信息，有效减少斑点噪声的影响，从而得到更为精确的目标区域。MRF 模型利用条件概率描述图像数据分布，该条件概率与图像中点的位置无关，而是包含关于各点的相互位置的信息。

对于一维马尔可夫随机过程，设有随机过程 $\{X_n, n \in T\}$，若对于任意整数 $n \in T$ 和任意的 $i_0, i_1, \cdots, i_{n+1} \in I$，条件概率满足：

$$P\{X_{n+1} = i_{n+1} \mid X_0 = i_0, \cdots, X_n = i_n\} = P\{X_{n+1} = i_{n+1} \mid X_n = i_n\} \tag{5-47}$$

称 $\{X_n, n \in T\}$ 为马尔可夫过程，即某点的状态只与前点的状态有关，其统计特性完全由条件概率决定。

将一维马尔可夫随机过程扩展到二维平面的 MRF，即为二维平面中的 MRF，能较好地表现图像中像元之间的空间相关性，下面给出邻域系统和集簇的概念。一阶邻域系统及其集簇如图 5-17 所示，二阶邻域系统及其集簇如图 5-18 所示。

在二维方格 $N \times N (N = 1, 2, \cdots, r)$ 中，设 $M = \{m_{ij}, (i,j) \in N \times N, m_{ij} \in N \times N\}$，若对任何的 $(i,j) \in N \times N$，$m_{ij} \subset N \times N$，满足：① $(i,j) \notin m_{ij}$；②如果有 $(k,l) \in m_{ij}$，那么 $(i,j) \in m_{kl}$。称 m_{ij} 为 (i,j) 的一个邻域，M 是 $N \times N$ 上的一个邻域系统。

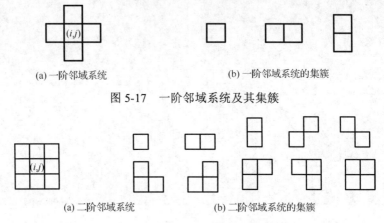

(a) 一阶邻域系统　　　　　　　　　　　　　(b) 一阶邻域系统的集簇

图 5-17　一阶邻域系统及其集簇

(a) 二阶邻域系统　　　　　　　　　　　　　(b) 二阶邻域系统的集簇

图 5-18　二阶邻域系统及其集簇

　　设 M 是 $N \times N$ 上的一个邻域系统，c 是与 M 有关的 $N \times N$ 上的一个子集，如果有：①c 由单个像元（平面上的点）组成；②如果 $(i,j) \neq (k,l)$，$(i,j) \in c$，$(k,l) \in c$，就得到 $(i,j) \in m_{kl}$。那么称 c 是与 M 有关的集簇，M 上所有的集簇记为 C。

　　设 $X = \{X_{ij}, i,j \in N\}$ 是二维方格 $N \times N(N = 1,2,\cdots,r)$ 上的随机场，$M = \{m_{ij}, (i,j) \in N \times N, m_{ij} \in N \times N\}$ 是邻域系统，如果对一切 $(i,j) \in N \times N$，有

$$p\{X_{ij} \mid X_{kl}, (i,j) \in N \times N, (i,j) \neq (k,l)\} = p\{X_{ij} \mid X_{kl}, (k,l) \in m_{kl}\} \qquad (5\text{-}48)$$

则称 X 是关于邻域系统 M 的二维 MRF。

　　由以上定义可以看到，MRF 可以用条件分布来描述，但这个分布为随机场的局部特性，用局部特性来描述整个场有一些固有的困难。Besag 提出关于方形网格上的数据的统计学模型，把 MRF 和 Gibbs 分布联系起来，描述整个图像的空间分布，解决了 MRF 的实际应用问题，可以获得全局性的处理结果。

　　设 $M = \{m_{ij}, (i,j) \in N \times N, m_{ij} \in N \times N\}$ 是定义在二维网格 $N \times N(N = 1,2,\cdots,r)$ 上的邻域系统，C 表示 M 中所有的势团，c 表示 C 中的元素，那么随机场 $X = \{X_{ij}, i,j \in N\}$ 符合 Gibbs 分布，当且仅当其联合分布为

$$P(X = x) = \frac{1}{Z} \mathrm{e}^{-\frac{U(X)}{T}}, \quad U(X) = \sum_{c \in C} V_c(X) \qquad (5\text{-}49)$$

其中，$U(X)$ 称为能量函数，其值越小，实现 X 的能量越小，越容易实现；$V_c(X)$ 是与势团相关的势函数，通过适当选择势函数，可以形成多种 Gibbs 分布随机场。确定势函数后，MRF 模型变成势团势函数的参数模型。其中：

$$Z = \sum_x \mathrm{e}^{-\frac{U(X)}{T}} \qquad (5\text{-}50)$$

参数 T 可以控制 $p(X)$ 的形状，T 值越大，其分布越平坦。在应用过程中，可将 T 视为常量，也可设为变量。

MRF 刻画了图像邻域的统计特性，而 Gibbs 分布则使用联合概率刻画其全局性，MRF 与 Gibbs 分布的等价性可以用 Hammersley-Cliford 定理描述。设 $M = \{m_{ij}, (i, j) \in N \times N, m_{ij} \in N \times N\}$ 是定义在二维网格 $N \times N (N = 1, 2, \cdots, r)$ 上的邻域系统，随机场 $X = \{X_{ij}, i, j \in N\}$ 是关于邻域系统 M 的 MRF，当且仅当其联合分布是与 M 有关集簇的 Gibbs 分布，即

$$p\{X_{ij} = x_{ij} \mid X_{mn} = x_{mn}, (m, n) \neq (i, j)\} = \frac{\exp[-\sum_{c \in C} V_c(X)]}{\sum_{X_{ij}} \exp[-\sum_{c \in C} V_c(X)]}$$

$$= p\{X_{ij} = x_{ij} \mid X_{mn} = x_{mn}, (m, n) \in m_{ij}\} \qquad (5\text{-}51)$$

其中，$V_c(X)$ 是与集簇相关的势函数。

根据 MRF 与 Gibbs 分布的一致性，通过能量函数确定 MRF 的条件概率，使其具有全局一致性。通过单个像元及其邻域的简单局部交互，MRF 模型可以获得复杂的全局行为，即计算局部 Gibbs 分布得到全局的统计结果。

MRF 理论可以根据图像中像元之间的相关模式确定先验概率。MRF 理论在实际应用中常常与统计决策和估计理论相结合，根据一定的最优化准则来确定目标函数。最大后验概率（Maximum a Posteriori, MAP）是最常用的最优化准则，也是 MRF 建模中最常用的最优化准则。MRF 模型与 MAP 准则结合在一起就称为 MAP-MRF 本系。

图像分割问题可以看作图像标记问题。设像元点集 $S = \{s_1, s_2, \cdots, s_{M \times N}\}$，图像像元点的总数为 $M \times N$。Y、X 是二维平面上的随机场，Y 是观测图像，X 是分割后的标记图像，$X = (x_{s_1}, x_{s_2}, \cdots, x_{s_{M \times N}})$，$x_s \in \Lambda = \{1, 2, \cdots, L-1\}$，$L$ 是类别总数。最大后验估计就是指求解下式的最大值问题：

$$\hat{x} = \arg \max_x p(X \mid Y) \qquad (5\text{-}52)$$

由 Bayes 公式：

$$p(X \mid Y) = \frac{p(Y \mid X) p(X = x)}{p(Y = y)} \qquad (5\text{-}53)$$

其中，$p(X = x)$ 为先验概率；$p(Y \mid X)$ 为似然函数，给定 X 时 $Y = y$ 的条件概率，Y 为常量，只要给定先验概率和似然函数，即可把图像分割问题化为最优化问题：

$$\hat{x} = \arg \max_x p(Y \mid X) p(X = x) \qquad (5\text{-}54)$$

X 是二维平面上的 MRF，那么先验概率 $p(X = x)$ 符合 Gibbs 分布，先验模型的

确定需要确定邻域、集簇以及势函数，常用的有 Ising 模型、Potts 模型、MLL（Multi-Level Logistic）模型、高斯 MRF 模型、LP（Line Process）模型等。这里选择最简单的 Ising 模型作为势函数的参考模型，其势函数的形式为

$$V_c(X_s) = -J \times (X_s \times X_R) = \begin{cases} +\beta, & X_s \neq X_R \\ -\beta, & X_s = X_R \end{cases} \tag{5-55}$$

其中，R 为 S 邻域内的相邻像元；β 为模型参数，是耦合系数，用来表征集簇内点作用的强弱，控制区域的同构性，在各向同性的系统中 β 为常数，通常在区间[0.1, 2.4]中取值。有下式成立：

$$P(X = x) = \frac{1}{Z} e^{-\frac{U(X)}{T}} \propto \exp\left(\sum_{c \in C} V_c(x_c)\right) \tag{5-56}$$

对于似然函数 $p(Y \mid X)$，大多数情况下假定其服从 Gaussian 分布是合理的，由两组参数唯一确定，即 μ_λ 和 σ_λ，其中 $\lambda \in \Lambda = \{1, 2, \cdots, L-1\}$，$L$ 是类别总数。一般情况下认为图像中各个位置的像元是独立同分布的，即满足：

$$p(Y \mid X) = \prod_{s \in S} p(Y_s \mid x_s) = \prod_{s \in S} \frac{1}{\sqrt{2\pi}\sigma_s} \exp\left(-\frac{(y_s - \mu_s)^2}{2\sigma_s^2}\right) \tag{5-57}$$

由以上可得

$$\hat{x} = \arg\min_x \{U_1(x, Y) + U_2(x)\} \tag{5-58}$$

$$U_1(x, Y) = \sum_{s \in S}\left(\ln(\sqrt{2\pi}\sigma_s) + -\frac{(y_s - \mu_s)^2}{2\sigma_s^2}\right) \tag{5-59}$$

$$U_2(x) = \sum_{c \in C} V_c(x_c) \tag{5-60}$$

于是，图像分割问题转化成的最优化问题又转化成了组合优化问题。求解该问题有多种方法，常用的有条件迭代法（Iteration Condition Model, ICM）、Gibbs 采样算法、模拟退火（Simulated Annealing, SA）算法等。Gibbs 采样算法和 SA 算法计算速度慢，在接受新分割结果时增加了随机扰动因素，而 ICM 算法通过逐个像元局部最大化目标函数得到分割结果，其收敛速度快，故选用 ICM 算法。ICM 算法的步骤如下。

（1）根据似然概率 $p(Y \mid X)$ 最大化的准则选取初始标记场 $\bar{x}_0$，即对每个像元点取 $\arg\min(U_2(x))$，遍历整个图像得到初始分割 $\bar{x}_0$。

（2）根据目标函数计算当前分割结果：k 为当前迭代次数，对每个像元点取：

$$x = \arg\min_{x_s} \{U_1(x_s, Y) + U_2(x_s)\} \tag{5-61}$$

遍历整个图像，得到标记场 $\bar{x}_k$。

（3）判断收敛条件：计算当前全局能量，即

$$E_k = \sum_{s \in S} U_1(x_s, Y) + \frac{U_2(x_s)}{2} \tag{5-62}$$

如果能量变化量 $E_k - E_{k-1} < \Delta$ 则认为能量变化很小，认为算法收敛，得到 ICM 的分割结果，否则转到步骤（2），直到算法收敛或者到达最大迭代次数。

根据 5.2 节的分析结果，城市高分辨率 SAR 图像可以用 Log-normal 分布描述其分布，我们先将图像进行对数变换，再拉伸，使灰度值处于 1～4000，这样图像即服从 Gaussian 分布，可以大大简化计算。势函数选用 Ising 模型，基于 ICM 求解组合优化问题，初始化用 K-means 聚类，迭代 20 次。MRF 充分考虑像元的空间邻域特征，故提取的特征连贯性较好，若直接将图像分成两类，建筑物会呈现较大的亮斑，有些失真，故先将图像分成三类：暗像元、中亮像元以及高亮像元，如图 5-19～图 5-22 的（a）所示，然后再提取其中的高亮像元，构成二值图，并去掉较小的单连通亮斑，得到 4 个实验图像的高强度散射特征检测结果如图 5-19～图 5-22 的（b）所示。

可以看出，原始 SAR 图像经 MRF 分割成三类后，较好地保持了原始图像中的高亮、中亮及暗像元的特征。其中暗像元包含阴影信息，国内外有不少研究者根据阴影提取建筑物轮廓、屋顶角参数、建筑物高度等信息。中亮像元主要包含背景、噪声和部分屋顶信息，由图可见这部分像元大多零散分布。高亮像元大部分是建筑物的叠掩、二次散射、多次散射等，是建筑物目标识别与信息提取最重要的特征，因此单独将其提取出来构成二值图。可以看出，利用 MRF 分割提取的高强度散射特征范围更准确，断点少，连贯性好，有利于后续处理和分析。

(a) 分成三类　　　　　　　　　　　　　　(b) 提取高亮像元

图 5-19　SAR 图像 1 及 MRF 分割结果

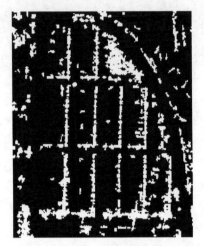

(a) 分成三类　　　　　　　　　　　　　　(b) 提取高亮像元

图 5-20　SAR 图像 2 及 MRF 分割结果

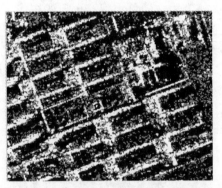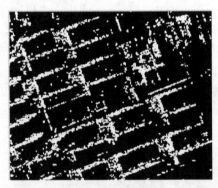

(a) 分成三类　　　　　　　　　　　　　　(b) 提取高亮像元

图 5-21　SAR 图像 3 及 MRF 分割结果

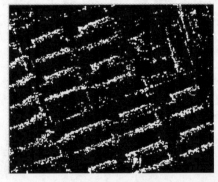

(a) 分成三类　　　　　　　　　　　　　　(b) 提取高亮像元

图 5-22　SAR 图像 4 及 MRF 分割结果

5.6　基于离散隐马尔可夫模型的分类

5.6.1　隐马尔可夫模型

马尔可夫链是马尔可夫随机过程的特殊情况，即马尔可夫链是状态和时间参数都离散的马尔可夫过程，其数学定义如下（张虓，2010）。

随机序列 X_n，在任一时刻 n，它可以处在状态 $\theta_1,\cdots,\theta_N$，且它在 $m+k$ 时刻所处的状态为 q_{m+k} 的概率，只与它在 m 时刻的状态 q_m 有关，而与 m 时刻之前它所处的状态无关，即有

$$P(X_{m+k}=q_{m+k}\,/\,X_m=q_m,X_{m-1}=q_{m-1},\cdots,X_1=q_1)=P(X_{m+k}=q_{m+k}\,/\,X_m=q_m) \quad (5\text{-}63)$$

其中，$q_1,q_2,\cdots,q_m,q_{m+k}\in(\theta_1,\theta_2,\cdots,\theta_N)$，则称 X_n 为马尔可夫链，并且称

$$P_{ij}(m,m+k)=P(q_{m+k}=\theta_j\,/\,q_m=\theta_i),\quad 1\leqslant i,j\leqslant N,\quad m,k \text{ 为正整数} \quad (5\text{-}64)$$

为 k 步转移概率，当 $P_{ij}(m,m+k)$ 与 m 无关时，称整个马尔可夫链为齐次马尔可夫链。当 $k=1$ 时，$P_{ij}(1)$ 称为一步转移概率，简称为转移概率，记为 a_{ij}，所有转移概率 $a_{ij},1\leqslant i,j\leqslant N$ 可以构成一个转移概率矩阵，即

$$A=\begin{bmatrix} a_{11} & \cdots & a_{1N} \\ \vdots & & \vdots \\ a_{N1} & \cdots & a_{NN} \end{bmatrix} \quad (5\text{-}65)$$

且有 $0\leqslant a_{ij}\leqslant 1$，$\sum_{j=1}^{N}a_{ij}=1$。

由于 k 步转移概率 $P_{ij}(k)$ 可由转移概率 a_{ij} 得到，所以描述马尔可夫链的最重要参数就是转移概率矩阵 A。但 A 矩阵还决定不了初始分布，即由 A 求不出 $q_1=\theta_i$ 的概率，这样，完全描述马尔可夫链，除 A 矩阵之外，还必须引进初始概率矢量 $\pi=(\pi_1,\cdots,\pi_N)$，其中

$$\pi_i=P(q_1=\theta_i),\quad 1\leqslant i\leqslant N \quad (5\text{-}66)$$

显然，$0\leqslant\pi_i\leqslant 1$，$\sum_{i=1}^{N}\pi_i=1$。

实际应用中，马尔可夫链的每一个状态可以对应于一个可观测到的事件，通过一系列可观测序列建立的马尔可夫模型，可以计算出各个单一事件出现的概率。

1. HMM 基本概念

隐马尔可夫模型（Hidden Markov Model, HMM）是在马尔可夫链的基础上发展起来的。由于实际问题比马尔可夫链模型所描述的更为复杂，观察到的事件并不是与状态一一对应的，而是通过一组概率分布相联系，这样的模型就称为 HMM。它是一个双重随机过程，其中之一是马尔可夫链，这是基本随机过程，它描述状态的转移。这样，站在观察者的角度，只能看到观察值，不像马尔可夫链模型中的观察值和状态一一对应，因此，不能直接看到状态，而是通过一个随机过程去感知状态的存在及其特性，因而称为"隐"马尔可夫模型。一个 HMM 可以用下列参数描述。

（1）N：模型中的马尔可夫链状态数目。记 N 个状态为 $\theta_1,\cdots,\theta_N$，记 t 时刻马尔可夫链所处状态为 q_t，显然 $q_t \in (\theta_1,\cdots,\theta_N)$。

（2）M：每个状态对应的可能的观察值数目。记 M 个观察值为 $V_1,\cdots,V_M$，记 t 时刻观察到的观察值为 O_t，其中 $O_t \in (V_1,\cdots,V_M)$。

（3）π：初始状态概率矢量，$\pi = (\pi_1,\cdots,\pi_N)$，其中（如式（5-66）)：

$$\pi_i = P(q_1 = \theta_i), \quad 1 \leq i \leq N$$

（4）A：状态转移概率矩阵，$A = (a_{ij})_{N \times N}$，其中：

$$a_{ij} = P(q_{t+1} = \theta_j / q_t = \theta_i), \quad 1 \leq i \leq N \tag{5-67}$$

（5）B：混淆矩阵，$B = (b_{jk})_{N \times M}$，其中：

$$b_{jk} = P(O_t = V_k / q_t = \theta_j), \quad 1 \leq j \leq N, 1 \leq k \leq M \tag{5-68}$$

这样可以记一个 HMM 为

$$\lambda = (N, M, \pi, A, B) \tag{5-69}$$

或简写为 $\lambda = (\pi, A, B)$。

更形象地说，HMM 可以分为两个部分（图 5-23），一个是马尔可夫链，由 π、A 描述，产生的输出为状态序列；另一个是一个随机过程，由 B 描述，产生的输出为观察序列，如图 5-23 所示，T 为观察事件长度。在状态转移矩阵及混淆矩阵中的每一个概率都是与时间无关的，也就是说，当系统演化时这些矩阵并不随时间改变

图 5-23　HMM 组成示意图

2. HMM 的应用

一旦一个系统可以作为 HMM 描述，就可以用来解决三个基本问题。其中前两个是模式识别的问题：给定 HMM 求一个观察序列的概率——评估；搜索最有可能生成一个观察序列的隐藏状态训练——解码；第三个问题是给定观察序列生成一个 HMM——学习。

1）评估

考虑这样的问题，我们有一些描述不同系统的 HMM 及一个观察序列，想知道哪一个 HMM 最有可能产生这个给定的观察序列。通常使用前向算法来计算给定 HMM 后的一个观察序列的概率，并因此选择最合适的 HMM。

在模式识别中这种类型的问题发生在当大量的马尔可夫模型被使用，并且每一个模型都对一个特殊的隐藏状态进行建模时。通过寻找对于此观察序列最有可能的 HMM 识别其中的隐含状态。

2）解码

解码即在给定观察序列时，搜索最可能的隐藏状态序列，另一个相关问题是搜索生成输出序列的隐藏状态序列。在许多情况下我们对于模型中的隐藏状态更感兴趣，因为它们代表了一些更有价值的东西，而这些东西通常不能直接观察到。通常使用 Viterbi 算法确定已知观察序列及 HMM 下最可能的隐藏状态序列。

3）学习

学习即根据观察序列生成 HMM。这个问题也是与 HMM 相关的问题中最难的，根据一个来自于已知的集合的观察序列，以及与其有关的一个隐藏状态集，估计一个最合适的 HMM，也就是确定对已知序列描述的最合适的 $\lambda = (\pi, A, B)$ 三元组。当矩阵 A 和 B 不能够直接测量时，前向-后向算法用来进行学习，这也是实际应用中常见的情况。

4）总结

由一个向量和两个矩阵 $\lambda = (\pi, A, B)$ 描述的 HMM 对于实际系统有着巨大的价值，虽然经常只是一种近似，但它们却是经得起分析的。HMM 通常解决的问题如下。

（1）对于一个观察序列，匹配最可能的系统——评估，使用前向算法解决。

（2）对于已生成的一个观察序列，确定最可能的隐藏状态序列——解码，使用 Viterbi 算法解决。

（3）对于已生成的观察序列，决定最可能的模型参数——学习，使用前向-后向算法解决。

3. HMM 基本算法

1）前向算法

这个算法用来计算已知一个观察值序列 $O = O_1, O_2, \cdots, O_T$ 和一个 HMM $\lambda = (\pi, A, B)$ 时，由模型 λ 产生出 O 的概率 $P(O / \lambda)$。根据图 5-23 所示的 HMM 的组成，最直接的求取方法如下。

对一个固定的状态序列 $S = q_1, q_2, \cdots, q_T$，有

$$P(O / S, \lambda) = \prod_{t=1}^{T} P(O_t / q_t, \lambda) = b_{q_1}(O_1) b_{q_2}(O_2) \cdots b_{q_T}(O_T) \tag{5-70}$$

其中，$b_{q_t}(O_t) = b_{jk} \big|_{q_t = q_j, O_t = V_k}$，$1 \leqslant t \leqslant T$。

而对于给定 λ，产生 S 的概率为

$$P(O / \lambda) = \sum_{S} P(O / S, \lambda) P(S / \lambda) = \sum_{q_1, q_2, \cdots, q_T} \pi_{q_1} b_{q_1}(O_1) a_{q_1 q_2} b_{q_2}(O_2) \cdots a_{q_{T-1} q_T} b_{q_T}(O_T) \tag{5-71}$$

显而易见，式（5-71）的计算量是惊人的，大约为 $2TN^T$ 数量级，当 $N = 5$，$T = 100$ 时，计算量达 10^{72}，这是完全不能接受的。在此情况下，要求出最终解还必须寻求更有效的算法，这就是前向算法。

定义前向变量为

$$\alpha_t(i) = P(O_1, O_2, \cdots, O_t, q_t = \theta_i / \lambda), \quad 1 \leqslant t \leqslant T \tag{5-72}$$

那么有如下结论。

（1）初始化：初始状态为

$$\alpha_1(i) = \pi_i b_i(O_1), \quad 1 \leqslant i \leqslant N \tag{5-73}$$

（2）递归：计算每个时间点，$t = 1, 2, \cdots, T-1$ 时的前向变量为

$$\alpha_{t+1}(j) = \left[\sum_{i=1}^{N} \alpha_t(i) a_{ij} b_j(O_{t+1}) \right] \tag{5-74}$$

（3）终结：只需将 $t = T$ 时刻的前向变量相加即可，即

$$P(O / \lambda) = \sum_{i=1}^{N} \alpha_T(i) \tag{5-75}$$

其中

$$b_j(O_{t+1}) = b_{jk} \big|_{O_{t+1} = V_k} \tag{5-76}$$

前向算法是一种典型的格型结构，如图 5-24 所示。这种算法计算量大为减少，变为 $N(N+1)(T-1) + N$ 次乘法和 $N(N-1)(T-1)$ 次加法。同样，$N = 5$，$T = 100$ 时，只需大约 3000 次计算。

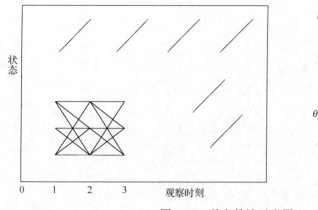

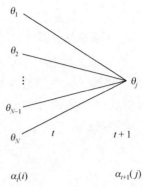

图 5-24　前向算法示意图

2）后向算法

如果理解了前向算法，后向算法也是比较容易理解的，首先可以定义一个后向变量 $\beta_t(i)$，即

$$\beta_t(i) = P(O_{t+1}, O_{t+2}, \cdots, O_T / q_t = \theta_i, \lambda), \quad 1 \leq t \leq T \quad (5\text{-}77)$$

其中，$\beta_T(i) = 1$。

后向变量表示的是已知 HMM λ 及 t 时刻位于隐藏状态 θ_i 这一事实，从 $t+1$ 时刻到终止时刻 T 的局部观察序列的概率。同样与前向算法相似，可以从后向前（故称为后向算法）递归地计算后向变量。

（1）初始化：令 $t = T$ 时刻所有状态的后向变量为 1，即

$$\beta_T(i) = 1, \quad 1 \leq i \leq N \quad (5\text{-}78)$$

（2）递归：计算每个时间点，$t = T-1, T-2, \cdots, 1$ 时的后向变量，即

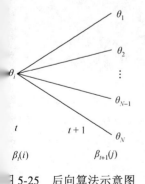

$$\beta_t(i) = \sum_{j=1}^{N} a_{ij} b_j(O_{t+1}) \beta_{t+1}(j) \quad (5\text{-}79)$$

$$t = 1, 2, \cdots, T-1, \quad 1 \leq i \leq N$$

（3）终结：只需将 $t = 1$ 时刻的后向变量相加即可，即

$$P(O / \lambda) = \sum_{i=1}^{N} \beta_1(i) \quad (5\text{-}80)$$

图 5-25　后向算法示意图

后向算法的计算量大约在 $N^2 T$ 数量级，也是一种格型。图 5-25 给出了 $t+1$ 时刻与 t 时刻的后向变量之间的关系。

3）Viterbi 算法

这个算法解决了给定一个观察值序列 $O = O_1, O_2, \cdots, O_T$ 和一个模型 $\lambda = (\pi, A, B)$，在最佳的意义上确定一个状态序列 $Q'' = q_1^n, q_2^n, \cdots, q_T^n$ 的问题。"最佳"的意义有很多种，由不同的定义可以得到不同的结论。这里讨论的最佳意义上的状态序列 Q''，是指使 $P(Q, O / \lambda)$ 最大时确定的状态序列。Viterbi 算法可以描述为：定义 $\delta_t(i)$ 为时刻 t 时沿一条路径 $q_1, q_2, \cdots, q_t$，且 $q_t = \theta_i$，产生出 $O_1, O_2, \cdots, O_t$ 的最大概率，即有

$$\delta_t(i) = \max_{q_1, q_2, \cdots, q_{t-1}} P(q_1, q_2, \cdots, q_t, q_t = \theta_i, O_1, O_2, \cdots, O_t / \lambda) \tag{5-81}$$

那么求取最佳状态序列的过程如下。

（1）初始化：初始状态为

$$\delta_1(i) = \pi_i b_i(O_1), \quad \varphi_t(i) = 0, \quad 1 \leqslant i \leqslant N \tag{5-82}$$

（2）递归：计算每个时间点沿路径，产生给定观察序列的最大概率，即

$$\delta_t(j) = \max_{1 \leqslant i \leqslant N} \left[\delta_{t-1}(i) a_{ij} \right] b_j(O_t) \tag{5-83}$$

$$\varphi_t(j) = \arg\max_{1 \leqslant i \leqslant N} \left[\delta_{t-1}(i) a_{ij} \right] \tag{5-84}$$

$$2 \leqslant t \leqslant T, \quad 1 \leqslant j \leqslant N$$

（3）终结：找出时刻 t 的最大值，以及对应该最值的状态，即

$$P^* = \max_{1 \leqslant i \leqslant N} \left[\delta_T(i) \right] \tag{5-85}$$

$$q_T^* = \arg\max_{1 \leqslant i \leqslant N} \left[\delta_T(i) \right] \tag{5-86}$$

（4）状态序列求取，即

$$q_t^n = \varphi_{t+1}(q_{t+1}^n), \quad t = T - 1, T - 2, \cdots, 1 \tag{5-87}$$

可见使用 Viterbi 算法对观察序列进行解码有两个重要的优点。

（1）通过使用递归减少计算复杂度，这一点和前向算法使用递归减少计算复杂度是完全类似的。

（2）Viterbi 算法有一个非常有用的性质，就是对于观察序列的整个上下文进行了最好的解释。事实上，寻找最可能的隐藏状态序列不止这一种方法，其他替代方法也可以，例如，可以这样确定如下的隐藏状态序列：$X_i = (X_{i_1} X_{i_2}, \cdots, X_{i_T})$。

其中：

$$i_1 = \arg\max_j \left[\pi(j) b_{jk_1} \right] \tag{5-88}$$

$$i_t = \arg\max_j \left[a_{i_{t-1}k_t} b_{jk_t} \right] \tag{5-89}$$

这里，如果采用自左向右的决策方式进行一种近似和判断，其对于每个隐藏状态的判断建立在前一个步骤的判断的基础之上（第一步从隐藏状态的初始向量 π 开始）。这种做法，如果在整个观察序列的中部发生"噪声干扰"时，其最终结果将与正确答案严重偏离。相反，Viterbi 算法在确定最可能的终止状态前将考虑整个观察序列，然后通过 φ 指针"回溯"以确定某个隐藏状态是否是最可能的隐藏状态序列中的一员。这是非常有用的，因为这样就可以孤立序列中的"噪声"，而这些"噪声"在 SAR 数据中是很常见的。总之，Viterbi 算法提供了一种有效的计算方法来分析 HMM 的观察序列，并捕获最可能的隐藏状态序列。它利用递归减少计算量，并使用整个序列的上下文来进行判断，从而对包含"噪声"的序列也能进行良好的分析。

在使用时，Viterbi 算法对于网格中的每一个单元都计算一个局部概率，同时包括一个反向指针用来指示最可能的到达该单元的路径。当完成整个计算过程后，首先在终止时刻找到最可能的状态，然后通过反向指针回溯到 $t=1$ 时刻，这样回溯路径上的状态序列就是最可能的隐藏状态序列了。

4）前向-后向算法

前向-后向算法是 Baum 于 1972 年提出来的，又称为 Baum-Welch 算法。这个算法实际上是解决 HMM 训练的问题，即之前提到的 HMM 的第三个问题——HMM 参数重估问题。或者说，给定一个观察值序列 $O = O_1, O_2, \cdots, O_T$，该算法能确定一个 $\lambda = (\pi, A, B)$，使 $P(O/\lambda)$ 最大。

显然，由式（5-73）和式（5-78）定义的前向和后向变量，有

$$P(O/\lambda) = \sum_{i=1}^{N} \sum_{j=1}^{N} \alpha_t(i) a_{ij} b_j(O_{t+1}) \beta_{t+1}(j), \quad 1 \le t \le T-1 \tag{5-90}$$

这里，求取 λ 使 $P(O/\lambda)$ 最大，是一个泛函极值问题。但是由于给定的训练序列有限，特别是对于非监督分类中的单一样本而言，不存在一个最佳的方法来估计 λ。在这种情况下，前向-后向算法利用递归的思想，使 $P(O/\lambda)$ 局部极大，最后得到模型参数 $\lambda = (\pi, A, B)$。此外，用梯度方法也可以达到类似的目的。

定义 $\xi_t(i,j)$ 为给定序列 O 和模型 λ 时，在时刻 t 时马尔可夫链处于状态 θ_i 和时刻 $t+1$ 时为状态 θ_j 的概率，即

$$\xi_t(i,j) = P(O, q_t = \theta_i, q_{t+1} = \theta_j / \lambda) \tag{5-91}$$

该变量在网格中所代表的关系如图 5-26 所示。

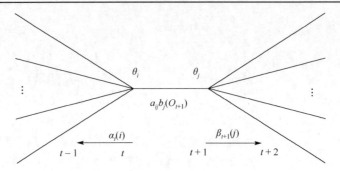

图 5-26　后向-前向算法示意图

可以推导出：

$$\xi_t(i,j) = \left[\alpha_t(i) a_{ij} b_j(O_{t+1}) \beta_{t+1}(j) \right] \Big/ P(O/\lambda) \tag{5-92}$$

那么，时刻 t 时马尔可夫链处于 θ_i 状态的概率为

$$\xi_t(i) = P(O, q_t = \theta_i/\lambda) = \sum_{j=1}^{N} \xi_t(i,j) = \alpha_t(i)\beta_t(i) \Big/ P(O/\lambda) \tag{5-93}$$

因此，$\sum\limits_{t=1}^{T-1} \xi_t(i)$ 表示从状态 θ_i 转移出去的次数的期望值，而 $\sum\limits_{t=1}^{T-1} \xi_t(i,j)$ 表示从状态 θ_i 转移到状态 θ_j 的次数的期望值。由此，导出了前向-后向算法中著名的重估公式：

$$\bar{\pi}_i = \xi_1(i) \tag{5-94}$$

$$\bar{a}_{ij} = \sum_{t=1}^{T-1} \xi_t(i,j) \Big/ \sum_{t=1}^{T-1} \xi_t(i) \tag{5-95}$$

$$\bar{b}_{jk} = \sum_{t=1 \& O_t = V_k}^{T} \xi_t(j) \Big/ \sum_{t=1}^{T} \xi_t(j) \tag{5-96}$$

那么，HMM 参数 $\lambda = (\pi, A, B)$ 的求取过程为：根据观察值序列 O 和选取的初始模型 $\lambda = (\pi, A, B)$，由重估公式即式（5-94）～式（5-96），求得一组新参数 $\bar{\pi}_i$、$\bar{a}_{ij}$ 和 $\bar{b}_{jk}$，即得到了一个新的模型 $\bar{\lambda} = (\bar{\pi}, \bar{A}, \bar{B})$，可以证明 $P(O/\bar{\lambda}) > P(O/\lambda)$，即重估公式得到的 $\bar{\lambda}$ 比 λ 在表示观察值序列方面要好。那么重复这个过程，逐步改进模型参数，直到 $P(O/\bar{\lambda})$ 收敛，即不再明显增大，此时的 $\bar{\lambda}$ 即为所求模型。

5.6.2　HMM 分类算法的实现

1. Hilbert 扫描

图像可以按照一定的顺序将二维矩阵变为一维序列。为了不失一般性，最好的变换方式实际上是形成一种随机序列，这里引入 Hilbert 扫描的概念，该算法可以将图像像元置乱为一维序列。

Hilbert 曲线是经典分形曲线之一，可以看作一种从 N 维（一般是 2 维）空间到 1 维空间的映射，具有严格的自相似性，能尽可能地保持原空间中相邻点的相关性，当阶数足够大时，它将充满整个正方形。Hilbert 扫描是一种连续、没有交叉且经过相邻点的 2 维空间扫描方法，是一种重要的图像处理工具，它较好地保留了图像中相邻点的相关性，与其他扫描方法（如 Zig2Zag 扫描法、连续光栅扫描法等）相比具有明显的优越性（Liu and Duan，2002），现已广泛应用于图像压缩、数字图像置乱（image scrambling）（Wang and Xu，2006）等领域，但目前还很少见到应用于图像分割的研究报道。

Hilbert 曲线的具体生成过程如下（Jakeman and Pusey，1976）：首先将一个正方形方阵 4 等分，标记出各个小正方形的中心并连接成图 5-27 所示的折线，然后将各个小正方形 4 等分，连接各个小正方形的中心如图 5-27（b）所示，重复上述分割和连接过程得图 5-27（c），根据图像的维数信息设置相应的分割次数就得到对应图像的 Hilbert 扫描曲线。

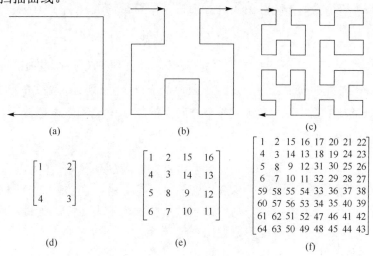

图 5-27　Hilbert 扫描曲线和矩阵生成过程

这里采用基于矩阵运算的 Hilbert 曲线扫描矩阵的递推算法获得相应的 Hilbert 扫描矩阵（Trunk and George，1970），将 Hilbert 扫描矩阵中的元素按照先小后大的顺序依次连接起来，便得到相应的 Hilbert 扫描曲线。记 2^n 阶 Hilbert 扫描矩阵为 $\boldsymbol{H}_{2^n}$，生成 $\boldsymbol{H}_{2^{n+1}}$ 的递推关系为

$$H_{2^{n+1}} = \begin{cases} \begin{bmatrix} H_{2^n} & (2^{2n+1}+2^{2n})E_{2^n}+\text{fliqud}(\text{fliplr}(H_{2^n})) \\ 2^{2n}E_{2^n}+H_{2^n}^{\mathrm{T}} & 2^{2n+1}E_{2^n}+H_{2^n}^{\mathrm{T}} \end{bmatrix}, & n\text{为奇数} \\[4mm] \begin{bmatrix} H_{2^n} & 2^{2n}E_{2^n}+H_{2^n}^{\mathrm{T}} \\ (2^{2n+1}+2^{2n})E_{2^n}+\text{fliqud}(\text{fliplr}(H_{2^n})) & 2^{2n}E_{2^{n+1}}+H_{2^n}^{\mathrm{T}} \end{bmatrix}, & n\text{为偶数} \end{cases} \tag{5-97}$$

其中，E_{2^n} 是对角全 1 的 2^n 阶方阵；$\text{fliqud}(A)$ 表示矩阵 A 的元素上下对调；$\text{fliplr}(A)$ 表示矩阵 A 的元素左右对调，初始条件为

$$H_2 = \begin{bmatrix} 1 & 2 \\ 4 & 3 \end{bmatrix} \tag{5-98}$$

因此，图 5-27（a）～图 5-27（c）扫描曲线对应的扫描矩阵分别为图 5-27（d）～图 5-27（f）。

对于一个大小为 $2^l \times 2^l$ 个像元的图像，可以表示为 $F(u,v), u,v \in \{1,2,\cdots,2^l\}$，其中 $F(u,v)$ 表示图像中像元点 (u,v) 的灰度值，利用式（5-97）和式（5-98）计算出的相应 Hilbert 扫描矩阵 H_{2^l} 对图像进行扫描，即可得 Hilbert 序列 $G(m)$，不难发现：

$$G(m) = \langle F(u,v) \rangle \tag{5-99}$$

其中，$m \in \{1,2,\cdots,2^{2l}\}$ 表示扫描序号；$\langle \cdot \rangle$ 表示将图像 $F(u,v)$ 通过 Hilbert 矩阵 H_{2^l} 扫描为 Hilbert 序列的映射。经上述方法获得的 Hilbert 序列 $G(m)$ 保留了原图像中像元间的最佳连续特性，充分兼顾了各个方向上的相邻相关性，同时易于实时实现。

2. HMM 初值的选择

在利用 HMM 进行分类时，首先要根据图像各类别像元值的特点，建立相应的 HMM。在利用前向-后向迭代算法求解 HMM 参数时，需要设定 HMM 中各组参数的初值。初值设置不恰当，一则达到收敛所需的次数太多；二则最后算法可能收敛于局部最优解而非全局最优解。因此初值选择是一个非常重要的问题。由于之前的 CFAR-K 均值算法已经在考虑像元间 SSE 函数（式（5-34））及杂波分布函数的基础上得到了较好的分割结果，故可以令

$$\pi_0 = \begin{bmatrix} \dfrac{\text{低像元值类像元总数}}{\text{图像中像元总数}} & \dfrac{\text{中像元值类像元总数}}{\text{图像中像元总数}} & \dfrac{\text{高像元值类像元总数}}{\text{图像中像元总数}} \end{bmatrix}$$

此外还需设定 HMM 中 A、B 的初值。

（1）考虑到目标类-高像元值类，像元数目较少，而且与中像元值类中具有较高像元值的类别容易错分。

（2）假设同类像元值之间的互相转换概率相等。

（3）类别数 $N=3$，观察值的个数 M 为各类中像元对应不同像元值的个数。

按上述三点可得：状态转移矩阵初值 $A_0 = \begin{bmatrix} 0.8 & 0.15 & 0.05 \\ 0.1 & 0.7 & 0.2 \\ 0 & 0.1 & 0.9 \end{bmatrix}$，混淆矩阵初值为

$$B_0 = \begin{bmatrix} \frac{1}{\text{不同低像元值个数}} & \cdots & \frac{1}{\text{不同低像元值个数}} & 0 & \cdots & 0 & 0 & \cdots & 0 \\ 0 & \cdots & 0 & \frac{1}{\text{不同中像元值个数}} & \cdots & \frac{1}{\text{不同中像元值个数}} & 0 & \cdots & 0 \\ 0 & \cdots & 0 & 0 & \cdots & 0 & \frac{1}{\text{不同高像元值个数}} & \cdots & \frac{1}{\text{不同高像元值个数}} \end{bmatrix}$$

3. 结果与分析

利用 HMM 算法和 Hilbert 扫描算法对图 5-9 进行分割，具体步骤如下（Zhang et al.，2011）。

（1）按照式（5-97）和式（5-98）对实验图像进行 Hilbert 扫描，生成 Hilbert 序列 S，并记下 Hilbert 生成矩阵 H。

（2）按照设定的初值，根据式（5-94）～式（5-96）对序列 S 进行 HMM 参数估计，设定 $|A_q - A_{q-1}| < \xi_1$，$|B_q - B_{q-1}| < \xi_2$，其中误差容忍值 $\xi_1 = \xi_2 = 10^{-6}$，q 表示迭代次数，$q \leqslant 100$。

（3）用 Viterbi 算法按照估计出的 HMM 实现对序列 S 的解码，找出高像元值对立的类别。

（4）利用步骤（1）记录下的 Hilbert 生成矩阵 H，对序列 S 进行反 Hilbert 扫描，恢复各像元的位置。最后提取的高强度散射特征区域如图 5-28 所示。

图 5-28　离散 HMM 分类结果

分类经过 14 次迭代完成，使得参数估计精度满足误差要求，总时间为 2896.6s，约等于 48min。对比图 5-9 所示原始图像、图 5-15 利用 CFAR 和 K-means 聚类得到

的分割结果，以及图 5-28 基于 HMM 的分割结果可以看出，HMM 方法分割出的建筑物 L 状特征更加明显，像元分布更加均匀，高亮像元的漏检率较低，更有利于目标信息的提取。

参 考 文 献

勾烨. 2003. SAR 图像相干斑抑制算法研究[D]. 南京：南京航空航天大学.

李恒超. 2007. 合成孔径雷达图像统计特性分析及滤波算法研究[D]. 北京: 中国科学院电子学研究所.

徐旭. 2014. 高分辨率 SAR 图像建筑物三维信息提取方法研究[D]. 北京: 中国科学院遥感与数字地球研究所.

张朝晖, 潘春洪, 马颂德, 等. 2005. 一种基于修正 Frost 核的 SAR 图像斑点噪声抑制方法[J]. 中国图象图形学报, 10(4):431-435.

张虓. 2010. 高分辨率 SAR 图像城市建筑物目标识别研究[D]. 北京：北京理工大学.

DasGupta A. 2008. Asymptotic Theory of Statistics and Probability[M]. New York: Springer.

Jakeman E, Pusey P N. 1976. A model for Non - Rayleigh sea echo[J]. Transactions on AP, 24(6): 806-814.

Kaplan L M. 2001. Analysis of multiplicative speckle models for template-based SAR ATR[J]. IEEE Transactions on Aerospace and Electronic Systems, 37(4): 1424-1432.

Kuruologlu E E, Zenlbia J. 2004. Modeling SAR images with a generalization of the Rayleigh distribution[J]. IEEE Transactions on Image Processing, 13(4):527-533.

Lee J S. 1980. Digital image enhancement and noise filtering by use of local statics[J]. IEEE Transactions on Pattern Analysis and Machine Intelligence, 2(2):165-168.

Liu X D, Duan X D. 2002. Measurement of undulation on image scanning and a fast algorithm for constructing Hilbert scanning matrix[J]. Journal of Data Acquisition & Processing, 17(2): 146-150.

Lombardo P, Farina A. 1996. Coherent radar detection against K-distributed clutter with partially correlated texture [J]. Signal Processing, 48(1): 1-15.

Oliver C, Quegan S. 2004. Understanding Synthetic Aperture Radar Images[M]. Raleigh: SciTech Publishing Inc.

Sekine M, Mao Y. 1990. Weibull Radar Clutter[M]. London: Peter Peregrinus Ltd.

Trunk G V, George S F. 1970. Detection of targets in non-Gaussian sea clutter[J]. IEEE Transaction on AES, 6(5): 620-628.

Wang S, Xu X S. 2006. A new algorithm of Hilbert scanning matrix and its MATLAB program[J] Journal of Image and Graphic, 11(1): 119-122.

Zhang F L, Shao Y, Zhang X, et al. 2011. Building L-shape footprint extraction from high resolution SAR image[C]. Proceedings of the 2011 Joint Urban Remote Sensing Event, Munich: 273-276.

第6章　高分辨率 SAR 图像建筑物目标提取与参数反演

本章主要根据建筑物目标在高分辨率 SAR 图像上的特征，介绍一系列从 SAR 图像中提取建筑物目标和参数的方法。

在高分辨率 SAR 图像上，朝向电磁波照射方向的墙面与地面形成的二次散射是一种相对较为稳定的图像特征，对于建筑物目标识别和参数提取具有重要的作用。因此 6.1 节介绍墙地二次散射特征结构中心线提取方法，该方法根据 5.4 节介绍的基于图像纹理特征和 FCM 的分割结果，利用骨架提取、骨架跟踪、最小外接矩形提取、最小二乘准则等技术实现 L 形结构中心线的提取。

6.2 节针对沿建筑物墙角线方向二次散射中心亮度分布不均匀，有时亮线长度大于建筑物墙角线的问题，分析了二次散射中心距离徙动形成机制，并推导出墙面二次散射亮度曲线与建筑物墙面长度、高度与方位角和入射角之间的定量关系模型，在此基础上提出了一种基于高分辨率 SAR 二次散射亮度曲线最优匹配的建筑物墙面长度和高度反演的方法，这对于精确提取建筑物参数具有重要意义。

建筑物的高度反演是进行城市监测、灾害评估、数字地球建设等工作的基础，针对现有模型匹配方法通常涉及复杂的图像模拟、运算复杂的问题，6.3 节介绍了一种新的基于高亮模型匹配的 SAR 图像建筑物高度反演方法，首先构建了建筑物目标在 SAR 图像上最显著高亮特征的几何模型，然后建立了匹配函数并利用多种群遗传算法对匹配函数进行优化进而实现建筑物的高度反演。

受 SAR 成像机制和斑点噪声影响，加上相邻建筑物以及周边地物的遮挡，建筑物目标在 SAR 图像上的特征往往不完整，仅利用单景 SAR 图像往往无法准确提取建筑物目标的边界及参数信息。针对这一问题，6.4 节介绍了融合利用双视向 SAR 图像进行建筑物目标参数提取的方法。

6.1　墙地二次散射特征结构中心线提取方法

由第 3 章关于建筑物目标高分辨率 SAR 图像散射特征形成机制的分析可知，建筑物在 SAR 图像上的 L 形高亮特征是最显著的特征之一，一般包括叠掩和二次散射等，可以看成具有一定线宽的 L 形直线，其大小与建筑物的几何参数信息相关。图 6-1 是建筑物形成的 L 形结构模型示意图。可以看到，建筑物的 L 形结构一般由两个平行四边形组成，根据 SAR 成像几何关系，在 L 形结构的边界中，沿着距离向走向的两条边的长度与建筑物高度有关，另外 4 条边的长度等于建筑物的长和宽。

因此，通过提取 L 形结构的边缘反演建筑物的几何参数是一种可行的方法，但是实际高分辨率 SAR 图像由于受斑点噪声和建筑物附属结构的影响，建筑物 L 形结构的边缘存在不规则的现象，给提取带来了很大困难。针对这一问题，本章提出了一种提取建筑物 L 形结构中心线的方法，利用该方法可以获取建筑物的长、宽和方向等参数，可以避免提取曲折边界困难的问题。方法流程如图 6-2 所示（徐旭，2014）。

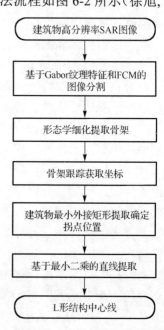

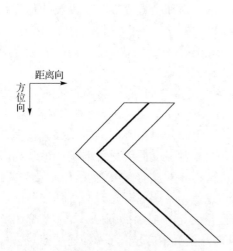

图 6-1　建筑物 L 形结构模型示意图　　　图 6-2　建筑物 L 形结构中心线提取流程图

首先运用基于 Gabor 纹理特征和 FCM 的方法对 SAR 图像中的建筑物目标进行分割，再结合骨架提取、骨架跟踪、最小外接矩形提取、最小二乘准则等技术实现 L 形结构中心线的提取。5.4 节已经对基于 Gabor 纹理特征和 FCM 的分割算法进行了介绍，利用该方法可以实现 SAR 图像中建筑物目标的分割，提取具有一定线宽的建筑物 L 形高亮结构。下面重点介绍其他的几个环节。

6.1.1　基于形态学细化的骨架提取

提取出建筑物的 L 形高亮特征后，为了得到中心线，运用形态学中的细化方法提取 L 形结构的骨架。

细化处理是指在不影响图形连通性的基础上删除图形上的冗余信息，直到获得单像元宽的连通线（骨架）。理想的情况下，细化后的骨架应该保留在原始图形的中间位置。一般来说，细化算法应具有如下特征。

（1）细化的结果保持图形的基本结构特征。

（2）细化后的骨架尽量接近图形的中心线。

（3）细化操作保持图形与背景连通性。

（4）具有较好的稳定性，对图形边界的毛刺不敏感。

（5）在删除图形冗余信息时，以对称的方式进行。

在具体进行细化时，主要是采用形态学中的击中运算，在给定一系列具有一定形状的结构元素后，顺序循环地删除满足击中变换的像元，直到图像变为骨架。

6.1.2　骨架跟踪算法

在对图像进行细化得到建筑物 L 形结构的骨架后，SAR 图像变换为二值图像。其中骨架上的像元灰度值为 1，背景像元灰度值为 0。接下来需要对骨架进行跟踪，确定骨架上像元点的坐标，并同时去除孤立的点和线段。跟踪算法的步骤如下。

（1）扫描图像，寻找第一个灰度为 1 的像元点，并标记为当前点。

（2）按一定方向检查当前点的 3×3 邻域，寻找邻域内灰度为 1 的像元点。

（3）当邻域内存在灰度为 1 的像元点时，取其中一个点作为新的当前点，存储其他分支点供以后跟踪，并返回步骤（2）。

（4）若当前点的邻域内不存在灰度为 1 的像元点，并且存在分支点尚未跟踪，则结束当前分支的跟踪，取最近一个分支点邻域内的灰度为 1 的像元点作为当前点，并返回步骤（2）。当所有的分支点均完成跟踪后，则该段骨架跟踪结束。通过判断跟踪的骨架的长度是否大于一定的阈值，去除孤立的点和线，并返回步骤（1）。

（5）结束扫描，完成图像中所有骨架的跟踪。

提取骨架上像元点的坐标后，可以很容易地通过坐标值判断出骨架的两个端点的位置。

6.1.3　建筑物最小外接矩形提取

在提取出 L 形骨架的两个端点之后，需要确定骨架的拐点，可以利用外接矩形的方法来实现。外接矩形是一种近似地描述多边形目标形状的方式，在图形学领域，多边形的外接矩形有两种表达形式，一种是最小绑定矩形（Minimum Bounding Rectangle，MBR），是用多边形的顶点中的最小坐标和最大坐标来确定的矩形；另外一种是最小面积外接矩形（Minimum Area Bounding Rectangle，MABR）（闫浩文, 2003）。

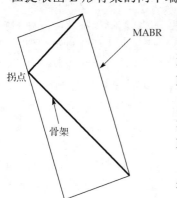

图 6-3 是 L 形骨架的 MABR 示意图。其中粗线表示骨架，细线表示 MABR。可以看到，骨架的两个端点是 MABR 的两个顶点，拐点落在其中一条长边上。因此可以提取出骨架的 MABR，将骨架上落

图 6-3　L 形骨架的 MABR 示意图

在 MABR 对应长边上的点（除去两个端点）作为拐点。由于实际情况中提取的骨架是曲折的，会存在骨架上没有点或多个点落在长边上的情况。当没有点时，取骨架上离长边最近的点作为拐点；当有多个点时，对多个点的坐标值取平均形成一个新的点作为骨架的拐点。

提取骨架的 MABR，除了可以得到拐点，还可以实现 SAR 图像中建筑物切片的自动提取。建筑物切片的获取在许多建筑物信息提取方法中是很重要的步骤，常以手动方式执行，降低了方法的自动化程度。利用 MABR 可以很容易地实现建筑物切片的自动获取。将 MABR 对应的图像区域向外膨胀若干个像元，即可得到建筑物的图像切片。

常用的提取多边形 MABR 的方法是通过计算多边形的最小凸包来实现的。凸包是指一个能够包含点集中所有点的凸多边形，通过 Graham 扫描方法很容易实现（周培德，2005）。在计算出最小凸包后，以凸包的一条边的左端点为中心进行旋转，直到该边平行于坐标横轴，计算并保存其 MBR 的面积和旋转角度等。当旋转完凸包的每一条边后，比较所有的 MBR 的面积，将凸包以最小面积所对应的边的左端点为圆心，并按照相应的角度进行逆时针旋转即得到所求的 MABR。

6.1.4　基于最小二乘的直线提取

由于提取出的骨架线一般存在细小的锯齿和分支结构，并不能直接作为 L 形结构中心线。可以利用最小二乘的方法从曲折的骨架点中拟合出最佳直线。将骨架上的点以拐点的坐标为界限分成两个点集，运用最小二乘准则从两个点集中拟合出两条直线作为中心线的两条边。提取出的两条边常存在断裂现象，将两条边延长即可实现连接，构成 L 形结构的中心线。

6.1.5　实验结果与分析

为了验证该方法的有效性，下面给出一幅机载高分辨率 SAR 图像的实验结果。实验区位于四川省绵阳市安县，图 6-4（a）是实验区对应的机载 SAR 图像，图像的中心入射角是 59.5°，像元大小为 $0.5m \times 0.5m$。图 6-4（b）是该地区对应的光学图像。运用以上方法对 A1～A8 共 8 个建筑物在 SAR 图像中的 L 形高亮结构的中心线进行提取

图 6-4（c）是运用基于 Gabor 纹理特征和 FCM 的方法得到的分割图像，图像分为 L 形结构区域和背景区域两类。可以看到，L 形结构保持了完整性，但边缘部分波折严重。图 6-4（d）是运用形态学细化提取骨架的结果，图像中存在许多孤立点和短线。图 6-4（e）是对骨架进行跟踪的结果，通过跟踪确定了图像中的 8 个骨架，并去除了孤立点和短线。图 6-4（f）是骨架的 MABR 提取结果，MABR 对骨架进行了很好的包络。图 6-4（g）是运用最小二乘准则从骨架中提取的中心线的结果。图 6-4（h）是中心线与 SAR 图像叠加显示的结果。可以看出，提取的建筑物 L 形结构中心线在方向和位置上与实际 SAR 图像吻合较好。

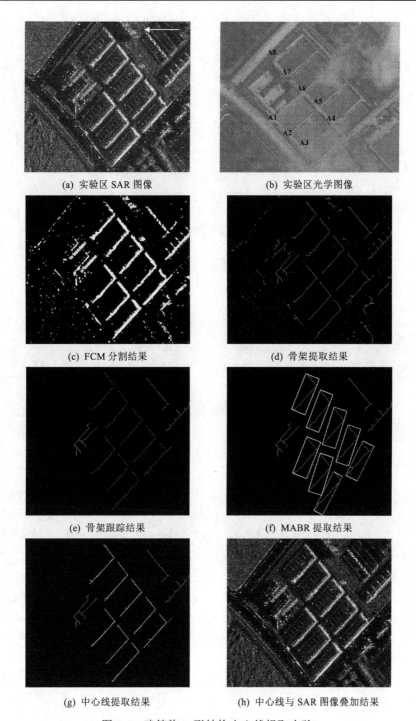

(a) 实验区 SAR 图像　　　　　　　　　　(b) 实验区光学图像

(c) FCM 分割结果　　　　　　　　　　(d) 骨架提取结果

(e) 骨架跟踪结果　　　　　　　　　　(f) MABR 提取结果

(g) 中心线提取结果　　　　　　　　　　(h) 中心线与 SAR 图像叠加结果

图 6-4　建筑物 L 形结构中心线提取实验

提取出 L 形结构中心线后，可以得到建筑物的长、宽和方位向信息。利用高分辨率光学图像获取建筑物几何参数作为真值，与利用 L 形结构线反演的参数进行对比，结果如表 6-1 所示。可以看出通过提取 L 形结构中心线反演的建筑物长度误差平均值约为 2.35m，误差率平均值约为 3.2%；宽度误差平均值约为 1.52m，误差率平均值约为 4.8%；方位角误差平均值约为 1.16°。建筑物 A3 的长度误差较大，主要是由于附属结构或周边地物对成像的影响，以及二次散射中心距离徙动使得建筑物的高亮特征长度偏大，这一问题将在 6.2 节进一步深入讨论并给出相应的解决方法。

表 6-1　建筑物几何参数反演结果

	A1	A2	A3	A4	A5	A6	A7	A8
真实长度/m	71.64	70.48	75.55	70.85	69.85	70.95	72.98	72.34
真实宽度/m	35.82	37.8	24.59	22.22	34.36	36.08	35.54	35.79
真实方位角/ (°)	46.39	44.58	45.75	45.39	45.21	46.66	46.98	46.48
反演长度/m	70.90	67.88	82.00	69.25	67.18	66.54	72.19	73.89
反演宽度/m	33.46	36.29	24.18	21.24	32.14	34.08	33.43	35.18
反演方位角/ (°)	45.84	46.96	46.93	47.26	47.35	46.87	46.94	45.57
长度误差/m	0.74	2.60	6.45	1.60	2.68	2.41	0.79	1.55
长度误差率/%	1.04	3.83	7.86	2.30	3.98	3.62	1.09	2.09
宽度误差/m	2.36	1.51	0.41	0.98	2.22	2.00	2.11	0.61
宽度误差率/%	7.06	4.16	1.68	4.62	6.90	5.86	6.31	1.74
方位角误差/ (°)	0.55	2.38	1.18	1.87	2.14	0.21	0.04	0.91

6.2　基于二次散射特征的建筑物几何参数反演

6.2.1　建筑物目标二次散射的特点

随着 SAR 空间分辨率的提高，人工目标中更多的散射体被孤立出来，这些局部性的散射源称为散射中心，表现为 SAR 图像的稀疏特征。散射中心是人工目标最重要的散射特征之一，能够反映目标的物理结构（Auer et al., 2010）。在米级分辨率 SAR 图像中，与常规面目标相比，建筑物目标的稀疏特性尤为明显。建筑物目标对应的散射中心主要为墙地二次散射中心、三面角散射中心和特殊结构或材质引起的强散射中心（Soergel, 2010）。与后两种在 SAR 图像中表现为零维点目标的散射中心相比，一维线状分布的二次散射中心是由建筑物前墙面与周边下垫面组成的二面角反射器形成的一条沿墙角的亮线，是一种相对较为稳定的图像特征，对于建筑物目标识别和参数提取具有重要的作用。

然而，沿建筑物墙角线方向，二次散射中心的亮度分布不均匀，甚至会出现亮线长度大于建筑物墙角线的情况（Chen et al., 2012; Auer, 2011），在 6.1 节的实验图像中也可以看到这一现象，如建筑物 A3。这是由于二次散射效应属于一种典型的涉动型散射中心，其等效散射中心的位置随着成像角度而变化。这种位置改变引起的距离徙动通常为米级，在中低分辨率 SAR 图像中表现不明显，在高分辨率 SAR 图像中能够表现出来。图 6-5（a）为东京某高层建筑物三维模型，视向方向为电磁波入射方向；图 6-5（b）为该建筑物对应的 TerraSAR-X 高分辨率聚束模式地距图像，像元大小为 0.5m×0.5m，矩形框为建筑物叠掩区，箭头线为墙地二次散射形成的亮线，可以看出二次散射亮线长于建筑物墙角线；图 6-5（c）为图 6-5（b）中箭头线对应的亮度剖面线，可以看出二次散射亮线的灰度分布不均匀，且波动较大。

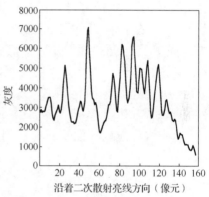

(a) 建筑物三维模型　　　　　　(b) TerraSAR-X图像，　　　　　(c) 图(b)中箭头线对应的亮度剖面线
（Google Earth）　　　　　　　距离向从上往下

图 6-5　东京某高层建筑物的二次散射亮线

　　常规建筑物参数反演方法中二次散射亮线即为建筑物墙角线的假设，会导致墙角线长度反演结果偏大，这在高分辨率 SAR 图像中尤为明显。因此，研究高分辨率 SAR 图像中建筑物二次散射中心距离徙动形成机制，以及与建筑物墙面几何参数和成像参数之间的关系，能够提高建筑物几何参数反演精度（王国军，2014）。6.2.2 节首先将二次散射分解为两种散射机制的加权组合，分析了二次散射中心距离徙动形成机制，推导出墙面二次散射亮度曲线与建筑物墙面长度、高度与方位角和入射角之间的定量关系模型；6.2.3 节基于定量关系模型提出了一种基于高分辨率 SAR 二次散射亮度曲线最优匹配的建筑物墙面长度和高度反演的方法，并利用高分辨率 SAR 图像对该方法进行了验证。

6.2.2　二次散射中心距离徙动机制

　　为了分析二次散射中心距离徙动特性，需要对建筑物目标二次散射形成机制进行深入分析，明确电磁波与建筑物墙地之间相互作用的过程，明确二次散射中心距离徙动形成机制。虽然已有少量文献对建筑物墙地二次散射过程进行了分析（Chen et al., 2012; Auer, 2011），但都没有对二次散射距离徙动特性进行分析。

图 6-6 为二次散射中心距离徙动示意图，在二次散射过程中，电磁波经建筑物墙面点 P_1 到地面点 P_2 后返回传感器，对应的散射中心为点 P_0，点 P_1' 为点 P_1 到地面的投影，即对应点 P_1 的实际图像坐标；距离徙动 M 为点 P_1' 和 P_0 之间的距离，分解为距离向距离徙动 M_R 和方位向距离徙动 M_A。为了研究二次散射过程对距离徙动的影响，需要分析电磁波与墙地之间的相互作用过程。图 6-7 为墙地二次散射过程中电磁波传播示意图，根据电磁波传播过程中与墙面和下垫面之间发生的散射类型，可以分解成三种二次散射过程。散射过程 1 为电磁波照射到墙面后镜面反射到达下垫面（过程表示为 S_w），然后经地面漫反射回传感器（过程表示为 D_g），整个过程表示为 $S_w \to D_g$，假设单位面积的回波能量表示为 $\sigma^0_{S_w \to D_g}$；由于该过程的逆过程为电磁波照射到地面并发生漫反射到墙面，然后发生镜面反射回传感器，表示为 $D_g \to S_w$。散射过程 2 为电磁波照射到地面后镜面反射到达墙面（过程表示为 S_g），然后经墙面漫反射回传感器（过程表示为 D_w），过程表示为 $S_g \to D_w$，假设单位面积的回波能量表示为 $\sigma^0_{S_g \to D_w}$；同样地，过程 $D_w \to S_g$ 是 $S_g \to D_w$ 的逆过程。散射过程 3 为电磁波照射到地面漫反射后到达墙面（过程表示为 D_g），然后经墙面漫反射回

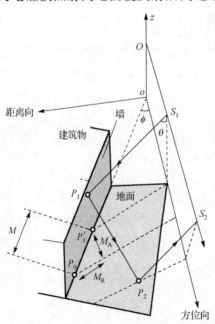

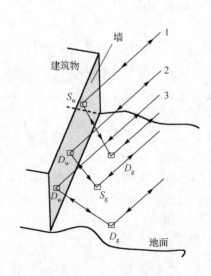

图 6-6　二次散射中心距离徙动示意图　　　图 6-7　墙地二次散射的三种散射过程

传感器（过程表示为 D_w），过程表示为 $D_g \rightarrow D_w$，假设单位面积的回波能量表示为
$\sigma^0_{D_g \rightarrow D_w}$；同样，过程 $D_w \rightarrow D_g$ 是 $D_g \rightarrow D_w$ 的逆过程。对于表面较光滑的建筑物墙面
或者不太粗糙的地表，其散射特性以镜面反射为主，镜向能量占散射能量的比例远
远大于其他方向的漫反射；对于粗糙度稍大的地表，其散射特性具有方向性，镜向
能量最大，与镜向夹角越大则能量越小。考虑到漫反射的能量衰减比镜面反射小很
多，因此可以忽略两次漫反射的散射过程 3，二次散射中心的主要能量贡献来源于
散射过程 1 和 2 的回波信号。下面分别分析这两种散射过程对距离徙动的影响。

1. 散射过程 1 对距离徙动的影响

为了研究二次散射中心距离徙动特性，需要明确散射中心对应图像中地距坐标
g 和方位向坐标 a。图 6-8 为二次散射过程 1 对应的电磁波传播 $S_w \leftrightarrow D_g$ 示意图，空
间坐标系 $o\text{-}xyz$ 中，竖直墙面由方位角 ϕ、长度 l 和高度 h 确定。墙面 $ABCD$ 上的点
满足下式：

$$-x\cos\phi + y\sin\phi = 0 \tag{6-1}$$

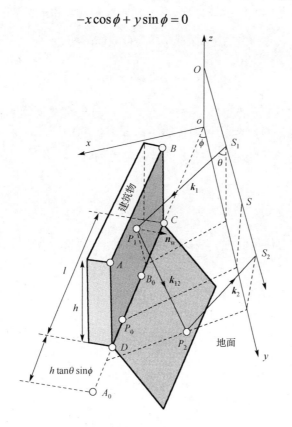

图 6-8   二次散射过程 1 的几何模型示意图

　　成像时入射角为 θ，电磁波从 S_1 发射，经墙面上点 $P_1(x_1, y_1, z_1)$ 后反射到地面点 P_2，最后漫反射回传感器 S_2。电磁波入射方向矢量 $\boldsymbol{k}_1 = (\sin\theta, 0, -\cos\theta)$，墙面法线方向 $\boldsymbol{n}_w = (-\sin\phi, \cos\phi, 0)$，墙面反射方向矢量为 $\boldsymbol{k}_{12} = \boldsymbol{k}_1 - 2(\boldsymbol{k}_1 \cdot \boldsymbol{n}_w)\boldsymbol{n}_w = (\sin\theta\cos2\phi,$ $\sin\theta\sin2\phi, -\cos\theta)$，点 P_2 坐标为

$$\begin{cases} x_2 = x_1 + z_1 \tan\theta\cos2\phi \\ y_2 = y_1 + z_1 \tan\theta\sin2\phi \\ z_2 = 0 \end{cases} \tag{6-2}$$

　　该条射线对应斜距为

$$r = (r_1 + r_{12} + r_2)/2$$
$$\begin{cases} r_1 = x_1\sin\theta - z_1\cos\theta \\ r_{12} = z_1/\cos\theta \\ r_2 = x_1\sin\theta - z_1\tan\theta\cos\theta\cos2\phi \end{cases} \tag{6-3}$$

　　综合式（6-2）和式（6-3），可以得到对应斜距 r 和地距 g 分别为

$$r = x_1\sin\theta + z_1\sin\theta\tan\theta\sin^2\phi \tag{6-4}$$

$$g = \frac{r}{\sin\theta} = x_1 + z_1\tan\theta\sin^2\phi \tag{6-5}$$

　　散射中心对应的方位向坐标与二次散射信号的多普勒频率有关。设 τ 为方位向慢时间，λ 为电磁波波长，v_s 为传感器沿着方位向的速度，r_0 为目标与传感器最近的距离，目标与位于慢时间 τ 的传感器的斜距为 $r(\tau) = \sqrt{r_0^2 + v_s^2\tau^2}$，其对应多普勒频率为

$$f_\tau = -\frac{2}{\lambda}\frac{\mathrm{d}r(\tau)}{\mathrm{d}\tau} \tag{6-6}$$

　　墙面点 P_1 和地面点 P_2 的多普勒频率分别为

$$f_{\tau,1} = -\frac{2v_s^2}{\lambda}\frac{\tau - \tau_1}{\sqrt{r_1^2 + v_s^2(\tau - \tau_1)^2}} \tag{6-7}$$

$$f_{\tau,2} = -\frac{2v_s^2}{\lambda}\frac{\tau - \tau_2}{\sqrt{r_2^2 + v_s^2(\tau - \tau_2)^2}} \tag{6-8}$$

其中，τ_1 和 τ_2 分别为 P_1 和 P_2 对应的零多普勒慢时间。

　　路径 $\boldsymbol{P}_1\boldsymbol{P}_2$ 引起的多普勒频率为

$$f_{\tau,12} = -\frac{2}{\lambda}\frac{\mathrm{d}r_{12}(\tau)}{\mathrm{d}\tau} \tag{6-9}$$

则二次散射信号对应的多普勒频率为

$$f_{db} = f_{\tau,1} + f_{\tau,12} + f_{\tau,2} = -\frac{2v_s^2}{\lambda}\left[\frac{\tau-\tau_1}{\sqrt{r_1^2+v_s^2(\tau-\tau_1)^2}} + \frac{\tau-\tau_2}{\sqrt{r_2^2+v_s^2(\tau-\tau_2)^2}}\right] - \frac{2}{\lambda}\frac{\mathrm{d}r_{12}(\tau)}{\mathrm{d}\tau} \quad (6\text{-}10)$$

其中，$r_{12}(\tau)$ 对方位向慢时间 τ 的变化不敏感，可以近似认为 $f_{\tau,12} \approx 0$。二次散射中心的零多普勒时间为

$$\tau_{db} = \frac{r_1\tau_2 + r_2\tau_1}{r_1 + r_2} \approx \frac{\tau_1 + \tau_2}{2} \quad (6\text{-}11)$$

因此，散射中心对应的方位向坐标为

$$a = (y_1 + y_2)/2 = y_1 + z_1\tan\theta\sin\phi\cos\phi \quad (6\text{-}12)$$

综合式（6-1）、式（6-5）和式（6-12），可以得出

$$g = a\tan\phi \quad (6\text{-}13)$$

即二次散射中心位于墙角线上，这与图像中观察到的现象一致。距离徙动表示为

$$M = (M_R, M_A) = z_1\tan\theta\sin\phi(\sin\phi, \cos\phi) \quad (6\text{-}14)$$

由式（6-14）可知，距离徙动与墙面点的高度成正比，则距离徙动最大的墙面顶点 A 对应的距离徙动 $L_0 = h\tan\theta\sin\phi$。二次散射中心形成的亮线长度表示为

$$L = l + L_0 \quad (6\text{-}15)$$

2. 散射过程 2 对距离徙动的影响

图 6-9 为散射过程 2 对应的电磁波传播 $S_g \leftrightarrow D_w$ 示意图，电磁波信号经地面上点 $P_3(x_3, y_3, 0)$ 反射到墙面点 P_4，最后漫反射回传感器。电磁波入射方向矢量 $k_3 = k_1 = (\sin\theta, 0, -\cos\theta)$，地面法线方向 $n_g = (0,0,1)$，地面反射方向矢量为 $k_{34} = k_3 - 2(k_3 \cdot n_g)n_g = (\sin\theta, 0, \cos\theta)$，点 P_4 坐标为

$$\begin{cases} x_4 = y_3\tan\phi \\ y_4 = y_3 \\ z_4 = (y_3\sin\phi - x_3\cos\phi)\cot\theta\sec\phi \end{cases} \quad (6\text{-}16)$$

该条射线对应斜距为

$$r' = (r_3 + r_{34} + r_4)/2$$
$$\begin{cases} r_3 = x_3\sin\theta \\ r_{34} = (y_3\sin\phi - x_3\cos\phi)\csc\theta\sec\phi \\ r_4 = y_3\tan\phi(\sin\theta - \cos\theta\cot\theta) + x_3\cos\theta\cot\theta \end{cases} \quad (6\text{-}17)$$

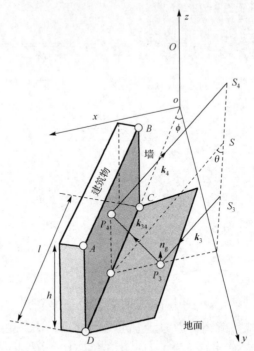

图 6-9　二次散射过程 2 的几何模型示意图

则对应斜距可表示为

$$r' = y_3 \tan\phi \sin\theta \tag{6-18}$$

对应地距为

$$g' = y_3 \tan\phi \tag{6-19}$$

射线的方位向信号中心为

$$a' = (y_3 + y_4)/2 = y_3 \tag{6-20}$$

则有

$$g' = a' \tan\phi \tag{6-21}$$

即二次散射中心位于墙角线上，这与图像中观察到的现象一致。可以看出该散射过程对应的散射中心没有方位向距离徙动，点 P_3 对应的散射中心为墙角线与 P_3 所在的电磁波入射平面的交点。因此，二次散射中心形成的亮线对应的长度等于墙面长度如式（6-22）所示：

$$L' = w \tag{6-22}$$

3. 距离徙动对二次散射中心信号强度的影响

二次散射中心的距离徙动除了造成散射中心在图像位置上的偏移，还会造成二次散射亮线的灰度分布不均匀。二次散射中心的信号强度与形成散射中心的贡献面有关。如图 6-10 所示，对于散射过程 1，对散射中心 $P_1(\chi)$ 有贡献的墙面区域为墙面与平面（$y+\dfrac{1}{2}z\tan\theta\sin 2\phi-\chi=0$）的交线，即图 6-10 中墙面的倾角为 $\alpha=a\cot(\tan\theta\sin\phi)$ 的倾斜直线，亮度大小与该倾斜直线的长度成正比，从而导致对应二次散射中心亮度分布不均匀。

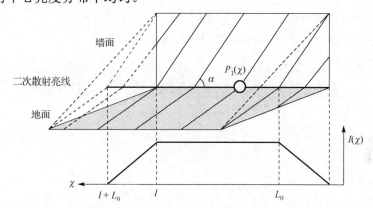

图 6-10　散射过程 1 对应二次散射亮度曲线

根据成像角度和墙面的几何结构，存在三种可能的类型，如图 6-11 所示。第一种类型为 $L_0<l$，即墙面顶点 B 对应的散射中心偏移量 L_0 小于墙面长度 l，二次散射线亮度先增大到最大值，然后保持不变，最后减小到 0；第二种类型为 $L_0=l$，即墙面顶点 B 对应的散射中心偏移量 L_0 等于墙面长度 l，则二次散射线亮度先增大后减小，最大值处为 $\chi=l$；第三种类型为 $L_0>l$，即墙面顶点 B 对应的散射中心偏移量 L_0 大于墙面长度 l，二次散射线亮度变化趋势与第一种类型相同，不同之处在于亮度突变的拐点是相反的。

散射过程 1 对应二次散射中心的归一化亮度曲线 $I_1(\chi)$ 为

$$I_1(\chi)=\begin{cases}\dfrac{\chi}{\min(L_0,l)}, & 0<\chi<\min(L_0,l)\\[2mm] 1, & \min(L_0,l)<\chi<\max(L_0,l)\\[2mm] 1+\dfrac{\max(L_0,l)}{\min(L_0,l)}-\dfrac{\chi}{\min(L_0,l)}, & \max(L_0,l)<\chi<L_0+l\end{cases}\quad(6\text{-}23)$$

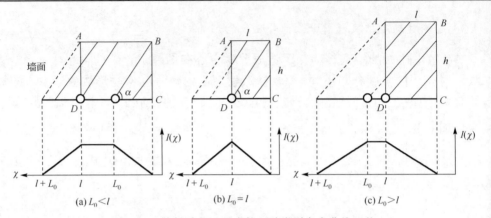

图 6-11　散射过程 1 对应的三种类型亮度曲线形状

对于散射过程 2，如图 6-12 所示，对散射中心 $P_2(\chi)$ 有贡献的墙面区域为墙面与平面（$y-\chi=0$）的交线，为图 6-12 中的墙面垂直线，则其对应的二次散射中心亮度为均匀分布，归一化亮度曲线 $I_2(\chi)$ 为

$$I_2(\chi)=1,\quad 0<\chi<w \tag{6-24}$$

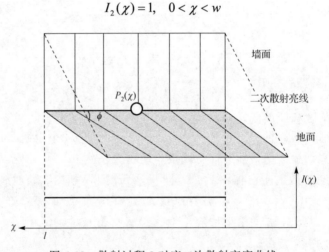

图 6-12　散射过程 2 对应二次散射亮度曲线

二次散射中心的亮度 $I(\chi)$ 为散射过程 1 的亮度曲线 $I_1(\chi)$ 和散射过程 2 的亮度曲线 $I_2(\chi)$ 的加权和，假设 $I_2(\chi)$ 对应的权重为 ϖ，$I_1(\chi)$ 对应权重为 $1-\varpi$，则二次散射亮度曲线 $I(\chi)$ 表示为

$$I(\chi)=(1-\varpi)I_1(\chi)+\varpi I_2(\chi),\quad 0<\chi<L_0+w \tag{6-25}$$

理论上，二次散射亮线曲线的形式如图 6-13 所示，其中图 6-13（a）和图 6-13（b）分别为 $w\geqslant L_0$ 和 $w<L_0$ 对应的归一化曲线。曲线在 $\chi=w$ 和 $\chi=L_0$ 处为拐点，并且满足在 $\chi=L_0$ 处一阶连续二阶不连续，在 $\chi=w$ 处一阶不连续。

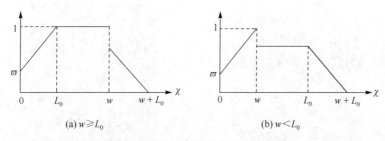

(a) $w \geqslant L_0$　　　　　　　　(b) $w < L_0$

图 6-13　二次散射线的亮度分布曲线

通常情况下，墙面比地面光滑，因此散射过程 1 对应的散射能量大于散射过程 2，因此有 $0 \leqslant \varpi < 0.5$。参数 ϖ 还与墙面和地面粗糙程度有关。墙面越光滑，地面越粗糙，则 ϖ 越小。当 $\varpi = 0$ 时，散射过程 2 的能量忽略不计，亮度曲线满足散射过程 1 对应的特性，满足这种条件通常是建筑物墙面光滑，而地面较粗糙；当参数 $\varpi > 0$ 时，二次散射中心线的亮度曲线是不对称的（图 6-5（c））。

下面借助第 4 章介绍的 SAR 图像模拟方法对这一现象进行分析。假设一个平顶建筑物，图 6-14 为该建筑物对应的三维模型，其长、宽、高分别为 40m、30m、20m，其中长边墙面 F1 对应方位角为 30°，短边墙面 F2 对应方位角为 60°，图像模拟对应入射角为 45°，像元大小为 0.1m×0.1m。图 6-15 为该平顶建筑物墙地二次散射模拟结果，其中图 6-15（a）为建筑物单次散射信号；图 6-15（b）为二次散射和单次散射信号三通道显示：其中 G 通道对应二次散射过程 1 信号，B 通道对应单次散

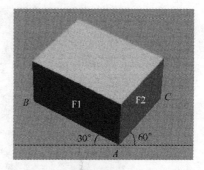

图 6-14　二次散射墙地模拟平顶建筑物三维模型

射信号，从图中可以看出，二次散射过程 1 对应的亮线（绿线）大于建筑物墙角线，墙面 F1 和 F2 对应亮线长度分别为 50m（$l = 40$m，$L_0 = 10$m）和 47.3m（$l = 30$m，$L_0 = 17.3$m）；图 6-15（c）为二次散射和单次散射信号三通道显示：其中 R 通道对应二次散射过程 2 的信号，B 通道对应单次散射信号，从图中可以看出，二次散射过程 2 对应的亮线（红线）与建筑物墙角线长度相等；图 6-15（d）为二次散射和单次散射信号三通道显示：R 通道对应二次散射过程 2 信号，G 通道对应二次散射过程 1 信号，B 通道对应单次散射信号，墙角线处黄线为散射过程 1 和散射过程 2 信号的叠加，两条绿线为散射过程 1 对应的距离徙动。

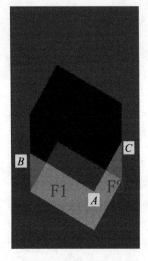

(a) 单次散射信号

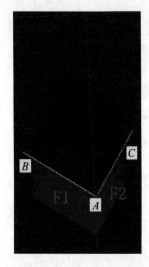

(b) 二次散射和单次散射信号三通道显示：
G-二次散射过程 1 信号，B-单次散射信号

(c) 二次散射和单次散射信号三通道显示：
R-二次散射过程 2 信号，B-单次散射信号

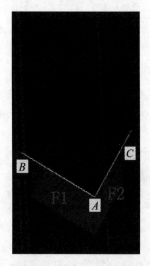

(d) 二次散射和单次散射信号三通道显示：
R-二次散射过程 2 信号，G-二次散射过程
1 信号，B-单次散射信号

图 6-15　平顶建筑物二次散射模拟结果及分析（见文后彩图）

　　图 6-16 为墙面 F1 对应的模拟图像中两种散射过程的亮度曲线，其中粗实线为散射过程 2 对应的亮度曲线，曲线在区间[0，40]保持为 1；细实线为散射过程 1 对应的亮度曲线，虚线为散射过程 1 对应的理论曲线，模拟图像和理论曲线保持一致区间[0，10]从 0 增长到 1，在区间[10，40]保持为 1，在区间[40，50]递减，从 1 减

小到 0。可见，利用图像模拟方法可以很好地模拟出墙地二次散射过程中的距离徙动特征及其亮度曲线变化。

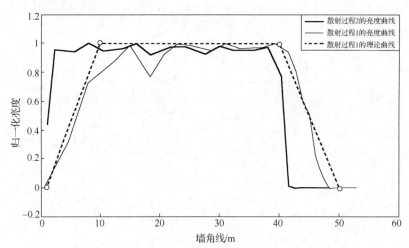

图 6-16　墙面 F1 对应的模拟图像两种散射过程的亮度曲线

6.2.3　考虑二次散射中心距离徙动的建筑物参数反演

二次散射中心线可用于提取墙面长度和建筑物高度，大部分的处理方式是直接将二次散射中心线的长度作为墙面长度。但从 6.2.2 节的分析可以得到，二次散射中心距离徙动导致二次散射中心线的长度大于墙面实际长度以及亮度分布不均匀。因此，如果对于建筑物参数提取的精度要求较高，就需要考虑这一特点的影响，发展更为准确的参数提取方法。

通过 6.2.2 节的分析知道，当已知建筑物成像参数和墙面几何参数时，能够生成对应的二次散射中心线的模拟亮度曲线，该过程可以利用式（6-26）表示。然而该过程不可逆，即无法直接从二次散射线亮度曲线 $I(\chi)$ 来反演建筑物高度 h 和长度 l。针对这个问题，我们采用模板匹配技术从二次散射中心线提取建筑物长度和高度，首先生成各种参数条件下的模拟曲线集，然后找到与真实亮度曲线最佳匹配曲线对应的几何参数，即认为是该建筑物的反演参数。该方法利用了二次散射中心距离徙动对其亮度曲线形状的影响，将建筑物高度和墙面长度的提取问题转化成为形状匹配问题：

$$(h,l,\varpi,\theta,\phi) \to I(\chi) \qquad (6-26)$$

1.　考虑二次散射中心距离徙动的建筑物墙面几何参数反演方法

本节提出的建筑物几何参数反演方法流程如图 6-17 所示，包括三个主要步骤：获取真实亮度曲线和成像参数、生成模拟亮度曲线集和最优曲线匹配。二次散射中心线亮度曲线的提取是在 ENVI 软件平台下通过人工交互方式完成的，由于真实 SAR 图像通常受到干扰，所以亮度曲线的波动性较大，为了减少这些干扰给结果带来的影响，直接提取亮度曲线的包络线。与此同时，还需要确定墙面方位角 ϕ_{db}、入射角 θ_{db} 和像元大小。

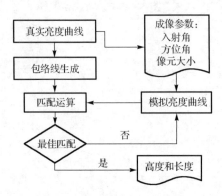

图 6-17　考虑二次散射中心距离徙动的建筑物几何参数反演流程

模拟亮度曲线集包括不同成像参数和几何参数下的二次散射中心线的模拟亮度曲线。对于每一个墙面，其对应的成像参数可以直接从图像获取。因此，确定建筑物高度 h、墙面长度 w 和权重参数 ϖ 的解空间 Ω，如式（6-27），然后利用式（6-25）生成模拟亮度曲线集 S_Ω：

$$\begin{cases} \Omega = \{w, h, \varpi \mid w \in R_w, h \in R_h, \varpi \in R_\varpi\} \\ R_w = [w_{\min}, w_{\max}] \\ R_h = [h_{\min}, h_{\max}] \\ R_\varpi = [\varpi_{\min}, \varpi_{\max}] \end{cases} \tag{6-27}$$

其中，R_w、R_h 和 R_ϖ 分别为变量 w、h 和 ϖ 的取值范围；下标 min 和 max 分别为最小值和最大值。

最优曲线匹配过程是从模拟亮度曲线集 S_Ω 中寻找与真实亮度曲线最佳匹配的曲线 $\overline{I_s(\chi)}$，曲线 $\overline{I_s(\chi)}$ 对应的高度和长度即为该建筑物的反演参数 (w_{est}, h_{est})。采用相关性来计算曲线匹配度，该过程可以用式（6-28）表示：

$$(w_{est}, h_{est}) = \arg\max_\Omega \rho(I(\chi), I_s(\chi) \in S_\Omega) \tag{6-28}$$

其中，ρ 表示两条曲线的相关性，曲线 X 和曲线 Y 的相关性公式如式（6-29）所示

$$\rho(X, Y) = \frac{\sum_{i=1}^{N} (X_i - \overline{X})(Y_i - \overline{Y})}{\sqrt{\sum_{i=1}^{N} (X_i - \overline{X})^2} \sqrt{\sum_{i=1}^{N} (Y_i - \overline{Y})^2}} \tag{6-29}$$

其中，N 为曲线的点数；X_i 和 Y_i 分别为曲线上第 i 点；$\overline{X}$ 和 $\overline{Y}$ 分别为曲线对应的均值。

2. 实验结果和分析

为了对该方法的有效性进行验证，首先利用模拟图像进行实验，然后将该方法应用于高分辨率 TerraSAR-X 图像，并针对实验结果进行分析。

模拟图像采用与 6.2.2 节第 3 部分相同的输入数据；二次散射亮线表现为两种散射过程的加权和，假定权重参数为 0.3，生成对应的模拟二次散射亮线及其归一化亮度曲线如图 6-18 所示，其中图 6-18（a）为模拟二次散射亮线，两条亮线都表现为中间亮，然后向两边递减。墙面 F1 的长度、高度和权重系数的取值范围分别为 $R_w = [30,50]$，$R_h = [15,25]$ 和 $R_\varpi = [0.2,0.4]$，采样间隔分别为 0.1m、0.2m 和 0.05。对式（6-28）寻找最优解为 $(w_{est}, h_{est}) = (40\text{m}, 20\text{m})$，权重系数为 0.3。图 6-18（b）和图 6-18（c）分别为墙面 F1 和墙面 F2 对应的归一化亮度曲线及其对应的最佳匹配曲线，可以看出基于亮度曲线匹配的方法能够从模拟图像中准确提取建筑物的墙面长度和高度。

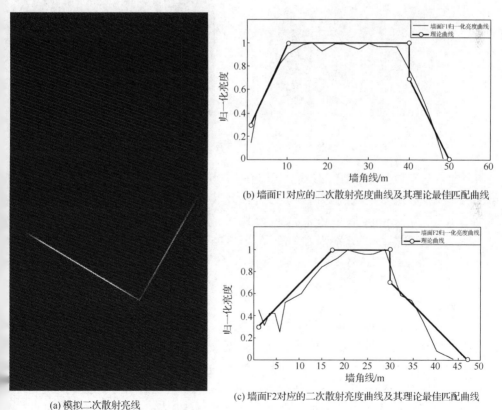

(b) 墙面F1对应的二次散射亮度曲线及其理论最佳匹配曲线

(c) 墙面F2对应的二次散射亮度曲线及其理论最佳匹配曲线

(a) 模拟二次散射亮线

图 6-18　权重参数为 0.3 时对应的模拟二次散射亮线及其归一化亮度曲线

为证明该方法也能从 SAR 图像中准确提取建筑物墙面几何参数，选取高分辨率 TerraSAR-X 图像进行实验。实验区位于东京中央区石川岛公园，图 6-19（a）为实验区三维模型（Google Earth），包含了 4 栋超高层建筑物，虚线矩形框标记出建筑物 1～4 形成二次散射亮线的墙面，其中建筑物 1 为图 6-5 中的建筑物。图 6-19（b）为对应实验区的高分辨率 TerraSAR-X 聚束模式地距图像，距离向从上往下，方位向和距离向分辨率为 1.52m×1.79m，像元大小为 0.5m×0.5m，电磁波照射方向从上往下，实验区对应入射角为 42°，建筑物 1～4 对应成像方位角相同，墙面与方位向之间的夹角为 9.6°，实线矩形框表示建筑物平面轮廓范围，虚线矩形框标记出了二次散射亮线。

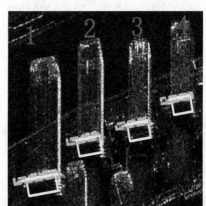

(a) 4 个高层建筑物的三维模型（Google Earth）　　(b) TerraSAR-X 高分辨率聚束模式地距图像，
　　　　　　　　　　　　　　　　　　　　　　　　距离向从上往下

图 6-19　实验区建筑物三维模型和 TerraSAR-X 图像

下面以建筑物 1 为例详细说明实验过程，首先从 TerraSAR-X 图像中提取建筑物 1 的二次散射亮线，获得对应的亮度曲线及其包络线，并将亮度归一化为 0～1。墙面长度、高度和权重系数的取值范围分别为 $R_w = [30,70]$，$R_h = [150,190]$ 和 $R_\varpi = [0,0.4]$，采样间隔分别为 0.1m、0.2m 和 0.05。对式（6-28）寻找最优解为 $(w_{est}, h_{est}) = (50.5m, 172.0m)$，权重系数为 0.1。图 6-20（a）为权重系数为 0.1 时，曲线相关系数与宽度和高度变化曲面，曲面最大值对应最佳匹配曲线，如图 6-20（b）中虚线所示。

采用同样的方法提取其他建筑物目标墙面长度和高度，结果如表 6-2 所示。比较反演值和真实值可以发现，墙面长度和高度反演结果与真实值非常接近，其中墙面长度反演误差均值为-1.8m，相对误差均值为-4.6%；墙面高度反演误差均值为 1.7m，相对误差均值为 1.3%，说明该方法能够提取建筑物的墙面长度和高度。与真实值相比，墙面长度的估计偏小，这是由于建筑物墙面拐角处不是直角，而是有一定弧度，对应的平面轮廓为圆角矩形，从而减少了二次散射墙面的有效长度，所以从 SAR 图像中二次散射亮线提取的墙面长度比实际值偏小。这说明考虑二次散射中心距离徙动对于精确提取建筑物参数具有重要意义，但在实际应用中，由于其复杂，输入考虑多项参数并且涉及 SAR 图像模拟，所以常直接忽略此影响或寻求其他解决办法。

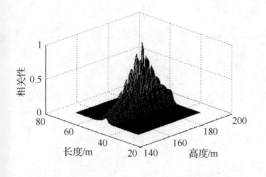

(a) 相关系数随高度和宽度的变化趋势

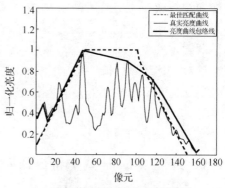

(b) 最佳匹配曲线、真实亮度曲线、
亮度曲线包络线

图 6-20　建筑物 1 参数反演过程结果

表 6-2　建筑物参数提取结果

编号	墙面长度/m	提取墙面长度/m	长度提取误差/m	长度提取相对误差/%	有效高度/m	提取有效高度/m	高度提取误差/m	高度提取相对误差/%
1	52.0	50.5	-1.5	-2.9	171.0	172.2	1.2	0.7
2	43.2	41.6	-1.6	-3.7	142.3	144.4	2.1	1.5
3	35.4	33.4	-2.0	-5.6	117.1	119.8	2.7	2.3
4	33.3	31.2	-2.1	-6.3	111.7	112.6	0.9	0.8
		均值	-1.8	-4.6		均值	1.7	1.3

6.3　基于几何模型匹配的 SAR 图像建筑物高度反演方法

建筑物的高度反演是进行城市监测、灾害评估、数字地球建设等工作的基础（Thiele et al., 2007）。SAR 作为一种重要的遥感方式，是提取建筑物高度的常用手段之一，对于灾害监测与应急响应具有重要意义。随着 SAR 图像分辨率的不断提高，利用高分辨率 SAR 图像提取建筑物高度成为热点研究方向。

国内外学者已经围绕高分辨率 SAR 图像建筑物高度反演开展了一系列研究，现有的方法主要可以分为三大类：特征直接测量法（Bennett and Blacknell, 2003）、电磁散射反演法（Chen et al., 2012）和模型匹配法（傅兴玉等，2012；蒋李兵等，2012；Sportouche et al., 2011; Brunner et al., 2010; Quartulli and Datcu, 2004）。特征直接测量法是对建筑物的叠掩、阴影等特征进行人工测量或自动提取，并根据这些特征的大小推算出建筑物高度，因此对特征提取方法提出了很高的要求。电磁散射反演法主要是建立二次散射特征的电磁散射模型，根据后向散射系数反演建筑物高度，需要获取介电常数、粗糙度等先验参数，实用性较低。模型匹配法是通过构造建筑物成像模型并与实测 SAR 图像进行匹配，将高度提取转化为匹配函数的优化问题，这类方法通常在模型生成阶段涉及 SAR 图像模拟以及复杂的投影方程，而且在建立匹配函数时常利用成像特征之间的差异，需要各个特征均具有较好的完整性，降低了该方法的实用性。

针对上述现状，本节提出了一种新的基于高亮模型匹配的 SAR 图像建筑物高度反演方法。首先对建筑物成像特征进行分析，并对其中最为显著的高亮特征进行模型构建，然后在生成的高亮模型与 SAR 图像间建立匹配函数，最后通过多种群遗传算法对匹配函数进行优化，实现建筑物的高度反演（徐旭，2014）。

6.3.1　建筑物 SAR 成像特征几何模型构建

建筑物在 SAR 图像中的叠掩、阴影等特征包含了建筑物的几何信息，因此在对建筑物的成像特征进行分析的基础上，对这些特征采用适用的几何模型进行表示是提取建筑物信息的基础。由第 2 章、第 3 章关于建筑物散射特征的分析可知，建筑物在 SAR 图像中的成像特征可以分为三大类：高亮特征，包括叠掩、二次散射以及尖顶建筑物正对入射方向的屋顶单次散射；中亮特征，包括平顶建筑物屋顶的单次散射；暗特征，主要指阴影。三类特征均包含了建筑物的几何参数，但在实际场景中，屋顶单次散射的特征不明显，很难提取和利用，而阴影区域由于斑点噪声以及周围地物的影响很难保持区域的完整性，会对建筑物参数提取带来很大误差，所以利用高亮特征可以更加有效地实现建筑物信息提取。下面分别对平顶屋和尖顶屋两种典型建筑物的高亮特征几何模型的构建过程进行介绍。

1. 平顶建筑物

平顶建筑物可以简化为一个长方体模型。根据第 3 章的分析，对于简单建筑物而言，特征基元的形状与成像参数之间的关系是确定的，当给定建筑物几何结构参数和 SAR 成像参数后，基于 SAR 成像原理可以确定基元坐标。

图 6-21 为一个平顶建筑物目标 $ABCH$-$DEFG$ 经过投影后在二维 SAR 图像空间中的成像特征示意图。为了定量描述该成像空间中的建筑物，定义一组参数进行表征，表示为 $M_B = \{x_0, y_0, l, w, h, \phi, \theta\}$，其中 $x_0 = x_B$，$y_0 = y_B$，x_B 和 y_B 分别为角点 B 的坐标，l、w 和 h 分别为建筑物长、宽和高，ϕ 为建筑物的方位角，定义为建筑物长边与距离向的夹角。

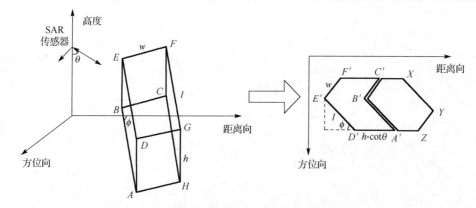

图 6-21　平顶建筑物 SAR 成像特征几何模型示意图

由图 6-21 可以看出，平顶建筑物的高亮特征 $A'B'C'F'E'D'$ 是由两个平行四边形 $A'B'E'D'$ 和 $B'C'F'E'$ 组成的，其中边 $A'D'$ 的长度 d 可以根据投影关系得到

$$d = h \cdot \cot \theta \qquad (6\text{-}30)$$

$A'B'E'D'$ 的边长是 d 和建筑物宽 w，$B'C'F'E'$ 的边长是 d 和建筑物长 l，而且两个平行四边形的内角均可以由方位角 ϕ 表示。因此模型 $A'B'C'F'E'D'$ 可以由建筑物在场景中的表征参数 $M_B = \{x_0, y_0, l, w, h, \phi, \theta\}$ 唯一确定。模型的各个顶点的坐标如表 6-3 所示。

表 6-3　平顶建筑物高亮特征几何模型顶点坐标

点号	x	y
A'	$x_0 + l \cdot \cos \phi$	$y_0 + l \cdot \sin \phi$
B'	x_0	y_0
C'	$x_0 + w \cdot \sin \phi$	$y_0 - w \cdot \cos \phi$
D'	$x_0 + l \cdot \cos \phi - h \cdot \cot \theta$	$y_0 + l \cdot \sin \phi$
E'	$x_0 - h \cdot \cot \theta$	y_0
F'	$x_0 + w \cdot \sin \phi - h \cdot \cot \theta$	$y_0 - w \cdot \cos \phi$

2. 尖顶建筑物

尖顶建筑物模型也可以用一系列参数来表示。现实生活中的尖顶建筑物大多是对称的人字形，即尖顶的前坡宽度和后坡宽度是相等的，因此这里主要对这一类目标进行分析。图 6-22 为一个尖顶建筑物目标经过投影后在二维 SAR 图像空间中的成像特征示意图。为了定量描述该成像空间中的建筑物，定义一组参数进行表征，表示为 $M'_B = \{x_0, y_0, l, w, h, \phi, \theta, \alpha\}$，前 7 个参数与平顶建筑物的意义相同，而参数 α 表示房屋倾角（徐旭，2014）。

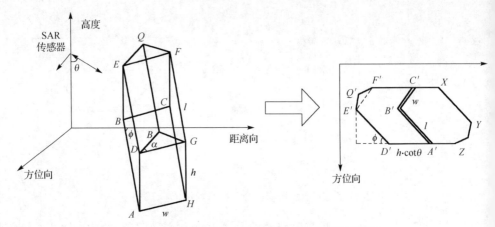

图 6-22　尖顶建筑物 SAR 成像特征几何模型示意图

由图 6-22 可以看出，尖顶建筑物的高亮特征几何模型具有特殊的形状，由两个平行四边形 $A'B'E'D'$ 、 $B'C'F'E'$ 和三角形 $Q'F'E'$ 组成，每部分均可以由参数 $M'_B = \{x_0, y_0, l, w, h, \phi, \theta, \alpha\}$ 唯一确定。模型的各个顶点的坐标如表 6-4 所示。

表 6-4　尖顶建筑物高亮像元几何模型顶点坐标

点号	x	y
A'	$x_0 + l \cdot \cos\phi$	$y_0 + l \cdot \sin\phi$
B'	x_0	y_0
C'	$x_0 + w \cdot \sin\phi$	$y_0 - w \cdot \cos\phi$
D'	$x_0 + l \cdot \cos\phi - h \cdot \cot\theta$	$y_0 + l \cdot \sin\phi$
E'	$x_0 - h \cdot \cot\theta$	y_0
F'	$x_0 + w \cdot \sin\phi - h \cdot \cot\theta$	$y_0 - w \cdot \cos\phi$
Q'	$x_0 + w \cdot \sin\phi / 2 - (h + w \cdot \tan\alpha / 2) \cdot \cot\theta$	$y_0 - w \cdot \cos\phi / 2$

6.3.2　基于模型匹配的建筑物高度反演方法

1. 方法概述

本节提出的基于模型匹配的 SAR 建筑物高度反演方法的流程如图 6-23 所示。首先根据 SAR 成像参数和建筑物参数构造建筑物的高亮特征模型，在此基础上建立模型与 SAR 图像之间的匹配函数，最后利用函数优化算法获取匹配函数的最优解。匹配函数最大时对应的假设高度即为所求的建筑物高度。下面针对平顶建筑物和尖顶建筑物成像特征的差异，分别对两种不同类型建筑物的高度反演方法和过程进行具体介绍。

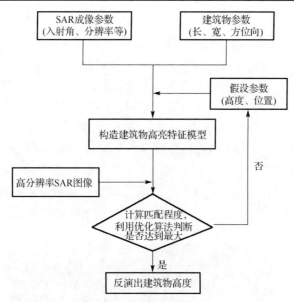

图 6-23　基于模型匹配的建筑物高度反演方法流程图

1）平顶建筑物

建筑物的高亮模型可以由建筑物几何参数和 SAR 成像参数确定。利用 6.1 节提取 L 形高亮特征中心线的方法可以获取平顶建筑物的长、宽和方位向参数，未知参数即建筑物的高度和建筑物在 SAR 图像中的位置，因此可以将平顶建筑物的高度反演转化为模型匹配问题：

$$\tilde{h} = \arg \max_{h,(x_0,y_0)} M\left[\tilde{X}(h,(x_0,y_0)), X\right] \tag{6-31}$$

其中，$\tilde{X}$ 表示生成的高亮特征几何模型，由高度 h 和匹配时的位置参数 (x_0, y_0) 表示；X 表示 SAR 图像；M 是匹配函数，表征了模型与 SAR 图像的匹配程度。搜索参数 h 和 (x_0, y_0)，当生成的特征模型与 SAR 中的特征达到最佳匹配时，对应搜索到的参数 h 即为反演出的该平顶建筑物的高度。图 6-24 为模型初始状态以及与 SAR 图像达到最佳匹配时的状态。

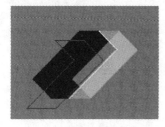

(a) 模型初始状态

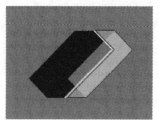

(b) 最佳匹配状态

图 6-24　平顶建筑物模型匹配示意图

2）尖顶建筑物

相比于平顶建筑物，尖顶建筑物的未知参数除了墙边高度 h 和匹配时的位置参数 (x_0, y_0)，还有房屋倾角 α，而且其成像特征更加复杂，因此参数反演过程与平顶建筑物有所差别。尖顶建筑物的模拟 SAR 图像如图 6-25 所示，其中顶点 Q 是建筑物屋顶顶点的投影，当房屋倾角为 0° 时，Q 成为 EF 上的一点，建筑物退化为平顶屋。因此 Q 的存在是尖顶的表征，Q 与边 EF 偏离越大，屋顶倾角也就越大。屋顶倾角与匹配函数的其他参数（高度和位置参数）相比，对匹配函数的影响相对要小，因为 Q 偏离 EF 的程度对模型形状的变化影响不大。如果直接求解高度 h、位置参数 (x_0, y_0) 和房屋倾角 α 建立匹配函数，可能无法得到参数 α 的准确值。因此对于尖顶建筑物，根据其成像特征，设计了两步匹配的方法，以实现最终高度和房屋倾角参数的提取。

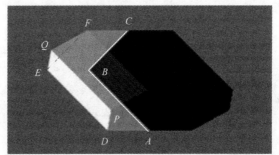

图 6-25　尖顶建筑物模拟 SAR 图像

首先将顶点 E 和 F 相连，可以发现多边形 $FEDABC$ 是由两个平行四边形组成的，而且与平顶建筑物的高亮模型一致。因此可以按照反演平顶建筑物的方法，先由参数 h 和 (x_0, y_0) 生成模型 $FEDABC$，并与 SAR 图像建立匹配函数。通过对匹配函数的优化实现 h 和 (x_0, y_0) 的反演。尽管多边形 $FEDABC$ 内部像元灰度不一致，但是灰度与周围相比均偏高，而且模型的形状也会产生约束，因此不影响匹配函数的优化求解。

顶点 Q 与房屋倾角相关，Q 的坐标可以通过房屋倾角表示，因此如果得到 Q 点坐标，即可实现房屋倾角的提取。模型 $QEDP$ 表现为高亮的平行四边形，通过匹配 $QEDP$ 可以获取 Q 点的位置。对于平行四边形 $QEDP$，E 和 D 点的位置在第一次匹配后成为已知参数，为了表示 $QEDP$，只需要另外两个参数：QE 的长度 Δl、QE 与 ED 的夹角 β。通过 Δl 和 β 生成平行四边形模型，并与 SAR 图像进行匹配，当达到最佳匹配状态时对应的参数即为所求参数，从而实现房屋倾角的反演。

2. 匹配函数设计

匹配函数的优劣直接决定了最终参数估计的准确性，在匹配高亮模型与 SAR 图像时，主要是利用 SAR 图像中高亮特征与周围区域的灰度差异，将生成的模型向外膨胀 5～10 个像元作为模型的周围区域,当模型与 SAR 图像中的高亮区域实现匹配时,模型周围区域包含像元与模型内部像元存在明显的差异。为了全面地对模型的内外差异进行描述,我们综合利用灰度分布、灰度均值和边界信息三个方面的信息进行匹配函数的设计。

1)基于 Hellinger 距离的灰度分布差异

Hellinger 距离是用于衡量概率分布间相似度的一种距离度量方式(DasGupta, 2008)。对于两个连续性概率分布 $P(X)$ 和 $Q(X)$,它们之间的 Hellinger 距离定义为

$$H(P,Q) = \sqrt{\int \left(\sqrt{p(x)} - \sqrt{q(x)} \right)^2 \mathrm{d}x} \tag{6-32}$$

其中,$p(x)$ 和 $q(x)$ 分别表示概率分布 $P(X)$ 和 $Q(X)$ 的分布密度。对于可数空间 X,即分布是离散型的,则两个分布之间的 Hellinger 距离定义为

$$H(P,Q) = \sqrt{\sum_{x \in X} \left(\sqrt{p(x)} - \sqrt{q(x)} \right)^2} \tag{6-33}$$

Hellinger 距离具有非负性和对称性的特点,可以有效识别概率分布间的差异性。当两个分布之间的 Hellinger 距离越小时,说明分布相似度越大;若两个分布之间的 Hellinger 距离较大,说明分布之间具有较大的差异。

当生成的高亮特征模型与 SAR 图像高亮特征实现最佳匹配时,模型内部的灰度分布一致性最好,与周围区域之间的灰度分布差异最大,灰度概率分布之间的 Hellinger 距离达到最大。因此,以模型内部像元的灰度概率分布与周围区域像元的灰度概率分布之间的 Hellinger 距离作为匹配函数,表示如下:

$$M_1 = \sqrt{\sum_{i=1}^{n} \left(\sqrt{p_i} - \sqrt{q_i} \right)^2} \tag{6-34}$$

其中,p_i 和 q_i 分别表示模型内部区域与模型周围区域内灰度为 i 的像元的出现概率;n 表示灰度级。

2)灰度均值差异

高亮特征的灰度与周围区域有显著差异,因此可以将灰度均值的差值作为匹配函数,表示如下:

$$M_2 = |u_1 - u_2| \tag{6-35}$$

其中,u_1 表示生成的几何模型所包含的像元的灰度均值;u_2 表示模型周围区域内的像元灰度均值。

3)模型边界信息

当生成的模型与高亮特征匹配时,模型与周围区域应该具有明显的边界,因此可以利用模型边界像元的梯度信息构造匹配函数,表示如下:

$$M_3 = \frac{1}{N} \sum_N \sum_{p \in L} \mathrm{grad}(p)$$ 　　　　　　　(6-36)

其中，N 是生成的模型边界上的像元个数；p 是边界像元的灰度值；$\mathrm{grad}(p)$ 表示像元 p 的梯度。

以上分别从灰度和边界等方面对匹配函数进行了设计。在 SAR 图像中，由于斑点噪声以及周边地物等因素的影响，高亮特征的边界可能不是非常明显，内部的像元灰度分布也会受到干扰，运用单一的匹配函数可能无法获得很好的匹配结果。因此，将上述的匹配函数进行组合形成新的匹配函数，使其在匹配时具有更强的抗干扰性，可以得到更加稳健的结果。新的匹配函数表示为

$$M = M_1 + w_1 M_2 + w_2 M_3$$ 　　　　　　　(6-37)

其中，w_1 和 w_2 表示权重因子，可根据实际情况对不同匹配函数所起的作用进行调节。

3. 基于多种群遗传算法的参数优化求解

通过建立几何模型与 SAR 图像之间的匹配函数，建筑物高度提取问题转化为使匹配函数最大化的优化问题。由于匹配度函数由多个参数表示，在对参数进行搜索时具有一定的复杂度，传统的精确优化算法、近似优化算法可能无法直接求解。随着优化理论的发展，一些现代智能优化算法被提出来，并得到了迅速发展和广泛应用。现代智能优化算法主要包括模拟退火算法、遗传算法、神经网络优化算法、蚁群算法等。它们通过模拟揭示自然现象和过程来实现，能在巨大的搜索空间中迅速找到一个满意解，实现函数的优化。

遗传算法是现代智能优化算法中应用最为广泛的算法之一，对于一些非线性、多模型、多目标的函数优化问题，均可以取得较好的结果（John, 1992）。然而，随着遗传算法的广泛应用和研究的深入，其缺陷与不足也暴露出来，主要是早熟收敛问题。为了克服该问题，许多学者对遗传算法的改进进行了探索，后来发展的多种群遗传算法是其中较好的方法之一。多种群遗传算法引入多个种群对解空间进行协同搜索，兼顾算法全局搜索和局部搜索能力，降低了遗传控制参数的设定不当对规划结果的影响，对抑制未成熟收敛的发生有明显的效果，在优化复杂函数时可以有效避免收敛到局部极值的情况发生。本节需要优化的函数涉及模型与图像的交互计算，函数空间分布不可预测，为了防止过早收敛，采用多种群遗传算法进行求解。

遗传算法的思想是运用群体搜索技术，将问题解用种群表示，种群包含的多个个体对应每一个解，通过对种群进行选择、交叉和变异等一系列遗传算子产生新一代种群，直到种群进化到包含近似最优解的状态。多种群遗传算法在标准遗传算法的基础上引入了多种群的策略，各种群间通过移民算子实现关联，并采用精英保留机制实现最终的搜索。以下结合建筑物高度反演问题，对多种群遗传算法的各个步骤进行说明。

1）染色体编码

遗传算法在进行搜索之前先将解空间中的解表示成基因型串结构数据，称为染色体或个体。染色体的每一位表示解的其中一个参数，称为基因。本节的优化函数均由实值变量组成，因此采用实数编码方式，即染色体的每一位用一个实数表示。

2）初始化种群

染色体编码后需要进行种群的初始化，并在初始种群的基础上一步步进化，这里采用常用的随机初始化方法。由于采用多种群策略，需要生成多个种群。设种群数目为 N_M，每一个种群随机生成 N_p 个染色体，染色体长度取决于参数个数。

3）适应度函数

适应度函数用来评价种群中个体的优劣程度。可以直接将前面定义的匹配函数作为适应度函数，对每一个个体的优劣进行判断。

4）遗传操作

遗传操作就是对种群中的个体按照它们对环境适应的程度施加一定操作，从而实现优胜劣汰的进化过程。遗传操作包括三个基本遗传算子：选择、交叉和变异，多种群遗传算法还涉及移民和精英保留操作。

（1）选择。从种群中选择优胜的个体、淘汰劣质个体的操作叫选择。选择的目的是把优秀的个体直接遗传到下一代或通过配对交叉产生新的个体再遗传到下一代，本节选择最常用的适应度比例方法进行选择操作。适应度比例方法也叫赌轮或蒙特卡罗选择，在该方法中，各个个体的选择概率和其适应度成正比。这里将个体的适应度在整个种群的个体适应度总和中所占的比例作为选择概率，个体适应度越大，其被选择的概率越高。

（2）交叉。生物遗传基因的重组在生物进化过程中起核心作用，交叉即是以一定的交叉概率对两个个体的部分基因进行交换，从而生成新的个体。本节采用算术交叉方法对实数编码的个体进行运算，主要是将交叉概率作为权值，对两个个体进行加权操作，从而生成新的个体。

（3）变异。变异是指以设定的变异概率对个体的某些基因值进行变动。变异使遗传算法具有局部的随机搜索能力，并且维持种群的多样性，防止过早收敛。变异的方式有很多种，本节采用均匀变异（uniform mutation）算子，主要是用符合某一范围内均匀分布的随机数，以某一概率对各个基因值进行替换。

交叉概率和变异概率是遗传算法中十分重要的控制参数，它们的取值决定了算法全局搜索和局部搜索能力的均衡。交叉算子是产生新个体的主要算子，它决定了遗传算法全局搜索的能力；而变异算子是产生新个体的辅助算子，决定了局部搜索能力。通常交叉概率和变异概率取固定值，但设定的值可能并不是最佳的，影响最终的优化结果。多种群遗传算法弥补了这个不足，不同的种群可以取不同的控制参数，兼顾全局搜索和局部搜索。实际操作时，在[0.7, 0.9]区间内随机产生交叉概率，在[0.001, 0.05]区间内随机产生变异概率，将产生的概率作为每一个种群的控制参数。

（4）移民。各个种群是相对独立的，相互之间通过移民操作联系。移民是将各个种群在进化过程中出现的最优个体定期地引入其他种群中，实现种群间的信息交换。具体操作时，将目标种群中的最差个体用源种群的最优个体代替。

（5）精英保留。精英保留是一种个体保留策略，在每代的进化过程中，通过人工选择方式选择其他种群中一定数目的最优个体，构成精华种群并加以保存。具体操作时，对每一个种群进行评价，取每个种群适应度最高的个体存入精华种群中。精华种群不进行选择、交叉、变异等操作，保证进化过程中各个种群产生的最优个体不被破坏和丢失。

5）终止条件

多种群遗传算法涉及多个种群运算，一般采用精华种群中的最优个体最少保持代数作为终止判据。这种判据充分利用了遗传算法在进化过程中的知识累积，与常用的连续一定代数最优个体不变化的判断条件相比更为合理。

6.3.3　实验结果与分析

1. 平顶建筑物

1）模拟 SAR 图像实验

为了验证方法的有效性，首先对模拟 SAR 图像进行了实验。图 6-26（a）为一个平顶建筑物的模拟 SAR 图像，建筑物的长度 $l = 50$ m，宽度 $w = 20$ m，高度 $h = 15$ m，方位角 $\phi = 45°$。雷达入射角是 45°，SAR 图像像元大小为 0.75m×0.75m，并加上了方差 0.1 的乘性噪声。

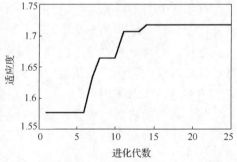

(a) $\phi = 45°$时建筑物模拟SAR图像　　　　　(b) 遗传算法每一代最优个体适应度变化曲线

图 6-26　平顶建筑物模拟 SAR 图像与最优个体适应度变化曲线

运用多种群遗传算法对参数进行最优估计，将种群数目设为 10，每个种群包含 20 个个体。图 6-26（b）表示每一代的最优个体对应的适应度变化曲线。当运行到 25 代时，精华种群中的某个精华个体保持了 10 代以上，认为匹配函数取得了最优解。图 6-27 是进化代数为 1、5、25 时对应的参数生成的高亮特征几何模型与 SAR 图像叠加显示的结果。可以看出，随着进化代数的增加，生成的高亮模型与 SAR 图像中的高亮特征逐渐匹配。由第 25 代最优解对应的模型与 SAR 图像的叠加显示结果可以看出两者实现了很好的匹配，求得的最优解为 $(h,(x_0,y_0)) = (15.13, (110.75, 44.25))$。反演得到的建筑物高度 15.13m 与真实高度 15m 非常接近。

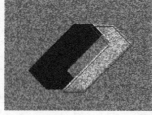

(a) 进化代数为 1　　　　　　(b) 进化代数为 5　　　　　　(c) 进化代数为 25

图 6-27　高亮模型与 SAR 图像叠加显示结果

为了进一步说明方法的普适性，我们还对其他方位向的模拟 SAR 图像进行了实验。在这些模拟图像中，建筑物的方位角分别为 0°、15°、30°、45°、60°、75°、90°，而其他参数与图 6-26（a）中建筑物一致。图 6-28 是利用该方法反演得到的高度误差绝对值的分布，可以看出，对于不同方位向的建筑物，反演的高度平均误差为 0.44m，最大误差不超过 1m。

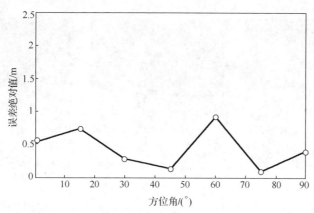

图 6-28　不同方位向模拟 SAR 图像建筑物反演高度误差分布

2）真实 SAR 图像实验

模拟 SAR 图像实验结果表明基于模型匹配的方法可以实现 SAR 图像建筑物高

度的反演，下面再对真实 SAR 图像进行实验。实验样本为图 6-4（a），下面以图中的建筑物 A1 为例对该方法的实现过程进行详细说明。

首先获取建筑物 A1 的 SAR 图像切片，如图 6-29（a）所示。运用模型匹配的方法反演建筑物高度，图 6-29（b）是多种群遗传算法在进行函数优化时每一代最优个体适应度的变化曲线。图 6-30 是进化代数为 1、5、31 时对应的参数生成的高亮特征模型与 SAR 图像叠加显示的结果。可以看出，随着进化代数的增加，生成的模型与 SAR 图像逐渐匹配。运行到第 31 代时，精华种群中的某个精华个体保持 10 代以上，得到最优解 $(h,(x_0,y_0)) = (11.33,(135.93,70.14))$。通过测量 SAR 图像距离向剖面上叠掩区域的宽度对建筑物真实高度进行估计，多次测量取平均值得到该建筑物的高度为 12.21m，本节方法得到的建筑物高度为 11.33m，与真实值非常接近。

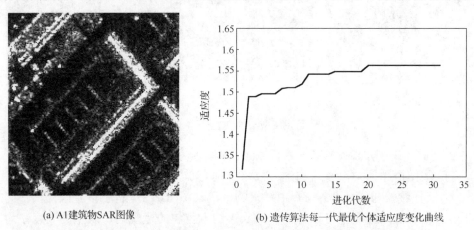

(a) A1建筑物SAR图像　　　　　　(b) 遗传算法每一代最优个体适应度变化曲线

图 6-29　A1 建筑物 SAR 图像和最优个体适应度变化曲线

(a) 进化代数为 1　　　　　　(b) 进化代数为 5　　　　　　(c) 进化代数为 31

图 6-30　高亮模型与 SAR 图像叠加显示结果（见文后彩图）

然后，依次利用该方法对实验区内的 A1～A8 共 8 个建筑物的高度进行反演，并与真实值进行比较，结果如表 6-5 所示。可以看出，利用该方法反演得到的建筑物高度与建筑物高度真实值非常接近，最大误差不超过 1.5m，平均误差约为 1.1m。

表 6-5　SAR 图像建筑物高度反演结果及误差

	A1	A2	A3	A4	A5	A6	A7	A8
反演高度/m	11.33	11.29	13.82	10.49	13.65	12.53	12.31	12.47
实际高度/m	12.21	12.51	13.16	11.75	12.32	11.75	10.83	11.36
绝对误差/m	0.88	1.22	0.66	1.26	1.33	0.78	1.48	1.11

2. 尖顶建筑物

运用本节方法对尖顶建筑物的高度进行反演。图 6-31（a）为一个尖顶建筑物的模拟 SAR 图像，方位角 $\phi = 45°$。建筑物的长度 $l = 60\,\mathrm{m}$，宽度 $w = 40\,\mathrm{m}$，墙面高度 $h = 30\,\mathrm{m}$，房屋倾角 $\alpha = 30°$，雷达入射角是 45°，SAR 图像像元大小为 0.75 m×0.75 m，并加上了方差 0.1 的乘性噪声。

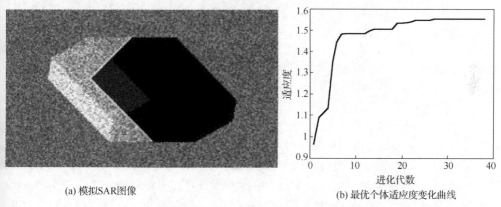

(a) 模拟SAR图像　　　　　　　　　　(b) 最优个体适应度变化曲线

图 6-31　尖顶建筑物模拟 SAR 图像和最优个体适应度变化曲线

首先进行第一次匹配，并运用多种群遗传算法对参数进行求解。图 6-31（b）是每一代最优个体对应的适应度变化曲线。当运行到 38 代时，精华种群中的某个精华个体保持了 10 代以上，可以认为得到了最优解。图 6-32 是进化代数为 1、5、38 时对应的参数生成的模型与 SAR 图像叠加的结果。可以看出，随着进化代数的增加，生成的模型与 SAR 图像逐渐匹配。当达到最佳匹配状态时，得到最优解 $h, (x_0, y_0)) = (30.94, (83.13, 63.52))$。

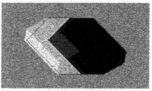

(a) 进化代数为 1　　　　　　(b) 进化代数为 5　　　　　　(c) 进化代数为 38

图 6-32　高亮模型与 SAR 图像叠加显示结果（见文后彩图）

在实现墙面高度的反演后，进行第二次匹配，并同样运用多种群遗传算法求解参数。图 6-33（a）是每一代最优个体对应的适应度变化曲线，当运行到 33 代时，精华种群中的某个精华个体保持了 10 代以上，可以认为得到了最优解。图 6-33（b）为最优解对应的模型与 SAR 图像的叠加显示结果，两者基本吻合。求得的最优解为 $(\Delta l, \beta) = (19.56, 126°)$，由 Δl 和 β 可以计算出建筑物的房屋倾角是 30.77°。可见，反演得到的墙面高度、房屋倾角与真实值均非常接近。

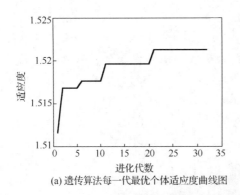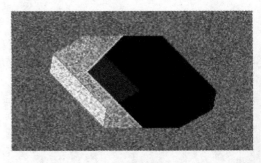

(a) 遗传算法每一代最优个体适应度曲线图　　　　(b) 33代时高亮模型与SAR图像叠加显示结果

图 6-33　最优个体适应度曲线图与第 33 代时高亮模型

同样，我们也对其他不同方位向的尖顶建筑物的模拟图像进行了实验。除了方位向不同，建筑物的长、宽、高、房屋倾角以及 SAR 成像参数与上述一致，实验结果如表 6-6 所示。提取的墙边高的平均误差为 0.91m，提取的房屋倾角的平均误差为 0.93°。根据房屋倾角可以求出建筑物的屋顶高，得到屋顶高的平均误差为 0.43m，建筑物整体高度的平均误差约为 1.31m。

表 6-6　SAR 图像尖顶建筑物高度反演结果及误差

方位角 /（°）	墙边高 /m	房屋倾角 /（°）	屋顶高 /m	提取墙边高 /m	提取房屋倾角/（°）	提取屋顶高/m	整体高度绝对误差/m
15	30	30	11.55	28.91	28.83	11.01	1.63
30	30	30	11.55	30.56	31.10	12.06	1.07
45	30	30	11.55	30.94	30.77	11.91	1.13
60	30	30	11.55	28.76	28.92	11.05	1.74
75	30	30	11.55	30.72	30.52	11.79	0.96

6.4　双视向 SAR 图像建筑物目标参数提取方法

由第 3 章目标 SAR 图像散射特征形成机制的分析可知，由于建筑物目标是具有一定高度的垂直结构，所以在朝向电磁波照射方向的一侧在 SAR 图像上多形成叠掩、二次散射等，而背向电磁波照射方向的一侧往往在 SAR 图像上形成阴影，加上相邻建筑物以及周边地物的遮挡，建筑物目标在 SAR 图像上的特征往往不完整，利用单景 SAR 图像难以准确提取建筑物目标的边界及参数信息。针对这一问题，本节主要介绍融合利用升降轨 SAR 图像进行建筑物目标参数提取的方法。其中 6.4.2 节和 6.4.3 节介绍城区多视向 SAR 配准方法，6.4.4 节介绍利用双视向 SAR 图像进行建筑物边界检测的方法，而 6.4.5 节介绍基于强散射特征模型从双视向 SAR 图像反演建筑物高度的方法。

6.4.1　配准方法综述

在利用多视向、多角度、多时相 SAR 数据对城区信息进行提取时，SAR 图像配准是信息融合和变化监测的前提和基础，包括手动配准方法，以及自动、半自动图像配准方法。常见的图像配准方法主要包括基于灰度的方法、基于特征的方法以及结合灰度和特征的方法（张红等，2009）。

由于相干斑噪声对 SAR 图像的灰度分布造成很大影响，仅利用灰度信息对 SAR 图像进行配准，一般不能得到很好的效果，所以常用基于特征的方法实现 SAR 图像自动配准。基于特征的方法主要是提取出 SAR 图像的点、线、面等特征，然后采用一定的相似性准则对特征进行匹配。康欣等利用 SAR 图像中的强回波目标作为特征，并构造具有仿射不变性的"虚拟"结构三角形作为待匹配区域（康欣等，2006）。Suri 等引入了尺度不变特征变换（Scale-Invariant Feature Transform，SIFT）方法对 SAR 图像进行自动配准（Suri et al.，2010）。

此外，还可以结合特征和灰度信息对 SAR 图像进行配准。尽管 SAR 图像由于相干斑噪声，灰度具有复杂性，但是灰度信息并不是完全不可用的。例如，在基于边缘特征进行图像配准时，局部灰度信息可以减小同名点对匹配精度对边缘特征提取的依赖性，为同名点对的匹配程度提供更客观的评价标准。因此，结合使用两种特性有利于 SAR 图像的配准，成为 SAR 图像自动配准方法的研究热点之一。邓鹏和王宏琦（2003）提出一种典型地物边缘形状信息与局部灰度统计信息相结合的图象配准方法，弥补了仅利用边缘特征或灰度信息的方法在 SAR 图像配准中的不足，并利用 RADARSAT-1 图像进行了实验。尽管现在存在很多 SAR 图像配准方法，但在应用中存在着很大的局限性。现有方法主要适用于地物类型单一的简单场景，对于城区高分辨率 SAR 图像的配准目前以手动配准为主，相关的自动配准方法研究较少。

6.4.2　城区高分辨率 SAR 图像手动配准

SAR 图像配准是广泛意义上的几何纠正，主要纠正图像之间存在的各种畸变，一般是通过选取地面控制点（Ground Control Point，GCP），求取几何变换函数，最后进行重采样使输出图像的空间位置与输入图像对应。SAR 图像配准三个基本步骤（刘璐，2011）如下。

1. 选取地面控制点

一般以特征明显的图像为基准图像，其他为待配准图像，地面控制点的选取遵循以下三个原则。

（1）地面控制点在图像上有明显的、清晰的定位识别标志，如道路交叉点、河流交叉口、建筑边界、农田边界等。

（2）地面控制点对应的地物的后向散射特征不随时间变化，或变化较小。

（3）在没有进行地形纠正的图像上选控制点时，应在统一地形高度上进行。

此外，地面控制点应当均匀分布在整幅图像内，且要有一定的数量保证。地面控制点的数量、分布和精度直接影响配准的效果。控制点的精度和选取的难易程度与图像质量、地物特征及图像的空间分辨率等密切相关。

2. 拟合多项式

选取地面控制点后，采用多项式拟合法进行校正。多项式变换模型的基本思想是回避成像的空间几何过程，直接对影像变形的本身进行数学模拟，认为遥感图像的总体变形可看作平移、缩放、仿射、偏扭、弯曲以及更高次的基本变形的综合作用结果。变换前后图像之间的关系可用一个适当阶次的双变量多项式来表达：

$$u = F_u(x, y) = \sum_{i=0}^{n} \sum_{j=0}^{n-i} a_{ij} x^i y^j$$
$$v = F_v(x, y) = \sum_{i=0}^{n} \sum_{j=0}^{n-i} b_{ij} x^i y^j \tag{6-38}$$

其中，(x, y) 是参考图像中控制点的坐标；(u, v) 是待配准图像中对应控制点的坐标；a_{ij}、b_{ij} 是多项式的常系数。多项式的阶数 n 取决于具体问题所需要的精度和计算速度，一般情况下选择 2 次多项式即可满足要求。

当多项式次数 n 选定后，利用所选定的控制点，按最小二乘法求算多项式系数，根据式（6-38）即可求出每个待配准像元点对应的新坐标。然后用式（6-39）计算每个地面控制点的 RMS：

$$\text{RMS} = \sqrt{(x'-x)^2 + (y'-y)^2} \tag{6-39}$$

其中，x、y 是地面控制点在原图像中的坐标；x'、y' 是相应的多项式计算的控制点的坐标。估算新坐标和原坐标之间的差值大小代表了其每个控制点集合纠正的精度通过计算每个控制点的均方根误差,既可检查有较大误差的地面控制点,又可得到总体均方根误差。如果图像的某一特殊区域只有一个地面控制点,那么剔除它可能导致更大的误差,必要时选取新的控制点或调整旧的控制点。

3. 重采样

重新定位后的像元在原图像中的分布是不均匀的,即输出图像像元点在输入图像中的坐标值不是或不全是整数关系,因此需要根据输出图像上的各像元在输入图像中的位置,对原始图像按一定规则重新采样,进行灰度值的插值计算,建立新的图像矩阵。多项式拟合确定新图像与原始图像的坐标关系,重采样是确定两个图像的灰度关系。常用的重采样有最近邻法、双线性内插法、三次卷积内插法三种方法。

1)最近邻法

该方法是取内插点 p 最近的像元 n 点 (x_n, y_n) 的灰度值 D_n 作为 p 点 (x_p, y_p) 的灰度值 D_p,即

$$D_p = D_n \tag{6-40}$$

其中,$\begin{cases} x_p = 取整(x_n + 0.5) \\ y_p = 取整(y_n + 0.5) \end{cases}$。

输出图像仍然保持原来的像元值,简单且处理速度快。但这种方法最大可产生半个像元的位置偏移,可能造成输出图像中某些地物灰度特征的不连续。

2)双线性内插法

该方法使用邻近 4 个点的像元值,按照其距内插点的距离进行线性内插,是用一个分段线性函数 $w(t)$ 来近似表示灰度内插时周围像点的灰度值对内插点灰度值的贡献大小,该分段线性函数为

$$w(t) = \begin{cases} 1 - |t|, & 0 \leqslant |t| < 1 \\ 0, & 其他 \end{cases} \tag{6-41}$$

设内插点 p 点与周围 4 个最近像元点的关系如图 6-34 所示,像元之间的间隔为,且 p 点到像元点 11 间的距离在 x 和 y 方向的投影分别为 Δx 和 Δy,则内插点 p 的灰度值 D_p 为

$$D_p = [w(\Delta x)\, w(1 - \Delta x)] \begin{bmatrix} D_{11} & D_{12} \\ D_{21} & D_{22} \end{bmatrix} \begin{bmatrix} w(\Delta y) \\ w(1 - \Delta y) \end{bmatrix} \tag{6-42}$$

其中,D_{ij} 为像元点 ij 的灰度值。

双线性内插法具有平均化的滤波效果,边缘受到平滑作用,能产生一个比较连续的输出图像。与最近邻法相比,计算量增加了,但提高了精度,改善了灰度不连

续现象及线状特征的块状化现象。由于这种
方法计算量和精度适中，常常被采用。

3）三次卷积内插法

三次卷积内插法采用内插点周围相邻的
十六个像元点来计算灰度值，这种内插过程
实际上是一种卷积运算，用一元三次重采样
函数 $w(t)$ 来近似表示灰度内插时周围像点的
灰度值对内插点灰度值的贡献大小：

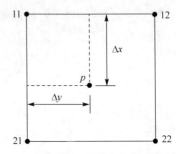

图 6-34　内插点与周围 4 个像元位置关系

$$w(t) = \begin{cases} 1-2|t|^2+|t|^3, & 0 \leqslant |t| < 1 \\ 4-8|t|+5|t|^2-|t|^3, & 1 \leqslant |t| < 2 \\ 0, & |t| \geqslant 2 \end{cases} \qquad (6\text{-}43)$$

如图 6-35 所示，设内插点 p 的最近像元点为 22，像元之间的间隔为 1，且点 p 到点 22 间的距离在 x 和 y 方向的投影分别为 Δx 和 Δy，且内插点 p 的灰度值 D_p 如式（6-44）所示：

$$D_p = [w(1+\Delta x)\ w(\Delta x)\ w(1-\Delta x)\ w(2-\Delta x)] \begin{bmatrix} D_{11} & D_{12} & D_{13} & D_{14} \\ D_{21} & D_{22} & D_{23} & D_{24} \\ D_{31} & D_{32} & D_{33} & D_{34} \\ D_{41} & D_{42} & D_{43} & D_{44} \end{bmatrix} \begin{bmatrix} w(1+\Delta y) \\ w(\Delta y) \\ w(1-\Delta y) \\ w(2-\Delta y) \end{bmatrix} \qquad (6\text{-}44)$$

其中，D_{ij} 为像元点 ij 的灰度值。该方法的优点是对边缘有所增强，细节表现更为清楚，但该方法对控制点选取的均匀性要求更高，且计算量较大。

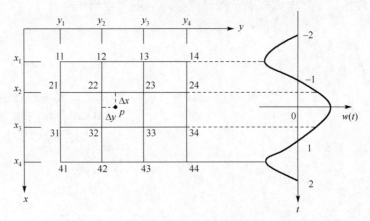

图 6-35　内插点与周围 16 个像元位置关系

　　这里给出两个实例，所用实验图像是德国 2006 年发射的 TerraSAR-X 获取的升降轨图像。实验区一位于北京市石景山区东南部，升轨图像获取于 2008 年 4 月 6 日，HH 极化，中心入射角 30.97°，像元大小为 1.25m×1.25m，距离分辨率 3.6m，方位分辨率 3m；降轨图像获取于 2008 年 4 月 20 日，HH 极化，中心入射角 33.53°，像元大小为 0.75m×0.75m，距离分辨率 2.2m，方位分辨率 1.9m。

　　先将升轨图像用双线性内插法重采样，分辨率调整为 0.75m。由于图像配准时，实验场景不能太小，否则选取地面控制点不准确，我们裁剪包含实验区一的适当大小的图像，如图 6-36（a）和图 6-36（b）所示，虚线框是实验区一所在位置，图 6-36（c）为该场景对应的光学图像。在这个相对较大的场景中，选择 10 个地面控制点，以特征清晰的降轨图像为基准，基于二次多项式模型对升轨图像进行旋转平移变换，最后双线性内插法重采样，得到与降轨图像配准的新的升轨图像。采用两种方法评估配准后的图像：①定量方法，选择的 10 对地面控制点的 RMS 最大值为 0.6583，最小值为 0.0024，平均值为 0.288746，都小于 1，满足配准精度要求；②定性评估，选择 R 和 B 通道为升轨图像，G 通道为降轨图像，利用 RGB 彩色合成对配准精度进行评估，理论依据是在升轨、降轨图像上具有相近灰度特征的地物在彩色合成图像上应该是灰色的。图 6-37 给出了该实验区内 11 个较大的建筑物配准后的影像，其中绿色为降轨图像亮斑部分，紫色为升轨图像的亮斑，两者以不同颜色呈现在同一张图像中，其中重合部分呈现白色，对应建筑物群底部形成的对方位不敏感的强散射特征。从配准后的大场景中，裁剪出实验区一的图像如图 6-38（a）为升轨图像，图 6-38（b）为降轨图像，两幅图像大小为 304×371 像元，可以看出建筑物在不同视向的图像上具有截然不同的特征。

(a) 升轨 SAR 图像　　　　　　(b) 降轨 SAR 图像　　　　　　(c) 光学图像

图 6-36　实验区一配准前双视向 SAR 图像及光学图像

图 6-37　配准后彩色合成图像（见文后彩图）

(a) 升轨图像　　　　　　　　(b) 降轨图像

图 6-38　实验区一配准后的双视向 SAR 图像

　　实验区二是北京市海淀区的永泰东里小区，升轨图像获取于 2008 年 1 月 31 日，HH 极化，中心入射角 32.71°，像元大小 0.75m×0.75m，距离分辨率 2.25m，方位分辨率 1.9m；降轨图像获取于 2010 年 4 月 16 日，HH 极化，中心入射角 45.66°，像元大小 0.75m×0.75m，距离分辨率 1.66m，方位分辨率 1.7m。配准前实验区二所在图像如图 6-39 所示，图 6-39（a）为升轨图像，图 6-39（b）为降轨图像，图 6-39（c）为光学图像，图中虚线框是实验区二所在位置。以升轨图像为基准图像，降轨图像为待配准图像，基于二次多项式模型和双线性内插重采样进行配准，配准后的图像如图 6-40（a）和图 6-40（b）所示，图像大小为 527×425 像元，图 6-40（c）为配准后合成图，图 6-40（d）为该场景的光学图像。实验区内的建筑物呈现两种几何形态，一种是规则的矩形，另一种是不规则的折线形。这两种结构的建筑物在升轨图像中呈现形态基本无差别，都是角点在左上角的 L 状，但降轨图像中形状差别明显，规则矩形呈长条状，折线形呈折线状。可以看出，仅利用其中任何单一视向的 SAR 图像都无法准确反映建筑物的边界特征，但如果融合利用两个视向的 SAR 图像，则可能较好地把建筑物的边界提取出来。

(a) 升轨图像　　　　　　　　(b) 降轨图像　　　　　　　　(c) 光学图像

图 6-39　实验区二配准前双视向 SAR 图像及光学图像

(a) 升轨图像　　　　　　　　(b) 降轨图像

(c) 配准后合成图　　　　　　　　(d) 光学图像

图 6-40　实验区二配准后的双视向图像及光学图像

6.4.3　基于 Hausdorff 距离的城区高分辨率 SAR 图像配准方法

对于城区高分辨率 SAR 图像，由于几何畸变的影响，建筑物等典型目标几何特征十分复杂，叠掩、阴影特征常常相互叠加，并影响到道路、河流等其他地物，造成地物的断裂、缺失。因此从城区高分辨率 SAR 图像中提取出一一对应的特征十分困难，利用常规的基于特征间一一对应关系的方法无法实现城区高分辨率 SAR 图像间的配准。针对这一问题，本节引入了 Hausdorff 距离用于城区高分辨率 SAR 图像配准。基于 Hausdorff 距离的匹配方法不强调点与点之间的一一对应关系，可以对局部存在差异的特征点进行匹配，已广泛应用于光学图像配准。本节提出的基于 Hausdorff 距离测度进行城区高分辨率 SAR 图像配准的方法流程如图 6-41 所示。首先运用 Otsu 图像分割与 Canny 算子相结合的方法对图像中的道路或河流的边缘特征点进行提取，再以 Hausdorff 距离为相似性测度对提取的特征点集进行匹配，实现对存在旋转、平移、缩放关系的两幅 SAR 图像之间的自动配准（徐旭等, 2014）。

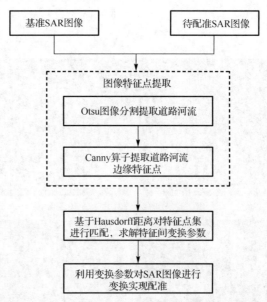

图 6-41　基于 Hausdorff 距离的城区高分辨率 SAR 图像配准流程

1. Hausdorff 距离

Hausdorff 距离表征两个点集之间的不相似程度（Huttenlocher et al., 1993）。对于两个有限集 $A = \{a_1, a_2, \cdots, a_p\}$ 和 $B = \{b_1, b_2, \cdots, b_q\}$，它们之间的 Hausdorff 距离定义为

$$H(A,B) = \max(h(A,B), h(B,A)) \tag{6-45}$$

$$h(A,B) = \max_{a_i \in A} \min_{b_j \in B} \left\| a_i - b_j \right\| \tag{6-46}$$

$$h(B,A) = \max_{b_j \in B} \min_{a_i \in A} \left\| b_j - a_i \right\| \tag{6-47}$$

其中，$\left\|\cdot\right\|$ 表示距离范数，可以用欧氏距离计算。$h(A,B)$ 和 $h(B,A)$ 分别称为前向和后向 Hausdorff 距离。Hausdorff 距离对干扰很敏感，如 A 中仅有一点与 B 相差很大，$H(A,B)$ 的值就变得很大，因此常用部分 Hausdorff 距离以避免这个问题。部分 Hausdorff 距离定义为

$$H^{f_F f_R}(A,B) = \max(h^{f_F}(A,B), h^{f_R}(B,A)) \tag{6-48}$$

$$h^{f_F}(A,B) = f_F \operatorname*{th}_{a_i \in A} \min_{b_j \in B} \left\| a_i - b_j \right\| \tag{6-49}$$

$$h^{f_R}(B,A) = f_R \operatorname*{th}_{b_j \in B} \min_{a_i \in A} \left\| b_j - a_i \right\| \tag{6-50}$$

其中，f_F 和 f_R 是中位数，分别称为前向分数和后向分数；th 表示排序。即先计算最小距离并进行排序，再通过中位数进行控制，而不是直接选取最大值。

Hausdorff 距离作为两个点集之间的相似性测度，不需要建立点与点之间的一一对应关系，如点集 A 中可以有一个以上的点与点集 B 中同一点相对应。因此，基于 Hausdorff 距离对特征点进行匹配时，很大程度地降低了对特征提取的要求，可以对具有不完全相同点的两个特征点集之间的相似性进行度量，从而实现它们之间的配准。

2. 基于 Otsu 分割和 Canny 算子的特征点提取

特征点提取是图像配准的基础，为了满足特征匹配的需求，应尽可能得到数量足够的同名特征点。对于两幅城区高分辨率 SAR 图像，图像可能共有的特征包括路口、道路边缘、河流边缘、河流与桥的交叉点等。此外，在对这些特征进行提取时，必须有效避免建筑物等地物的影响。同一建筑物在观测参数不一样的两幅 SAR 图像中，呈现的散射特征可能会存在明显差异，因此无法得到同名特征点。为了得到足够多的特征点以满足特征匹配的需求，本节运用一种图像分割与 Canny 算子相结合的方法对道路或河流的边缘进行提取，并将边缘上的点作为特征点集。

1）Otsu 图像分割算法

道路或者河流在 SAR 图像上表现为明显的暗区，可以用阈值分割的方法对图像进行分割，实现河流或道路的初步提取。最大类间方差阈值法，即 Otsu 法是一种经典的阈值分割方法，具有自适应性强和速度快的特点，在图像分割中有着广泛应用（Otsu，1975）。SAR 图像中相干斑噪声很强，会极大地影响 Otsu 方法的分割效果。但是 SAR 图像中的暗区像元在图像中的灰度波动明显弱于其他区域，运用 Otsu 法

对暗区进行分割时，噪声对分割结果影响不大。经典的 Otsu 法是单阈值分割方法，可能将部分中等灰度区域划分为暗区，因此本节运用一种 Otsu 多阈值分割方法（安成锦等，2010）。

将 SAR 图像分为三类：河流或道路等属于暗像元，植被等属于中亮像元，建筑物等其他部分属于高亮像元。将三类分别定义为 C_0、C_1 和 C_2，Otsu 方法即寻找阈值 T_1 和 T_2（$T_1 < T_2$），使得三类之间的差异最大，类间具有很好的分离性。类间的差异用类间方差表示，类间方差的定义为

$$\sigma = w_0(\mu_0 - \mu_T)^2 + w_1(\mu_1 - \mu_T)^2 + w_2(\mu_2 - \mu_T)^2 \tag{6-51}$$

$$w_0 = \sum_{i=0}^{T_1} P_i, \quad w_1 = \sum_{i=T_1+1}^{T_2} P_i, \quad w_2 = \sum_{i=T_2+1}^{L-1} P_i \tag{6-52}$$

$$\mu_0 = \frac{\sum_{i=0}^{T_1} iP_i}{w_0}, \quad \mu_1 = \frac{\sum_{i=T_1+1}^{T_2} iP_i}{w_1}, \quad \mu_2 = \frac{\sum_{i=T_2+1}^{L-1} iP_i}{w_2}, \quad \mu_T = \sum_{i=0}^{L-1} iP_i \tag{6-53}$$

其中，L 是图像的灰度级数；P_i 是第 i 级像元出现的概率。

令 T_1 和 T_2 在 $1 \sim L$ 范围内变化，计算不同阈值组合下的类间方差。使类间方差取得最大值的一组阈值就是要求的最优阈值。

运用 Otsu 分割法提取的暗区边缘粗糙、毛刺较多，而且局部存在许多的杂散点。利用形态学中的开运算方法对分割后的结果进行处理，并统计局部暗像元面积，去除小面积区域。经过形态学处理和面积条件的约束，局部杂散点得到很好的去除，并且平滑了暗区边缘，便于下一步的边缘提取。

2）Canny 边缘提取

Canny 算法是图像处理中常用的边缘提取算法，具有高定位精度和有效抑制虚假边缘等优点。它首先对图像进行高斯滤波，再计算图像中各像元的梯度方向和幅值，并将梯度方向合并为 4 个方向，利用非最大值抑制找到边缘位置，最后通过设定双阈值来滤除非边缘像元。

在运用 Otsu 分割算法对 SAR 图像中的道路或河流进行初步提取后，进行 Canny 边缘提取，并将提取的边缘点作为特征点集。

3. 基于 Hausdorff 距离的特征匹配

同一地区的两幅图像间常常存在平移、旋转、缩放等关系，可以用刚体变换、仿射变换、投影变换等不同的变换模型来表示。这里用仿射变换表示两幅 SAR 图像之间的关系，变换公式如下：

$$\begin{bmatrix} x_2 \\ y_2 \end{bmatrix} = \begin{bmatrix} a_{00} & a_{01} \\ a_{10} & a_{11} \end{bmatrix} \cdot \begin{bmatrix} x_1 \\ y_1 \end{bmatrix} + \begin{bmatrix} b_x \\ b_y \end{bmatrix} \tag{6-54}$$

因此两幅图像之间的变换关系可以用一个六元组 $t = (a_{00}, a_{01}, a_{10}, a_{11}, b_x, b_y)$ 表示。

特征匹配的过程就是求解两个特征点集间的仿射变换参数的过程，搜寻最优的变换参数，使得两个点集间的 Hausdorff 距离最小。由于仿射变换包括 6 个参数，需要在六维空间中进行参数搜索。运用子空间分解和最小盒距离变换的方法可以有效缩小搜索空间，快速计算出 Hausdorff 距离，实现参数的高效搜索（Rucklidge，1997）。基于 Hausdorff 距离的特征匹配算法如图 6-42 所示，具体过程如下。

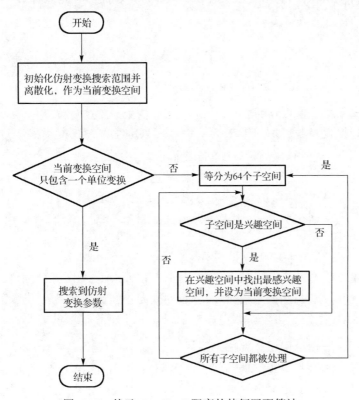

图 6-42　基于 Hausdorff 距离的特征匹配算法

（1）选定配准转换参数的搜索范围（可人为指定），即转换参数的下限和上限。下限用 $t^l = (a_{00}^l, a_{01}^l, a_{10}^l, a_{11}^l, b_x^l, b_y^l)$ 表示，上限用 $t^h = (a_{00}^h, a_{01}^h, a_{10}^h, a_{11}^h, b_x^h, b_y^h)$ 表示。将 $[t^l, t^h]$ 看作一个转换参数组成的变换空间，为了在该空间中快速找到配准参数，需要对该变换空间进行离散化。假设点集 A 中所有点的取值范围为 $[0, x_{max}]$ 和 $[0, y_{max}]$，则离散变换空间的单位向量为 $e = (1/x_{max}, 1/y_{max}, 1/x_{max}, 1/y_{max}, 1, 1)$。该单位向量决定了变

换空间中相邻两个变换之间的步距大小。

（2）考察当前空间，判断是否为兴趣空间（即包含配准参数的变换空间）。判断方法如下：用 t^l 对每个点 $a \in A$ 进行变换，计算点 a 对应的最小盒距离变换 $\Delta_{w,h}([t^l(a)])$，如果 A 中 $\Delta_{w,h}([t^l(a)]) \leqslant \tau_{\mathrm{F}}$（$\tau_{\mathrm{F}}$ 为指定的前向距离门限值）的点数 n_a 在 A 中所占的比例不小于 f_{F}，则该空间为兴趣空间，否则删除该空间。盒距离变换公式定义为

$$\Delta_{w,h}[x,y] = \min_{\substack{0 \leqslant x' \leqslant w \\ 0 \leqslant y' \leqslant h}} \Delta[x+x', y+y'] \tag{6-55}$$

其中，$\Delta[x,y] = \min_{b_j \in B} \left\| (x,y) - b_j \right\|$ 为图像 B 的 Voronoi 表面，也是图像 B 的距离变换。下标 w, h 的定义为

$$w = (a_{00}^h - a_{00}^l) + (a_{01}^h - a_{01}^l) + (b_x^h - b_x^l) \tag{6-56}$$

$$h = (a_{10}^h - a_{10}^l) + (a_{11}^h - a_{11}^l) + (b_y^h - b_y^l) \tag{6-57}$$

（3）将当前兴趣空间分解成 64 个大小相等的下一级子空间，并将这些子空间设为当前空间。重复步骤（2），即根据 n_a 判断出兴趣空间，重复步骤（3），将其继续分解，直到当前子空间只包含一个单位变换 e。

（4）对当前只包含一个单位变换 e 的空间中的每一个变换 t，若同时满足 $h^{f_{\mathrm{F}}}(t[A], B) \leqslant \tau_{\mathrm{F}}$ 和 $h^{f_{\mathrm{R}}}(t[A], B) \leqslant \tau_{\mathrm{R}}$（$\tau_{\mathrm{R}}$ 为指定的后向距离门限值），则保留变换 t，否则删除。对于保留下来的 t，计算部分 Hausdorff 距离，得到最优的变换参数。

4. 实验和分析

运用上述方法对不同入射角、不同视向的 TerraSAR-X 图像分别进行配准实验，此处的不同视向主要是指升/降轨照射引起的视向不一致。结果表明融合多角度、多视向的城区 SAR 图像，可以获取更多的信息，利于城市地区的监测。

1）不同入射角 SAR 图像配准实验

运用以上方法对同一地区的两幅不同入射角的 TerraSAR-X 降轨图像进行配准实验。图 6-43（a）像元大小为 1.5m×1.5m，中心入射角为 27°，是增强椭球校正（Enhanced Ellipsoid Corrected, EEC）级别产品，将此图像作为基准图像。图 6-43（b）像元大小为 1.5m×1.5m，中心入射角为 44°，是多视地距（Muti Look Ground Range Detected, MGD）级别产品，将此图像作为待配准图像。可以看到，由于产品级别的不同，两幅图像间不仅存在平移，还存在旋转的关系。

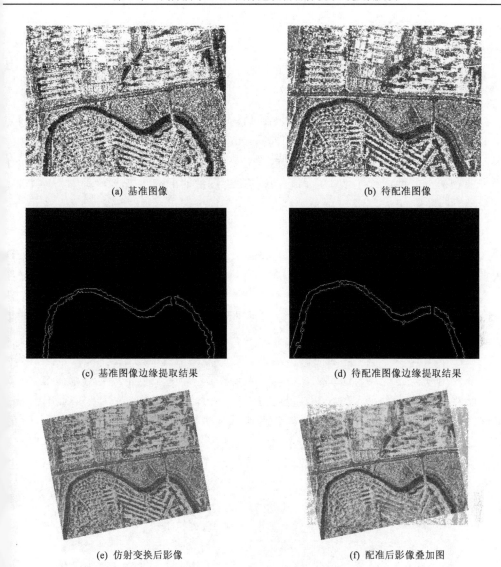

(a) 基准图像　　　　　　　　　　　　　　　(b) 待配准图像

(c) 基准图像边缘提取结果　　　　　　　(d) 待配准图像边缘提取结果

(e) 仿射变换后影像　　　　　　　　　　(f) 配准后影像叠加图

图 6-43　城区不同入射角 SAR 图像的配准实验

　　两幅图像的视向都是降轨右视，但入射角相差很大，因此建筑物目标在图像上存在着明显差异，很难从中得到同名点信息。而河流和道路变化不大，可以提供大量的同名特征点。结合 Otsu 图像分割和 Canny 边缘提取算法，分别对两幅 SAR 图像中的河流和道路边缘进行提取，提取结果分别如图 6-43（c）和图 6-43（d）所示。两幅图像中的河流边缘基本上被完整地提取出来，而道路受周围地物的影响断裂严重，并没有实现边缘提取。

　　将提取出的边缘点作为特征点，基于 Hausdorff 距离对特征点集进行匹配，求得两个点集间的仿射变换参数为[0.9759 −0.1944 0.1925 1.0072 −35.3571 67.4711]。即两幅 SAR 图像间存在着如下的关系：

$$\begin{bmatrix} x_2 \\ y_2 \end{bmatrix} = \begin{bmatrix} 0.9759 & -0.1944 \\ 0.1925 & 1.0072 \end{bmatrix} \cdot \begin{bmatrix} x_1 \\ y_1 \end{bmatrix} + \begin{bmatrix} -35.3571 \\ 67.4711 \end{bmatrix} \tag{6-58}$$

　　用求出的变换参数对待配准图像进行仿射变换，图 6-43（e）为变换后的结果。图 6-43（f）为配准后的图像与基准图像叠加的结果。从图 6-43（f）的结果可以看到，配准后的图像与基准图像中的地物实现了很好的叠加，图像边界处的道路、河流等地物也很好地进行了衔接，因此两幅 SAR 图像的配准结果令人满意。

　　2）升/降轨 SAR 图像配准实验

　　利用以上方法对两幅不同视向的城区升/降轨 TerraSAR-X 图像进行配准。图 6-44（a）为降轨右视图像，像元大小为 1.5m×1.5m，中心入射角为 44°，MGD 级别产品，将此图像作为基准图像。图 6-44（b）为同一地区的升轨右视图像，像元大小为 2.75m×2.75m，中心入射角为 37.8°，MGD 级别产品，将此图像作为待配准图像。可以看到，由于图像的像元大小和照射视向均不一样，所以两幅图像间存在着旋转、平移和缩放的关系。

　　相比于实验一中不同入射角的情况，此处两幅图像入射角相差不大，但升/降轨图像的照射视向不一样，建筑物在 SAR 图像上的差异更加明显。而河流在 SAR 图像上始终表现为暗像元，在升/降轨图像上差异不大。结合 Otsu 图像分割和 Canny 边缘提取算法，分别对升/降轨 SAR 图像中的河流和道路边缘进行提取，提取结果分别如图 6-44（c）和图 6-44（d）所示。由于周围建筑物遮挡以及斑点噪声的影响，道路和部分河流的边缘并没有提取出来，从两幅图像中提取出的特征在局部存在不一致，但 Hausdorff 距离测度能较好地处理这种情况。

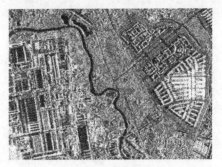 

　　　　(a) 基准图像(降轨)　　　　　　　　　　　(b) 待配准图像(升轨)

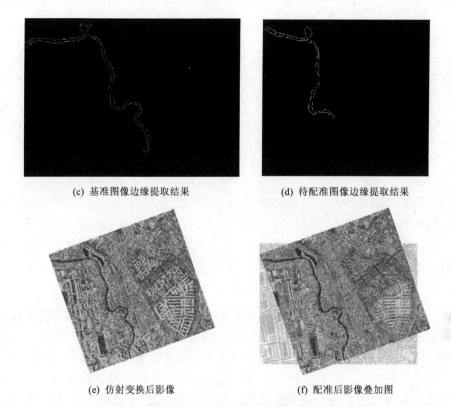

(c) 基准图像边缘提取结果　　　　　　(d) 待配准图像边缘提取结果

(e) 仿射变换后影像　　　　　　(f) 配准后影像叠加图

图 6-44　城区双视向 SAR 图像的配准实验

　　将提取出的边缘点作为特征点，基于 Hausdorff 距离对特征点集进行匹配，求得两个点集间的仿射变换参数为[1.7047 −0.6079 0.6141 1.7209 64.1141 88.0256]。即两幅 SAR 图像间存在着如下的关系：

$$\begin{bmatrix} x_2 \\ y_2 \end{bmatrix} = \begin{bmatrix} 1.7047 & -0.6079 \\ 0.6141 & 1.7209 \end{bmatrix} \cdot \begin{bmatrix} x_1 \\ y_1 \end{bmatrix} + \begin{bmatrix} 64.1141 \\ 88.0256 \end{bmatrix} \tag{6-59}$$

　　用求出的变换参数对升轨图像进行仿射变换，图 6-44（e）为变换后的结果。图 6-44（f）为配准后的升轨图像与降轨图像叠加的结果。

　　经过配准后，在两幅 SAR 图像上手动选择 10 个同名点，通过计算均方根误差，对配准精度进行分析。计算出同名点的均方根误差为 2.7899，配准误差在 3 个像元以内。由于该场景中建筑物居多，可供手动选择的同名点不多，即使手动选择，同名点也存在 2～4 像元的误差。而且从图 6-44（f）的结果可以看到，配准后的升轨图像与降轨图像中的地物实现了很好的叠加，图像边界处的道路、河流等地物也衔接良好，因此两幅图像间取得了令人满意的配准结果。

6.4.4　基于 D-S 融合的双视向 SAR 图像建筑物提取

由于建筑物在单视向 SAR 图像上只呈现一个或两个侧面的特征,轮廓不完整,加上斑点噪声的影响,利用单幅 SAR 图像有时无法提取建筑物的完整边界,针对这一问题,本节提出了融合利用双视向 SAR 图像提取完整建筑物边界的方法(Zhang et al., 2012; Liu et al., 2011),步骤包括单视向 SAR 图像的特征检测,以及通过对双视向 SAR 图像特征的融合来提取完整建筑物边界信息。

1. 单视向 SAR 图像建筑物特征检测

考虑到建筑物边界通常在高分辨率 SAR 图像上呈现为线状特征,这里提出利用全局和局部 Hough 变换检测直线,寻找建筑物目标的角点;然后确定建筑群的主方向,利用图像分割使得每个子区只包含一个建筑物亮斑;然后在子区内检测特征点,最后拟合得出建筑物边界线。

1) 全局 Hough 变换检测建筑群主方向

定义建筑物与水平方向所夹锐角为建筑物主方向倾角。当实验区中的建筑群分布呈现一定的朝向时,用全局 Hough 变换检测建筑群朝向的主方向;如果不是近似水平方向,即倾角大于某一旋转阈值 T 时,对图像进行旋转,使旋转后的建筑物主方向与水平方向平行,便于后续对建筑物分割以及精确提取角反射线。

进行 Hough 变换之前,首先使用边缘检测算子将图像二值化,得到建筑物的轮廓。通过对常用的边缘检测算子如梯度算子、Sobel 算子、Laplacian 算子、Canny 算子、Prewitt 算子的分析实验,发现 Canny 算子经过高斯滤波平滑作用后得到的边缘结果更加接近于直线,有利于提高后续 Hough 变换的精度。

从单个视向图像检测直线后,统计其与水平方向夹角呈锐角的直线,计算平均值,作为第 i $(i=1,2,\cdots,m, m$ 为不同视向图像个数) 个视向图像中建筑群主方向:

$$\theta_i = \frac{1}{L}\sum_{l=1}^{L}\theta_l \tag{6-60}$$

其中, θ_l 为检测到的第 l 条线段的倾角; L 为检测到的线段条数。

检测每个视向图像建筑群的主方向,受噪声影响,不同视向下的检测结果不尽相同,对所有的检测结果求均值:

$$\theta_v = \frac{1}{m}\sum_{i=1}^{m}\theta_i \tag{6-61}$$

再确定旋转阈值 T ,该建筑物群需要旋转的角度为

$$\theta = \begin{cases} 0, & \theta_v < T \\ \theta_v, & \theta_v \geqslant T \end{cases} \tag{6-62}$$

对两个实验区原始图像用 Canny 算子进行边缘检测，得到边缘二值图像后用全局 Hough 变换检测直线特征，结果如图 6-45 和图 6-46 所示，底图为原始图像，分别标记出了检测到的直线段和线段端点，然后根据端点坐标计算直线倾角。

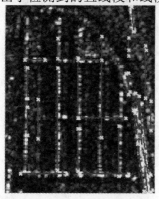
(a) 升轨图像

(b) 降轨图像

图 6-45　实验区一主方向检测结果

(a) 升轨图像

(b) 降轨图像

图 6-46　实验区二主方向检测结果

取旋转阈值 T 为 3°，各视向检测的角度均值若大于 T，该组图像就需要旋转。两个实验区的主方向检测结果如表 6-7 所示。

表 6-7　建筑物主方向检测结果

实验区	升轨图像	降轨图像	均值	主方向
实验区一	1.9768°	0°	0.9884°	0°
实验区二	19.4555°	17.7787°	18.6171°	18.6171°

显然，实验区一不需要旋转，实验区二需要顺时针旋转 $\theta=18.6171°$。旋转后建筑物群的主方向近似水平，结果如图 6-47 所示，旋转后升轨图像距离向与水平方向夹角 $\beta_1 = \theta - \alpha$，降轨图像距离向与水平方向夹角 $\beta_2 = \theta + \alpha$。

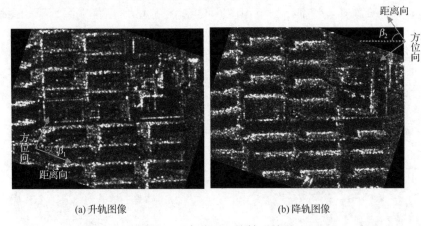

(a) 升轨图像　　　　　　　　　　　(b) 降轨图像

图 6-47　实验区二旋转后结果

2）局部 Hough 变换检测建筑物角点

对于有多个建筑物特征的 SAR 图像来说，对整幅图像进行全局 Hough 变换很难满足检出率的要求，因此需要基于滑动窗口进行局部 Hough 变换检测直线。将图像分成 $m×n$ 块，在每一块 Hough 参数空间找局部最大值。

规则矩形的建筑物在高分辨率 SAR 图像中通常呈现 L 状亮斑，由两块相互垂直的亮斑构成，称其交叉点为建筑物在 SAR 图像上的角点。对分类后的二值图像进行局部 Hough 变换，得到很多水平和垂直线段，交叉点比较密集的区域，认为有潜在的建筑物区域。设原始图像灰度值为 $g(x,y)$，二值化后图像标记值为 $f(x,y)$，检测到的交叉点坐标为 $(x_1,y_1),(x_2,y_2)$，则对这些点按照以下规则进行筛选。

（1）如果两点的欧氏距离 $\sqrt{(x_1-x_2)^2+(y_1-y_2)^2} < T_1$，保留 $g(x_1,y_1)$ 和 $g(x_2,y_2)$ 中较大的点。

（2）交叉点 (x_1,y_1) 的 8 个邻点中，若标记为 0 的点个数大于 4，去掉该点。

自动筛选后的点可能还有些是噪声点，这需要在目视解译的辅助下，去掉干扰点，剩下效果比较好的像元点作为建筑物的角点。

3）建筑物子区分割

实验图像包含多个建筑物目标，其图像特征差异大，在大范围内对所有目标同时进行处理可能无法取得理想结果，因此考虑对单个建筑物目标所在区域分别进行处理。

　　同一建筑物在不同视向图像中呈现的形态不一样，以实验区一升轨图像典型的 L 状特征为例，如图 6-48 所示，检测到的角点 (x_a, y_a) 位于建筑物左下角，在降轨图像中呈现的是反 L 状，检测到的角点 (x_d, y_d) 位于建筑物右下角，对同一个建筑物，可以得到建筑物的宽度 $w = x_a - x_d$。然后可以利用实验确定建筑物初始长度 l，最后根据初步推断的这个建筑物的长宽，再加上适当大小的长宽修正值 Δw、Δl，得到在升轨图像和降轨图像都能包裹该建筑物完整图像的矩形框，长宽为 $(w + \Delta w, l + \Delta l)$，矩形框在整个实验图像中的左上角点坐标为 $(x_a - \Delta w, y_a - l - \Delta l)$。

图 6-48　建筑物角点检测示意图

　　结合多个视向的图像进行实验，对该场景中的建筑群所在子区进行分割，使分割后的每个子区只包含一个建筑物的图像特征，以便于后面进行建筑物边界的精确提取。这里利用 MRF 分类后的二值图进行建筑物角点检测和分割，两个实验区的检测结果如图 6-49 和图 6-50 所示。图中圆点为经过筛选后的建筑物角点，矩形框是建筑物子区分割结果。矩形框在同组升轨和降轨图像具有相同的坐标，可以看出，每个矩形小窗口只包裹一个建筑物的像，有利于后续处理。

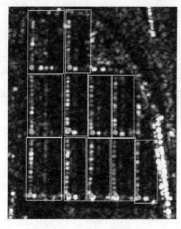 

(a) 升轨图像　　　　　　　　　　　　　　　　　(b) 降轨图像

图 6-49　实验区一建筑物角点检测和子区分割结果

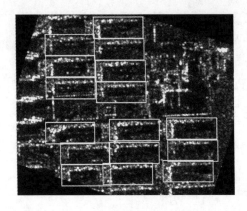 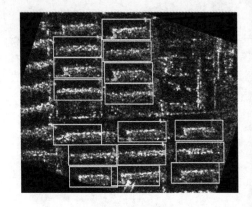

(a) 升轨图像　　　　　　　　　　　　　　　　(b) 降轨图像

图 6-50　实验区二建筑物角点检测和子区分割结果

4）建筑物二面角反射线提取

建筑物目标对应的二面角反射线是由电磁波在墙面和地面间二次散射形成的亮线，对应建筑物的边界，提取角反射线的方法是结合分类后的图像以及原始图像，根据沿距离向剖面线上的灰度变化特征利用最小二乘法拟合得到。

对单个建筑物所在子区沿距离向方向作剖面线，满足式（6-63）的像元点即为角反射效应对应的点：

$$f_0 > T_1, \quad f_0 / f_{-1} > T_2, \quad f_0 / f_{+1} > T_3 \tag{6-63}$$

其中，f_0 是当前点 (x_0, y_0) 灰度值；f_{-1} 是沿剖线方向 (x_0, y_0) 前一点灰度值；f_{+1} 是沿剖线方向 (x_0, y_0) 后一点灰度值；参数 T_1、T_2、T_3 通过实验确定，如果没有满足条件的点，以最大值点作为该条剖线下的角反射点。

TerraSAR-X 卫星轨道倾角为 98°，因此方位向与竖直方向夹角 α 为 8°，距离向与水平方向夹角 α 为 8°，实验区一未经旋转，故剖线与水平方向夹角为 $\alpha = 8°$，如图 6-51 所示，折线即为剖线，考察其所经过的每个像元点，满足式（6-63）的像元点即为二面角反射线对应的像元点，如图 6-51(b) 的星号点所示。实验中，$T_1 = 1500$，$T_2 = T_3 = 2.34$，最后利用最小二乘法迭代拟合出如图 6-51 所示的直线作为二面角反射线。

以实验区一第二排左边第二个建筑物为例，其角反射线提取过程如图 6-52 和图 6-53 所示。升轨原始图像如图 6-52（a）所示，MRF 分类后图像如图 6-52（b）所示，区域生长后图像如图 6-52（c）所示，角反射线像元点提取结果如图 6-52（d）所示，最终提取的角反射线如图 6-52（e）所示。该建筑物对应的降轨图像的二面角反射线提取过程如图 6-53 所示。

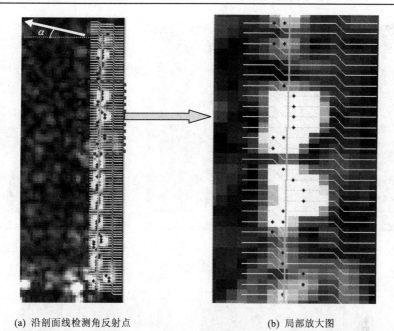

(a) 沿剖面线检测角反射点　　　　　　　　　(b) 局部放大图

图 6-51　二面角反射线提取

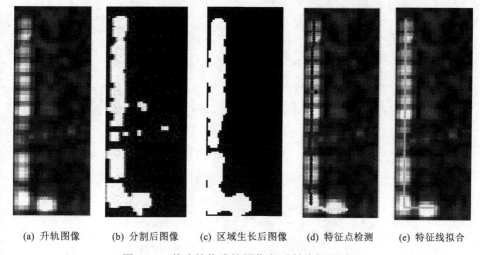

(a) 升轨图像　　(b) 分割后图像　　(c) 区域生长后图像　　(d) 特征点检测　　(e) 特征线拟合

图 6-52　某建筑物升轨图像角反射线提取过程

　　对实验区一的 11 个建筑物进行 L 状特征线提取，整体效果如图 6-54 所示，升轨图像中为 L 状折线，降轨图像中为反 L 状折线，可以看到大部分折线与亮斑吻合较好，但有的噪声影响过大，这将通过后续的融合处理得到改善。实验区二的升轨图像特征线提取结果如图 6-55 所示。

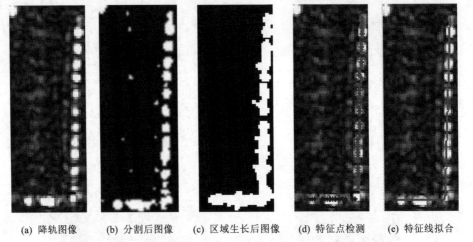

(a) 降轨图像　　(b) 分割后图像　　(c) 区域生长后图像　　(d) 特征点检测　　(e) 特征线拟合

图 6-53　某建筑物降轨图像角反射线提取过程

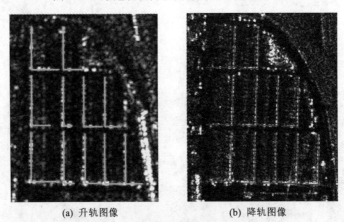

(a) 升轨图像　　　　　　　　(b) 降轨图像

图 6-54　实验区一角反射线提取结果

图 6-55　实验区二升轨图像角反射线提取结果

如果场景中有不规则建筑物，则需要对建筑物图像特征的形状进行识别，这里采用投影法。根据不同形状建筑物像点的分布区分二值图中建筑物的亮斑类别，选取比较典型的样本进行训练，选择合适的距离函数对图像中的目标进行判断，将其归为距离最小的类别。

设共有 C 个类别，每个类别取 L 个典型样本，设二值图像大小为 $n \times m$，对第 c 个类别，第 l 个样本，以投影到 x 轴和 y 轴的亮点率构成的向量为特征，即

$$X_i = \frac{1}{K}\sum_{j=1}^{m} g(x_i, y_j), \quad X^l = (X_1, X_2, \cdots, X_n)$$

$$Y_j = \frac{1}{K}\sum_{i=1}^{n} g(x_i, y_j), \quad Y^l = (Y_1, Y_2, \cdots, Y_m) \tag{6-64}$$

$$K = \sum_{i=1}^{n}\sum_{j=1}^{m} g(x_i, y_j)$$

其中，$g(x_i, y_j)$ 是分类后二值图像中点 (x_i, y_j) 的值（0 或 1），对同类别的所有样本特征向量求均值，得到第 c 个类别的特征向量：

$$X_c = \sum_{l=1}^{L} X^l, \quad Y_c = \sum_{l=1}^{L} Y^l \tag{6-65}$$

判别类别时，计算目标特征向量与类别特征向量之间的距离，即

$$\mathrm{dis}_c = \sqrt{(X - X_c)^2 + (Y - Y_c)^2}, \quad c = 1, 2, \cdots, C \tag{6-66}$$

目标属于最小距离对应的类别。

对于实验区二，与实验区一相比有两点不同。第一点是图像经过旋转后提取角反射线所用剖面线角度不是 8°，由于该图像顺时针旋转 $\theta = 18.6171°$，旋转后升轨图像的距离向与水平方向夹角 $\beta_1 = \theta - \alpha$，降轨图像的距离向与水平方向夹角 $\beta_2 = \theta + \alpha$。第二点是需要对降轨图像中的建筑物进行形状识别。场景中的建筑物有两种形状，一种是规则的矩形，在图像中呈现长条状特征，而另一种是不规则的折线状。因此，从 MRF 分类后的图像中，针对每种类别选取三个典型样本，利用投影法计算特征向量 X_1、Y_1 和 X_2、Y_2，其中 X_1 和 X_2 的柱状图如图 6-56 所示，可以看出两种特征向量分布明显不同，矩形是单一的抛物线型，而折线状建筑物具有双峰特征。判断降轨图像中每个建筑物的类别后，再针对不同类别进行不同形状的角反射线拟合，最终结果如图 6-57 所示。

2. 基于双视向 SAR 图像特征融合的建筑物提取

从单视向图像中提取的建筑物二面角反射线，往往不能准确、完整地描述建筑物边界，因此需对两个视向 SAR 图像提取的特征线进行决策级融合，从而得到相对准确、完整的建筑物边界。在处理不确定信息问题上，证据理论（又称 D-S 理论）

不需要先验概率分布，用信任度表示对证据的认同度，在实际应用中，可以根据问题本身定义基本信任分布函数，易于实现。因此这里采用证据理论对两个视向图像提取的特征线进行决策级融合。

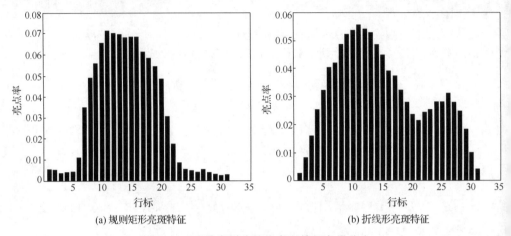

(a) 规则矩形亮斑特征　　　　　　　(b) 折线形亮斑特征

图 6-56　两种类型建筑物亮斑特征向量分布

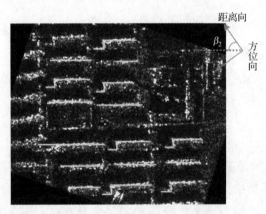

图 6-57　实验区二降轨图像角反射线提取结果

D-S 合成规则可以描述为：设 $m_1, m_2, \cdots, m_n$ 是同一识别框架 Θ 上的 n 个基本信任分配函数，焦元分别为 $A_i (i=1,2,\cdots,N)$，则 D-S 合成规则为

$$m(A) = \begin{cases} \dfrac{\displaystyle\sum_{\cap A_i = A} \prod_{1 \leqslant i \leqslant N} m_i(A_i)}{1 - K}, & A \neq \varnothing \\ 0, & A = \varnothing \end{cases} \tag{6-67}$$

其中

$$K = \sum_{\cap A_i = \varnothing} \prod_{1 \leqslant i \leqslant N} m_i(A_i) \tag{6-68}$$

假设已经提取某一建筑物的特征参数如表 6-8 所示，以实验区一的典型的 L 状和反 L 状的特征融合为例，通过 D-S 理论进行决策级融合，找到相对准确的建筑物端点，从而得到完整的矩形轮廓。

表 6-8 实验区一提取的角反射线特征

变量	升轨图像	降轨图像
角点坐标	(x_a, y_a)	(x_d, y_d)
宽度	W_a	W_d
长度	L_a	L_d

表 6-8 中 (x_a, y_a) 和 (x_d, y_d) 对应一个实际建筑物目标的某两个角点，W_a 和 W_d 分别为从升轨和降轨图像中提取的建筑物在东西方向的宽度，L_a 和 L_d 为从升轨和降轨图像中提取的建筑物在南北方向的长度。

如图 6-58 所示，以如何确定矩形建筑物左上角点对应的行值为例，说明如何利用 D-S 融合提取更准确的建筑物边界信息。假设从升轨图像提取特征线的左上边界点为 $A_1(x_{a1}, y_{a1})$，从降轨图像提取特征线的右上边界点为 $D_1(x_{d1}, y_{d1})$，灰色折线为从升轨图像中提取的特征线，黑色折线为从降轨图像中提取的特征线。

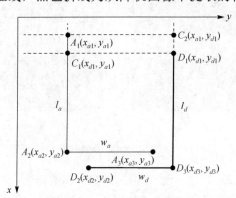

图 6-58 典型 L 状特征线及其 D-S 融合

对于升轨图像，计算 A_1C_1 线段间每个像点的梯度，归一化后构成信任向量 $\boldsymbol{B}_1$，对于降轨图像，计算 C_2D_1 线段间每个像点的梯度，归一化后构成信任向量 $\boldsymbol{B}_2$，向量元素个数 $n = x_{d1} - x_{a1}$，计算公式如下：

$$\text{bel}_i = f(x_i, y_j) - f(x_i + 1, y_j) + f(x_i, y_j) - f(x_i, y_j + 1), \quad i = 1, 2, \cdots, n$$

$$\boldsymbol{B} = \frac{1}{\sum_{i=1}^{n} \text{bel}_i} [\text{bel}_1, \text{bel}_2, \cdots, \text{bel}_n] \tag{6-69}$$

其中，$f(x_i, y_j)$ 为点 (x_i, y_j) 的灰度值。

　　基于 D-S 合成规则将两个视向的信任向量 $\boldsymbol{B}_1$、$\boldsymbol{B}_2$ 融合为一个信任向量 $\boldsymbol{B}_{\text{fuse}}$，设升轨图像向量 $\boldsymbol{B}_1 = [b_1, b_2, \cdots, b_n]$，降轨图像向量 $\boldsymbol{B}_2 = [b_1', b_2', \cdots, b_n']$。

$$合成规则：f_k = \frac{b_k b_k'}{1 - \sum_{i=1}^{n}\left(\sum_{j=1, j\neq i}^{n}(b_i b_j')\right)}, \quad k = 1, 2, \cdots, n \tag{6-70}$$

$$信任向量：\boldsymbol{B}_{\text{fuse}} = [f_1, f_2, \cdots, f_n]$$

　　合成之后信任向量 $\boldsymbol{B}_{\text{fuse}}$ 中的最大值对应的点是两个证据支持度最高的点，其对应点的行值认为是最终的建筑物左上角点的行值。类似地，用 A_2 和 D_2 确定矩形左下角点的行列坐标，用 A_3 和 D_3 确定矩形右下角点的列标，这样就可以确定三个角点的坐标，即可得到完整的建筑物边界，实验区一所有建筑物的边界提取结果如图 6-59 所示。

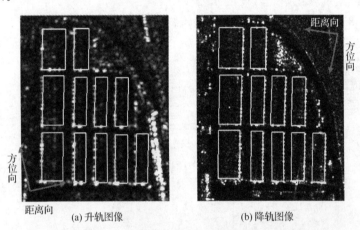

图 6-59　实验区一双视向 SAR 图像建筑物边界提取结果

　　利用 Google Earth 获取 11 个建筑物的长、宽真值，对利用单视向和双视向 SAR 图像提取的建筑物长度、宽度进行精度检验，通过对比分析发现融合后的数据误差率降低 30%左右，长度误差率在 6%内，宽度误差率在 4%内。由于升轨原始图像分辨率偏低，从其中提取的建筑物参数误差普遍比降轨图像高。

　　用类似的方法确定实验区二每个建筑物的边界，对于组合型的建筑物，我们认为从降轨图像提取的短折线部分位置和长度是准确的，其他坐标的位置确定与矩形轮廓的融合类似，融合两个视向的特征线，最后将所有特征坐标逆时针旋转 18.6171°，最终得到每个建筑物的完整边界如图 6-60 所示。从实验区二的结果可以看出，融合利用双视向 SAR 图像可以将结构相对复杂的建筑物目标的细节特征提取出来，而若仅利用单一视向图像，如仅利用升轨右视图像是无法提取折线形建筑物的边界的。

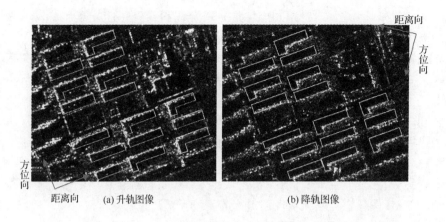

(a)升轨图像　　　　　　　　　　(b)降轨图像

图 6-60　实验区二双视向 SAR 图像建筑物边界提取结果（见文后彩图）

6.4.5　基于强散射特征模型的双视向 SAR 图像建筑物高度反演

目前大多数利用双视向 SAR 图像提取建筑物参数的研究主要集中在建筑物检测和轮廓线提取，以获取更准确的长、宽信息，而利用双视向 SAR 图像进行建筑物高度提取的研究不多。本节在 6.3 节基于模型匹配的 SAR 建筑物高度反演方法的基础上，对基于双视向 SAR 图像的建筑物高度反演方法进行研究（徐旭等，2016）。

1．双视向 SAR 建筑物成像特征分析

在 SAR 成像空间中的建筑物几何模型可以用一组参数进行描述，表示为 $\Omega=\{x_0,y_0,l,w,h,\phi,\theta\}$，其中 x_0 和 y_0 代表建筑物的位置，可由任一角点的坐标表示，l、w 和 h 分别为建筑物长、宽和高，ϕ 为建筑物的方位角，定义为建筑物的长边与距离向的夹角，θ 表示 SAR 成像的入射角。

图 6-61 是一个建筑物目标在双视向 SAR 成像空间中的示意图，假设传感器分别是 SAR1 和 SAR2。由于 SAR 是侧视成像，建筑物只有一侧的边界朝向 SAR，即正对着 SAR 的一般只有一条或两条边，而背向 SAR 传感器的边在 SAR 图像上是缺失的。假设 SAR1 朝向建筑物的 BC 和 BA 边，入射角和方位角分别为 θ_1 和 ϕ_1，并且由角点 B 表示建筑物位置，则在 SAR1 照射下，建筑物可以表示成 $\Omega_1=\{x_B,y_B,l,w,h,\phi_1,\theta_1\}$；假设 SAR2 朝向

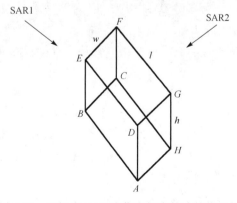

图 6-61　双视向 SAR 成像空间中的建筑物目标

建筑物的 *HC* 和 *HA* 边，入射角和方位角分别为 θ_2 和 ϕ_2，并且由角点 *H* 表示建筑物位置，则在 SAR2 照射下，建筑物可以表示成 $Q_2 = \{x_H, y_H, l, w, h, \phi_2, \theta_2\}$。

　　建筑物在双视向照射下的成像模型如图 6-62 所示。其中粗线区域表示高亮灰度特征，主要是叠掩和二次散射；细线区域表示中低灰度特征，主要是屋顶单次散射和阴影。可以看出，建筑物在不同入射角、方位角的条件下成像时，其几何特征有明显区别，但是均包含了建筑物的几何信息，而且高亮特征始终由两个平行四边形组成（建筑物有墙面正对入射波时，两个平行四边形变换为长方形）。由 6.3 节的分析可知，建筑物在 SAR1 和 SAR2 照射下的高亮特征模型可以分别由 Q_1 和 Q_2 表示，而两个高亮模型之间也存在几何关系，以此为依据可以综合运用两个视向的高亮特征模型与 SAR 图像进行匹配实现建筑物的高度反演。

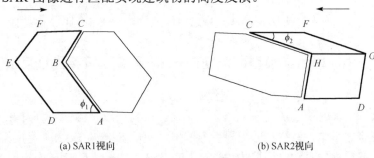

(a) SAR1视向　　　　　　　　　(b) SAR2视向

图 6-62　建筑物在 SAR1 和 SAR2 照射下的高亮特征几何模型

2. 基于双视向 SAR 图像的建筑物高度反演

　　首先对两幅 SAR 图像进行配准。由 6.4.3 节的分析可知，两幅不同成像条件下的 SAR 图像之间存在仿射变换的关系，可以用一个六元组 $T = (a_{00}, a_{01}, a_{10}, a_{11}, b_x, b_y)$ 表示。

　　由参数 Q_1 和 Q_2 分别生成高亮模型，Q_1 和 Q_2 中包含的建筑物长、宽、方位角可以用 6.1 节的方法进行提取，未知参数为建筑物的高度和建筑物在 SAR 图像中的位置。将生成的模型与 SAR 图像进行匹配，高度反演问题即转化为匹配函数的优化问题：

$$\tilde{h} = \arg \max_{h, (x_B, y_B, x_H, y_H)} M\left[\tilde{X}(h, (x_B, y_B)), \tilde{X}(h, (x_H, y_H)), X_1, X_2 \right] \tag{6-71}$$

其中，$\tilde{X}$ 表示生成的高亮特征几何模型，由高度 h 和匹配时的位置参数 (x_B, y_B)、(x_H, y_H) 表示；X_1 和 X_2 分别表示由 SAR1 和 SAR2 生成的 SAR 图像；M 是匹配函数，表征了模型与 SAR 图像之间的匹配程度。搜索参数 h、(x_B, y_B) 和 (x_H, y_H)，当生成的模型与两幅 SAR 图像中的特征达到最佳匹配时，对应的参数 h 即为反演出的建筑物高度。

　　匹配函数可以根据高亮特征与周围区域的灰度差异以及边界信息构造，表示如下

$$
\begin{cases}
M = M_0 + w_1 M_1 + w_2 M_2 \\
M_0 = \displaystyle\sum_{S=1,2} (u_1^S - u_2^S) \\
M_1 = \displaystyle\sum_{S=1,2} \sqrt{\sum_{i=1} \left(\sqrt{p_i^S} - \sqrt{q_i^S} \right)^2} \\
M_2 = \displaystyle\sum_{S=1,2} \left[\frac{1}{N^S} \sum_{N^S} \sum_{p \in L^S} \mathrm{grad}(p) \right]
\end{cases}
\tag{6-72}
$$

匹配函数主要实现生成的特征模型与 SAR 图像之间的交互计算，最终由 h、(x_B, y_B) 和 (x_H, y_H) 共计 5 个参数进行表示。对于两幅已经配准的 SAR 图像，(x_B, y_B) 和 (x_H, y_H) 之间存在着一定的关系。假设将传感器 SAR1 生成的图像 X_1 配准到传感器 SAR2 生成的图像 X_2 所在的空间，两者之间的仿射变换为 T，(x_B, y_B) 是 X_1 上的点，设它在 X_2 上对应的点是 $B'(x_B', y_B')$，它们的关系如下：

$$
(x_B', y_B') = T(x_B, y_B)
\tag{6-73}
$$

配准后的两个高亮模型如图 6-63 所示，(x_B', y_B') 和 (x_H, y_H) 都在 X_2 所在的空间，而且是建筑物的两个顶点，它们的关系可以表示为

$$
\begin{cases}
x_H = x_B' + w \cdot \sin\phi_2 + l \cdot \cos\phi_2 \\
y_H = y_B' - w \cdot \cos\phi_2 + l \cdot \sin\phi_2
\end{cases}
\tag{6-74}
$$

由于 (x_H, y_H) 可以用 (x_B, y_B) 表示，匹配函数的 5 个参数可以缩减到 3 个参数。这种多参数表示的复杂函数可以运用多种群遗传算法进行优化求解。关于多种群遗传算法的介绍见 6.3 节。

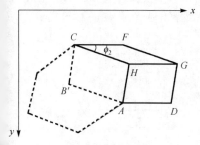

图 6-63　双视向 SAR 图像建筑物几何
模型配准示意图

3. 实验与分析

1）模拟 SAR 图像实验

运用该方法对两幅不同入射角、不同视向的模拟 SAR 图像进行验证，并假设两个视向位于建筑物两侧（即异侧双视向）。建筑物的长度 $l = 50\,\mathrm{m}$，宽度 $w = 20\,\mathrm{m}$，高度 $h = 15\,\mathrm{m}$。图 6-64（a）为该建筑物在入射角 $\theta = 45°$，方位角 $\phi = 45°$ 时的模拟 SAR 图像，照射视向为从左到右。图 6-64（b）为建筑物在入射角 $\theta = 60°$，方位角 $\phi = 30°$ 时的模拟 SAR 图像，照射视向为从右到左。两幅模拟图像的像元大小均为 0.75m×0.75m，并加上了方差 0.1 的乘性噪声。

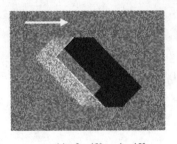 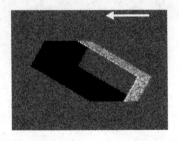

(a) $\theta = 45°$，$\phi = 45°$ (b) $\theta = 60°$，$\phi = 30°$

图 6-64　双视向模拟 SAR 图像

在模型匹配前，将两幅图像进行配准，计算得到两幅图像之间的仿射变换参数为 $T = (0.8979, 0.2917, -0.3028, 0.9967, 0.9336, 22.5572)$。由仿射变换参数 T 和长、宽等参数可以建立两幅图像中建筑物角点之间的关系。利用参数构造模型与 SAR 图像之间的匹配函数，并利用多种群遗传算法进行求解。图 6-65 表示每一代最优个体对应的适应度变化曲线。当运行到 18 代时，精华种群中的某个精华个体保持了 10 代以上，可以认为得到了最优解。图 6-66 为最优解对应的模型与两幅 SAR 图像的叠加结果，可以看到模型与图像均实现了较好的匹配。求得的最优解为 h=14.87m，与真实高度 15m 非常接近。

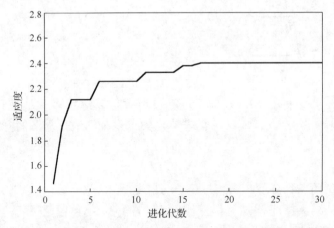

图 6-65　遗传算法每一代最优个体适应度变化曲线图

除了 $\theta = 45°$、$\phi = 45°$ 和 $\theta = 60°$、$\phi = 30°$ 这一对双视向 SAR 图像样本，本节还对其他双视向模拟 SAR 图像进行了实验。实验时将建筑物的长、宽、高保持不变，构造不同的入射角与方位角组合，实验结果如表 6-9 所示。反演的高度平均误差约为 0.26m，最大误差不超过 0.6m，优于仅使用单视向时的高度反演结果。综合模拟 SAR 图像的实验结果表明，本节提出的方法可以有效利用双视向 SAR 图像对建筑物高度进行反演。

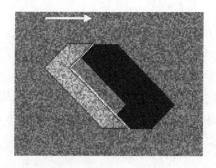

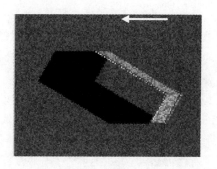

(a) $\theta = 45°$，$\phi = 45°$ (b) $\theta = 60°$，$\phi = 30°$

图 6-66　第 18 代时对应的模型与 SAR 图像叠加显示结果

表 6-9　双视向模拟 SAR 图像建筑物高度反演结果与误差

SAR 图像 1		SAR 图像 2		实际高度/m	反演高度/m	高度绝对误差/m
入射角/(°)	方位角/(°)	入射角/(°)	方位角/(°)			
45	45	60	30	15	14.87	0.13
45	45	30	60	15	14.91	0.09
45	45	60	45	15	15.31	0.31
45	45	30	45	15	14.43	0.57
30	60	60	30	15	15.23	0.23

2）真实 SAR 图像实验

模拟 SAR 图像的实验表明本节提出的基于双视向 SAR 图像的建筑物高度反演方法可以有效用于建筑物高度反演，下面对真实 SAR 图像进行实验。其中一个视向的 SAR 图像为图 6-4（a），同一实验区另一个视向的 SAR 图像如图 6-67 所示，雷达波的照射方向为从左向右，图像的中心入射角是 65.6°，像元大小为 2m×2m。下面以图 6-4（b）中的 A1 建筑物为例进行说明。

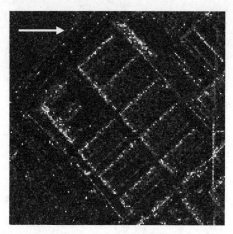

图 6-67　图 6-4（a）实验区另一视向 SAR 图像

　　获取建筑物 A1 的两个视向 SAR 图像切片，如图 6-68 所示。由于两幅图像分辨率不一致，所以同一建筑物目标的图像切片大小存在差别。在对模型与 SAR 图像进行匹配之前，首先将两幅 SAR 图像进行配准，计算出两幅图像之间的仿射变换参数 $T = (3.2579, -0.3201, 0.4906, 3.6667, -82.7260, -15)$。构造模型与双视向 SAR 图像之间的匹配函数，运用基于多种群的遗传算法进行求解。图 6-69 表示每一代最优个体对应的适应度变化曲线。当运行到 24 代时，精华种群中的某个精华个体保持了 10 代以上，可以认为得到了最优解。图 6-70 为最优解对应的模型与两幅 SAR 图像的叠加显示结果，可以看到模型与两幅图像均实现了较好的匹配。求得的最优解为 $h=12.01\mathrm{m}$，与其真实值 12.21m 非常接近。

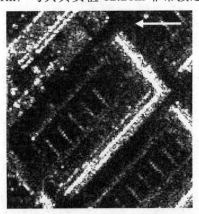 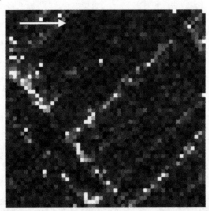

(a) 雷达视向为从右向左　　　　　　　(b) 雷达视向为从左向右

图 6-68　建筑物 A1 两个视向的 SAR 图像切片

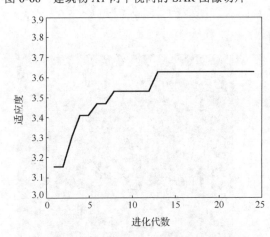

图 6-69　遗传算法每一代最优个体适应度变化曲线图

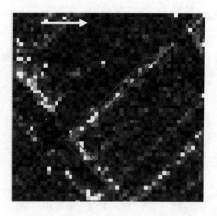

(a)　$\theta = 45°$，$\phi = 45°$　　　　　　　　(b)　$\theta = 60°$，$\phi = 30°$

图 6-70　第 24 代时对应的模型与 SAR 图像叠加显示结果

　　然后，利用本节方法分别对实验区内的 A1～A8 共 8 个建筑物的高度进行反演，并与真实值进行比较，结果如表 6-10 所示。可以看出，利用该方法反演得到的建筑物高度与建筑物高度真实值非常接近，平均误差约为 0.78m，优于仅使用单幅 SAR 图像时的结果。

表 6-10　双视向 SAR 图像建筑物高度反演结果及误差

	A1	A2	A3	A4	A5	A6	A7	A8
反演高度/m	12.01	11.08	13.97	11.13	12.76	12.83	11.61	12.27
实际高度/m	12.21	12.51	13.16	11.75	12.32	11.75	10.83	11.36
误差绝对值/m	0.20	1.43	0.81	0.62	0.44	1.08	0.78	0.91

参 考 文 献

成锦, 牛照东, 李志军, 等. 2010. 典型 Otsu 算法阈值比较及其 SAR 图像水域分割性能分析[J]. 电子与信息学报, 32(9): 2215-2219.

鹏, 王宏琦. 2003. 结合边缘与灰度信息的 SAR 图像配准算法[J]. 遥感技术与应用, 18(3): 159-163.

兴玉, 尤红建, 付琨. 2012. 单幅高分辨率 SAR 图像建筑物三维模型重构[J]. 红外与毫米波学报, 31(6): 569-576.

李兵, 王壮, 雷琳, 等. 2012. 基于模型的单幅高分辨 SAR 图像建筑物高度反演方法[J]. 电子学报, 40(6): 1086-1091.

欣, 韩崇昭, 杨艺. 2006. 基于结构的 SAR 图像配准[J]. 系统仿真学报, 18(5): 1307-1310.

璐. 2011. 双视向 SAR 图像建筑物提取研究[D]. 北京: 北京理工大学.

王国军. 2014. 建筑物目标高分辨率 SAR 图像理解研究[D]. 北京：中国科学院遥感与数字地球研究所.

徐旭. 2014. 高分辨率 SAR 图像建筑物三维信息提取方法研究[D]. 北京：中国科学院遥感与数字地球研究所.

徐旭, 张风丽, 王国军, 等. 2014. 基于 Hausdorff 距离的城区高分辨率 SAR 图像配准方法研究[J]. 遥感信息, 29(03): 73-77, 87.

徐旭, 张风丽, 王国军, 等. 2016. 基于高亮特征匹配的双视向 SAR 图像建筑物高度提取[J]. 遥感技术与应用, 31(1): 149-156.

闫浩文. 2003. 空间方向关系理论研究[M]. 成都：成都地图出版社.

张红, 王超, 张波. 2009. 高分辨率 SAR 图像目标识别[M]. 北京: 科学出版社.

周培德. 2005. 计算几何——算法设计与分析[M]. 北京: 清华大学出版社.

Auer S. 2011. 3D synthetic aperture radar simulation for interpreting complex urban reflection scenarios[D]. München: Technische Universität München.

Auer S, Hinz S, Bamler R. 2010. Ray-tracing simulation techniques for understanding high resolution SAR images[J]. IEEE Transactions on Geoscience and Remote Sensing, 48(3): 1445-1456.

Bennett A, Blacknell D. 2003. The extraction of building dimensions from high resolution SAR imagery[C]. Proceedings of the International Radar Conference, Adelaide: 182-187.

Brunner D, Lemoine G, Bruzzone L, et al. 2010. Building height retrieval from VHR SAR Imagery based on an iterative simulation and matching technique[J]. IEEE Transactions on Geoscience and Remote Sensing, 48(3): 1487-1504.

Chen H, Zhang Y, Wang H, et al. 2012. Analysis of geometric property of building double-reflection in high-resolution SAR images and its application to height retrieval[J]. Journal of Applied Remote Sensing, 6(1): 3555.

DasGupta A. 2008. Asymptotic Theory of Statistics and Probability[M]. New York: Springer.

Huttenlocher D P, Klanderman G A, Rucklidge W J. 1993. Comparing images using the Hausdorff distance[J]. IEEE Transactions on Pattern Analysis and Machine Intelligence, 15(9): 850-863.

John H H. 1992. Adaptation in Natural and Artificial Systems[M]. Cambridge, MA: MIT Press.

Liu L, Zhang F L, Wu Q H, et al. 2011. Building footprint extraction by fusing dual-aspect SAR images[C]. Proceedings of the 2011 International Geoscience and Remote Sensing Symposium, Vancouver: 1866-1869.

Otsu N. 1975. A threshold selection method from gray-level histograms[J]. Automatica, 11(285-296): 23-27.

Quartulli M, Datcu M. 2004. Stochastic geometrical modeling for built-up area understanding from single SAR intensity image with meter resolution[J]. IEEE Transactions on Geoscience Remote Sensing, 42(9): 1996-2003.

Rucklidge W J. 1997. Efficiently locating objects using the Hausdorff distance[J]. International Journal of Computer Vision, 24(3): 251-270.

Soergel U. 2010. Radar Remote Sensing of Urban Areas[M]. Dordrecht: Springer.

Sportouche H, Tupin F, Denise L. 2011. Extraction and three-dimensional reconstruction of isolated buildings in urban scenes from high-resolution optical and SAR spaceborne images[J]. IEEE Transactions on Geoscience and Remote Sensing, 49(10): 3932-3946.

Suri S, Schwind P, Uhl J, et al. 2010. Modifications in the SIFT operator for effective SAR image matching[J]. International Journal of Image and Data Fusion, 1(3): 243-256.

Thiele A, Cadario E, Schulz K, et al. 2007. Building recognition from multi-aspect high-resolution InSAR data in urban areas[J]. IEEE Transactions on Geoscience and Remote Sensing, 45(11): 3583-3593.

Zhang F L, Liu L, Shao Y. 2012. Building footprint extraction using dual-aspect high-resolution synthetic aperture radar images in urban areas[J]. Journal of Applied Remote Sensing, 6(1): 063599.

第7章 高分辨率 SAR 图像道路提取方法研究

本章将在第 2 章关于道路 SAR 图像特征及形成机理分析的基础上，针对当前 SAR 图像道路提取存在的问题，介绍一系列道路提取方法。

7.1 节针对道路在 SAR 图像上的典型特征，介绍常用的线状和带状道路的道路基元提取方法；在此基础上，7.2 节提出一种基于模糊连接度的道路基元分割方法，该方法同时考虑道路的灰度和边缘特性，对道路基元提取更加有利，实验表明该方法对于道路基元提取具有较好的效果。

7.3 节介绍一种结合张量投票和 Snakes 模型从 SAR 图像半自动提取道路的方法。针对道路基元中常包含非道路噪声、常存在空洞和断裂的现象，利用张量投票算法能从噪声掩盖的图像中提取显著结构特征并具有较好的鲁棒性的特点，对道路基元进行张量投票，然后结合张量投票结果和 Snakes 模型提取道路。

7.4 节介绍基于 MRF 模型的道路自动提取方法。由于基于 MRF 模型的道路连接方法需要先从道路基元中提取出线特征，所以引入一种基于连通域的局部 Hough 变换提取线特征的方法；研究基于线特征的 MRF 模型构建方法，通过分析道路连接特性，重新定义团势能函数，在此基础上构建模型的全局能量函数；然后应用模拟退火算法搜索全局能量函数的最小解或近似最小解，得到最终的道路。该方法既能充分利用 SAR 图像上下文信息和人类的先验知识，又能实现道路网的自动提取。

7.1 SAR 图像道路基元提取方法

7.1.1 SAR 图像线状道路基元提取

在 SAR 图像上呈线状的道路，一般具有明显的单边缘特征，可以使用边缘检测的方法来提取道路基元。经典的基于梯度的边缘检测算子假设图像受加性噪声影响，而由于 SAR 图像受乘性噪声的影响，原本应该具有相同灰度的同质区域在 SAR 图像上并不均匀，而是围绕着某一均值随机起伏，导致同质区域也会出现类似于边缘的灰度跃变，而且跃变的幅度随着区域灰度均值的增大而增大。这使得基于加性噪声的检测算子应用于 SAR 图像边缘检测时，其检测结果并不是恒虚警的，而是随着图像局部强度均值的变化而变化，使得在较亮的区域容易检测出虚假边缘，而在较暗的区域则很容易丢失很多真实边缘，因此必须研究专门能应用于 SAR 图像的边缘检测算子。经典的边缘检测算子有 ROA 算子（Bovik, 1988; Touzi et al., 1988），

Duda 算子和基于多边缘模型的 ROEWA 检测算子（Fjortoft et al., 1998）。此外，Tupin 等（1998）成功将 ROA 边缘检测算子应用于道路基元检测，并将其与互相关检测算子进行融合，综合利用两个检测算子的优势来提高道路检测效果。本节将对几种比较常用的线状道路边缘检测算子进行介绍，并通过实验验证其检测效果。

1. ROA 检测算子

ROA 算子（Touzi et al., 1988）的基本思想是假设分析窗内的区域为均匀区域，将窗口内像元的均值作为该区域的特征值，通过计算相邻两个区域的均值比来确定目标像元是否为边界点。ROA 算子通过比较不同方向的相邻区域来完成，其模板如图 7-1 所示。当利用窗口在图像上滑动进行检测时，分别计算两侧对称区域的图像强度均值 μ_1 和 μ_2 以及均值之比 $r_{12} = \mu_1 / \mu_2$，$r_{21} = \mu_2 / \mu_1$，取最终的检测响应值 $r = \min(r_{12}, r_{21})$。设定门限阈值 T，并将 r 与门限阈值进行比较。当 r 小于 T 时，认为窗口中心位于边缘处；当 r 大于 T 时，则不是边缘。由于利用了每个像元周围区域的强度均值代替单个像元强度值，所以大大削弱了单个像元的强度波动，这种方法可以获得比较可信的检测结果。

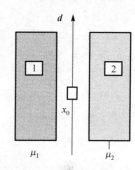

图 7-1　ROA 模板示意图

由于传统的 ROA 算子仅适用于检测无宽度的边缘，而 SAR 图像上的道路一般表现为具有一定宽度的线状特征，所以需要对 ROA 算子进行改进，才能适用于道路基元的提取。定义如图 7-2（a）所示的模板，将模板分为 1、2、3 三个区域，通过建立区域 1 与区域 2、区域 1 与区域 3 两个均值比率检测器实现边缘检测。

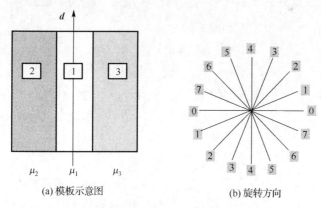

(a) 模板示意图　　　　　　(b) 旋转方向

图 7-2　改进的 ROA 算子模板及方向

定义 i、j 两个相邻区域的均值比率检测器的响应为 r_{ij}：

$$r_{ij} = 1 - \min\left(\frac{\mu_i}{\mu_j}, \frac{\mu_j}{\mu_i}\right) \tag{7-1}$$

则改进后的 ROA 算子检测结果 r 为

$$r = \min\left(r_{12}, r_{13}\right) \tag{7-2}$$

为了能更加准确地检测出道路基元，考虑到真实情况下的道路具有任意的不同方向的走向，因此需按照图 7-2（b）所示的 8 个不同方向对模板进行旋转。每旋转一个方向，计算该方向下检测器在中心像元点的检测值，旋转完毕后取所有方向中的最大响应值作为检测器的最终响应值。通过将检测器的最终响应值与给定的阈值进行比较来判断该点是否为道路点，若大于给定阈值则该点为道路点，否则不是道路点。ROA 边缘检测算子考虑了 SAR 图像局部统计特性，在给定虚警概率条件下具有较高的边缘检测概率，实用性较强，但是该算法容易造成边缘展宽、定位不准确等现象，同时 ROA 算子对较细的边缘不敏感。

2. 互相关检测算子

Tupin 等于 1998 年提出利用二阶局部统计量进行道路边缘检测的互相关算子。互相关算子充分利用了相干斑的相关性，克服了均值比率算子对较细道路敏感性差的缺点。

互相关检测算子的模板和模板的旋转方向都与均值比率算子相同，如图 7-2（a）、图 7-2（b）所示。当应用互相关检测算子进行边缘检测时，在图 7-2（b）所示的 8 个方向上，分别计算中间区域和左右两侧区域的相关系数，取两者最大值作为最后的相关系数。若最终的相关系数大于给定阈值，则认为中心像元是道路上的点，其方向为最大相关系数对应的方向。定义两个区域的互相关系数为

$$\rho_{ij}^2 = \frac{1}{1 + \left(n_i + n_j\right)\dfrac{n_i \gamma_i^2 \overline{c}_{ij}^2 + n_j \gamma_j^2}{n_i n_j \left(\overline{c}_{ij} - 1\right)^2}} \tag{7-3}$$

其中，n_i 为区域 i 包含的像元点数量；区域 i 和区域 j 的均值比 $\overline{c}_{ij} = \mu_i / \mu_j$；$\gamma_i$ 为区域 i 的标准差与均值之比。互相关检测算子的最终响应值定义为中心区域与两侧区域互相关系数的最大值，即

$$\rho = \max(\rho_{12}, \rho_{13}) \tag{7-4}$$

当检测算子的响应值 ρ 大于给定阈值时，则认为该点属于道路点。

由于互相关检测算子是通过图像的局部二阶统计量来检测道路边缘的，所以该算子的检测结果会存在较多的虚假信息，但是互相关检测算子不仅考虑了两侧区域的对比度，还考虑到同一个区域内的均匀性，因此对较细道路比较敏感，可以提高对较细道路的检测效果。

3. ROA 与互相关检测算子融合

在应用于道路提取时，均值比率检测算子由于只考虑了两侧区域和中间区域的对比度，所以存在对道路边界定位不够精准的问题，而且由于只考虑两个区域之间的对比度，对于较细的道路检测不够敏感；而互相关检测算子对较细的道路很敏感，但同时检测的虚警也比较多，容易出现误检测现象。因此，可以通过一个联合对称求和函数将两个检测算子在每个道路方向上的检测结果进行融合，从而综合利用两个检测算子的优势，提高检测效果（Tupin et al., 1998）。进行融合的联合对称函数可以表示如下：

$$\sigma(x,y)=\frac{xy}{1-x-y+2xy}, \quad x,y\in[0,1] \tag{7-5}$$

联合对称函数具有以下性质：当 $(x,y)>0.5$ 时，松散的结合性，即 $\sigma>\max(x,y)$；$(x,y)<0.5$ 时，严格的筛选性，即 $\sigma<\min(x,y)$；而其他情况下则表现出自适应性，$\min(x,y)<\sigma<\max(x,y)$。其中，$x$ 和 y 分别为均值比率检测算子和互相关检测算子的响应值。

该融合算子通过比较检测算子响应值与 0.5 的大小关系来判断该位置的像元点是否是边缘，因此需要在融合之前，对两个检测器的检测响应值进行中心归一化，即 $x=\max(0,\min(1,x+0.5-x_{\min}))$、$y=\max(0,\min(1,y+0.5-y_{\min}))$。经过联合对称函数融合后，就可以通过判断 σ 与 0.5 的大小来判定该像元点是否属于道路上的点：当 $\sigma>0.5$ 时，认为中心点 x_0 是道路上的一点；否则认为是非道路点。

4. 实验结果与分析

实验区一的 SAR 图像为成都某地 TerraSAR-X 图像，如图 7-3（a）所示，图像大小为 916×776 像元，X 波段，分辨率为 6 m。图像中有一个纵横交错的道路网，道路表现为较细长的暗线状，周围有一些建筑物。图 7-3（b）为利用 ROA 检测算子得到的检测结果，窗口大小为 11×7，响应阈值为 0.25，可以看出道路基元基本能被提取出来，但是会出现一定的展宽现象。图 7-3（c）为利用互相关检测算子得到的检测结果，窗口大小为 11×7，响应阈值为 0.25，可以看出图中出现了很多的虚警。图 7-3（d）为 ROA 和互相关检测算子融合检测的结果，该算子能综合利用两个检测算子的优势，与图 7-3（b）、图 7-3（c）相比，它能在较好地提取道路基元的同时，有效减少虚警现象。

实验区二的 SAR 图像为广州某地 TerraSAR-X 图像，如图 7-4（a）所示，图像大小为 768×732 像元，X 波段，分辨率为 3m，利用三类检测算子得到的道路基元检测结果如图 7-4 所示。检测窗口大小均为 11×7，响应阈值为 0.25，可以看到融合算子的检测结果综合了两个算子的优势，可以得到比单一检测算子更理想的道路基元检测结果。

(a) 原始 SAR 图像

(b) ROA 算子检测结果

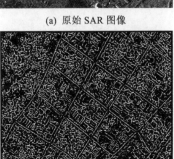

(c) 互相关算子检测结果

(d) ROA 和互相关算子融合检测结果

图 7-3　实验区一道路基元检测结果

(a) 原始 SAR 图像

(b) ROA 算子检测结果

(c) 互相关算子检测结果

(d) ROA 和互相关算子融合检测结果

图 7-4　实验区二道路基元检测结果

7.1.2　SAR 图像带状道路基元提取

对于在 SAR 图像上表现为带状的道路，由于道路宽度较大，利用单边缘检测算子无法有效提取道路基元，所以道路基元提取对象可以为平行双边缘或同态暗带，其中基于多边缘模型的 ROEWA 算子和 FCM 算法是最常用的方法。

1. ROEWA 边缘检测

ROEWA 算子是 Fjortoft 等（1998）为了克服单边缘模型的局限性而提出的。该算子以多边缘检测模型为根据，设计了一种基于线性最小均方误差的加权指数平滑滤波器，并利用这个滤波器估计得到的均值进行边缘检测。一维情况下可以用式（7-6）描述该滤波器：

$$f(x) = Ce^{-\alpha|x|} \tag{7-6}$$

其中，α 为滤波系数；C 为归一化常数。通过一个因果滤波器 $f_1(x)$ 和一个非因果滤波器 $f_2(x)$ 来表示离散情况下的 $f(x)$：

$$f(x) = \frac{1}{1+b} f_1(x) + \frac{b}{1+b} f_2(x-1)，\quad x = 1, 2, \cdots, N \tag{7-7}$$

其中，$f_1(x) = a \cdot b^x H(x)$；$f_2(x) = a \cdot b^{-x} H(-x)$，$0 < b = e^{-\alpha} < 1$，$a = 1-b$，$H(x)$ 为 Heaviside 函数，若 $x \geq 0$，则其值为 1，否则其值为 0。对于一个给定的输入信号 $e(x)$，它与 $f_1(x)$ 的卷积 $s_1(x)$ 及它与 $f_2(x)$ 的卷积 $s_2(x)$ 可通过迭代下述过程来计算：

$$s_1(x) = a[e(x) - s_1(x-1)] + s_1(x-1)，\quad x = 1, 2, \cdots, N \tag{7-8}$$

$$s_2(x) = a[e(x) - s_2(x-1)] + s_2(x-1)，\quad x = N, N-1, \cdots, 1 \tag{7-9}$$

水平方向的边缘强度的计算方法为：首先采用一维滤波器 f 对图像每列进行加权，再分别利用因果滤波器（$f_1 = f(x), x > 0$）和非因果滤波器（$f_2 = f(x), x < 0$）对加权后的图像的每行进行滤波，以获得水平方向边缘强度的因果部分 $\bar{u}_{x1}$ 和非因果部分 $\bar{u}_{x2}$：

$$\bar{u}_{x1} = f_1(x) * (f(y) \cdot I(x, y)) \tag{7-10}$$

$$\bar{u}_{x2} = f_2(x) * (f(y) \cdot I(x, y)) \tag{7-11}$$

其中，" * "代表水平方向的卷积；" · "代表垂直方向的卷积。定义水平边缘强度 r_x 为

$$r_x = \max\{\bar{u}_{x2}/\bar{u}_{x1}, \bar{u}_{x1}/\bar{u}_{x2}\} \tag{7-12}$$

将 $\bar{u}_{x1}(x-1, y)$ 和 $\bar{u}_{x2}(x+1, y)$ 代入式（7-12）求出水平方向边缘强度 $r_x(x, y)$。垂直方向的边缘强度 $r_y(x, y)$ 可以通过同样的方法求得。最终的边缘强度 r 为

$$r = \sqrt{r_x^2(x,y) + r_y^2(x,y)} \qquad (7-13)$$

2. 实验结果与分析

利用两个实验区的 SAR 图像进行道路检测实验。实验区三的 SAR 图像为成都地区 TerraSAR-X 影像，分辨率为 3m，大小为 382×360 像元。图 7-5（a）为原始 SAR 图像，有两条横纵交错的带状道路，受两侧地物和噪声影响，部分道路边缘较模糊；图 7-5（b）为采用 ROEWA 算子对 SAR 图像进行边缘检测的结果，可以看到有一些非道路边缘被检测出来；图 7-5（c）为 FCM 分割结果，同样有一些非道路小区域被检测出来，而且道路区域不够完整。

 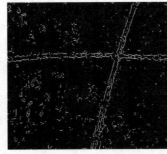 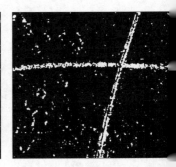

(a) 原始 SAR 图像　　　　(b) ROEWA 算子检测结果　　　　(c) FCM 分割结果

图 7-5　实验区三 ROEWA 边缘检测和 FCM 分割

实验区四的 SAR 图像为广州某地分辨率为 3m、大小为 669×527 像元的 TerraSAR-X 图像。图 7-6（a）为原始 SAR 图像，图中道路为复杂交错的道路环状交叉口；图 7-6（b）为利用 ROEWA 算子对原始 SAR 图像检测得到的结果；图 7-6（c）为对原始 SAR 图像进行 FCM 分割阈值化的结果，FCM 分割能较好地分割出道路区域，但同时一些非道路区域也被分割出来并粘连在道路边上，难以去除。

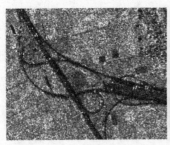  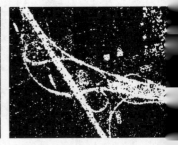

(a) 原始 SAR 图像　　　　(b) ROEWA 算子检测结果　　　　(c) FCM 分割结果

图 7-6　实验区四 ROEWA 边缘检测和 FCM 分割

7.2　基于模糊连接度的道路基元分割方法

SAR 图像中，道路一般表现为灰度较低的暗带，且有较亮的双边缘包围，因此以道路边缘为特征将有助于道路基元的提取。模糊理论在表达事物的不确定性方面具有明显的优势，SAR 图像中的道路目标一般呈线状或带状，符合连接理论的"相似性、连接性"的特点。因此本节拟充分考虑 SAR 图像中道路的辐射特性和边缘特性，利用模糊连接度算法对 SAR 图像道路基元进行提取。由于模糊连接度算法是半自动算法，所以本节提出了一种结合 FCM 分割和 ROEWA 算子自动选取种子点的方法。

基于模糊连接度的道路基元提取方法流程如图 7-7 所示（符喜优等，2015），在滤波的基础上，分别用 FCM 分割方法和 ROEWA 边缘检测算子对滤波后的图像进行分割和边缘检测，对 FCM 分割结果阈值化并去除小面积连通域提取出道路点，对 ROEWA 检测结果进行阈值化并去除小面积连通域得到大致的道路边缘，将得到的两个结果叠加融合并细化后作为道路种子点；以图像灰度和 ROEWA 算子检测得到的边缘强度图作为特征，采用模糊连接度算法对种子点进行扩展得到道路，最后通过形态学后处理得到最终道路基元提取结果。下面进行详细介绍。

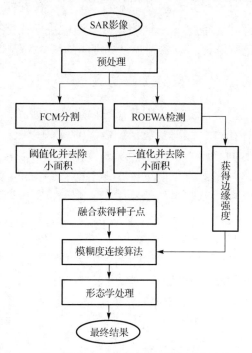

图 7-7　基于模糊连接度的道路基元提取方法流程

7.2.1 模糊连接度理论

在模糊连接度理论中，有两个重要的关系：局部模糊亲和关系与全局模糊连接关系（Udupa and Samarasekera, 1996）。

用 $\mu_k(c,d)$（c、d 是像元点）来描述模糊空间元素的局部模糊亲和关系，则 $\mu_k(c,d)$ 与模糊空间元素的相邻关系、图像特征，以及像元 c、d 的空间位置有关，可以表示为

$$\mu_k(c,d) = h(\mu_\alpha(c,d), f(c), f(d), c, d) \tag{7-14}$$

其中，$f(c)$、$f(d)$ 为图像特征；$\mu_\alpha(c,d)$ 为模糊空间元素的相邻关系，描述了任意两个空间元素的位置邻近关系，它一般取作 c 和 d 距离 $\|c-d\|$ 的递减函数：

$$\mu_\alpha(c,d) = \begin{cases} 1, & \|c-d\| < 1 \\ 0, & \text{其他} \end{cases} \tag{7-15}$$

设两点间的全局模糊连接度为 ξ，则它的隶属度函数为

$$\mu_\xi(c,d) = \max_{\rho(c,d) \in P(c,d)} [\min(\mu_k(c_1,c_2), \mu_k(c_2,c_3), \mu_k(c_{m-1},c_m))] \tag{7-16}$$

其中，$\rho(c,d)$ 表示从 c 到 d 的路径，路径上的各点用 $c_1, c_2, \cdots, c_m$ 表示，$c_1 = c$，$c_m = d$；$P(c,d)$ 为从 c 到 d 的所有路径集合。从点 c 到点 d 可以有很多可能的路径，每一条路径都有一个最弱的连接，而这条路径的连接度则取决于该路径上的最弱连接。从点 c 到点 d 的所有路径中最大的一条则定义为两点间的全局模糊连接度。

7.2.2 结合 FCM 分割和 ROEWA 自动提取种子点

模糊连接度算法是半自动算法，因此在提取道路信息前需要人工选取道路种子点，种子点选取的好坏在很大程度上决定了最终的道路提取结果。人工选取种子点不但需要耗费一定的时间和精力，同时会引入较大的人为影响。为避免人工选取种子点的不利影响，在光学影像中可以采用 Sobel 算子、Canny 算子结合 K 均值分类等方法提取边缘信息从而自动获得初始种子点。由于 SAR 图像受到乘性相干噪声的影响，Sobel、Canny 等适用于光学图像加性噪声模型的算子不具有恒虚警特性，所以不再适用于 SAR 图像。ROEWA 检测算子具有恒虚警特性，并且边缘定位准，虚假边缘少，抗断裂，非常适用于从 SAR 图像中检测人工目标的边缘。FCM 分割是有效的高分辨率 SAR 图像分割方法，可以用来对 SAR 图像道路区域进行分割。因此，本节提出了一种综合利用 ROEWA 算子检测结果和 FCM 分割结果的道路种子点提取方法，可以从 SAR 图像中自动选取种子点。通过融合两种方法的结果来获得种子点，不仅能提高种子点的可信度，而且能有效避免误提非种子点。具体方法如下。

（1）在斑点滤波的基础上，采用 ROEWA 检测算子对 SAR 图像进行边缘检测并阈值化得到边缘二值图像，对边缘强度进行阈值化并去除小面积连通域，获得可信度较高的道路边缘点。将边缘强度图作为模糊连接度算法提取道路的一个特征。

（2）利用 FCM 分割算法对 SAR 图像进行分割，得到道路类二值图像，同时去除面积较小的连通域。

（3）将步骤（1）、（2）得到的结果进行"与"操作融合，并对融合得到的结果进行细化作为种子点。

7.2.3　考虑边缘特征的模糊连接度种子点扩展

利用模糊连接度算法从光学卫星影像提取道路时，模糊空间的局部亲和度 $\mu_k(c,d)$ 的具体表达式定义为

$$\mu_k(c,d) = \begin{cases} \mu_\alpha(c,d)[\omega_1 h_1(f(c),f(d)) + \omega_2 h_2(f(c),f(d))], & c \neq d \\ 1, & c = d \end{cases} \quad (7\text{-}17)$$

其中，ω_1、ω_2 为权值，分别表示灰度特性和梯度特性对模糊相似性的贡献大小，且 $\omega_1 + \omega_2 = 1$；$h_1(f(c),f(d))$、$h_2(f(c),f(d))$ 分别代表灰度 $(f(c)+f(d))/2$ 和梯度幅值 $|f(c)-f(d)|$ 的标准高斯变量，表达式为

$$h_1(f(c),f(d)) = \exp(-((f(c)+f(d))/2 - m_1)/2s_1) \quad (7\text{-}18)$$

$$h_2(f(c),f(d)) = \exp(-(|f(c)-f(d)| - m_2)/2s_2) \quad (7\text{-}19)$$

其中，m_1、s_1、m_2、s_2 分别为 $(f(c)+f(d))/2$、$|f(c)-f(d)|$ 的样本统计均值和方差。

由于 SAR 图像受乘性相干斑噪声的干扰，梯度信息无法准确反映 SAR 图像边缘特征，以灰度和梯度信息为特征的模糊连接度算法从 SAR 图像中提取道路难以取得理想结果。ROEWA 算子以多边缘检测模型为依据，不仅具有恒虚警特性，虚假边缘少，而且可克服单边缘模型的缺陷。因此，本节以 ROEWA 检测算子边缘强度替代灰度梯度值，即

$$h_2(f(c),f(d)) = \exp(-(|r(c)-r(d)| - m_2)/2s_2) \quad (7\text{-}20)$$

其中，h_2 为 ROEWA 算子边缘强度值的标准高斯变量；m_2、s_2 为 ROEWA 算子边缘强度差值 $|r(c)-r(d)|$ 的样本统计均值和方差。

对于权值 ω_1、ω_2 的确定，传统的方法是采用人工试探的方法，根据提取的效果来确定 ω_1、ω_2 的值。这种方法不仅需要进行大量尝试，非常耗时，而且在整幅道路图像中单一地使用同一权值参数，无法适用于复杂场景 SAR 图像的道路提取。为了避免这些缺点，本节采用一种自适应权值计算方法（Pednekar and Kakadiaris, 2006），针对图像中不同位置的像元给出不同的 ω_1、ω_2 值，自适应权值表示为

$$\omega_1 = h_1 / (h_1 + h_2) \tag{7-21}$$

$$\omega_2 = h_2 / (h_1 + h_2) \tag{7-22}$$

　　基于模糊连接度的图像最优路径搜索是一个最短路径问题，采用基于 Dijkstra 的方法来搜索最优模糊连接度路径具有更高的效率。设 f 为记录各点与种子点之间模糊连接度的数组，Q 为存放待处理像元的队列，o 为种子点集，算法流程如图 7-8 所示，主要步骤如下。

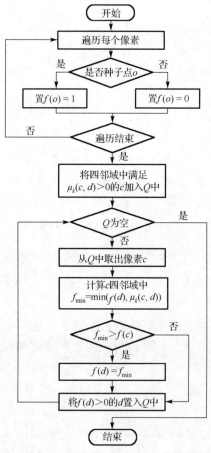

图 7-8　基于 Dijkstra 的方法最优路径搜索

　　（1）首先将种子点的全局模糊连接度 $f(o)$ 设为 1，其他点的 f 设为 0，并将种子点置入队列 Q 中。

　　（2）从 Q 中取出全局模糊连接度最大的像元 c，对 c 四邻域的点 d，计算 $f_{\min} = \max[\min(f(d), \mu_k(c,d))]$。

　　（3）若 $f_{\min} > f(c)$，则 $f(c) = f_{\min}$；若 $f_{\min} < f(c)$，则将四邻域中 $\mu_k(c,d) > 0$ 的

像元加入 Q 中。

（4）重复进行步骤（2）、（3），直到 Q 为空。

模糊路径搜索得到图像每个像元的全局模糊连接度 f，进行阈值化即可提取出道路。由于一些误提种子点的存在，模糊连接度算法提取的结果可能包含一些非道路噪声，而且道路区域也会出现孔洞的情况，所以利用数学形态学方法进行后处理得到更理想的结果。首先去除面积小于给定阈值的连通域，消除非道路噪声，阈值需根据不同场景的实际情况进行选择；利用孔洞填充技术对道路中间出现的孔洞进行填充；对于边缘不规则现象，采用形态学的膨胀、腐蚀、开运算和闭运算进行改善。

7.2.4　实验结果与分析

为了验证本节方法的有效性，选择两个实验区的 TerraSAR-X 图像进行实验，与利用 FCM 分割法提取的道路结果进行比较，并利用人工勾绘出来的道路特征对实验结果进行评价。实验区三的道路基元提取结果如图 7-9 所示。其中图 7-9（a）为采用 ROEWA 算子对 SAR 图像进行边缘检测，阈值化并去除面积小于 20 个像元的连通域后的结果；图 7-9（b）为 FCM 分割后并阈值化后，去除面积小于 40 个像元的连通域后的结果；图 7-9（c）为对图 7-9（a）和图 7-9（b）进行融合并细化后得到的最终的种子点，两个结果融合可以提取到较多的种子点，非种子点明显减少，有利于利用模糊连接度提取道路基元；图 7-9（d）为种子点叠加在原始 SAR 图像上的显示结果；图 7-9（e）为利用模糊连接度方法的道路提取结果，其中模糊连接度阈值为 0.27，并通过形态学后处理改善道路提取结果，可以看到道路基元能较好地提取出来；图 7-9（f）为模糊连接度方法提取结果叠加到原始 SAR 图像上；图 7-9（g）为利用 FCM 方法提取道路基元并优化后的结果；图 7-9（h）为人工勾绘得到的道路特征。

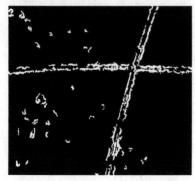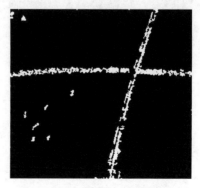

　　（a）ROEWA 算子后去小面积结果　　　　　　　　（b）FCM 分割后去小面积结果

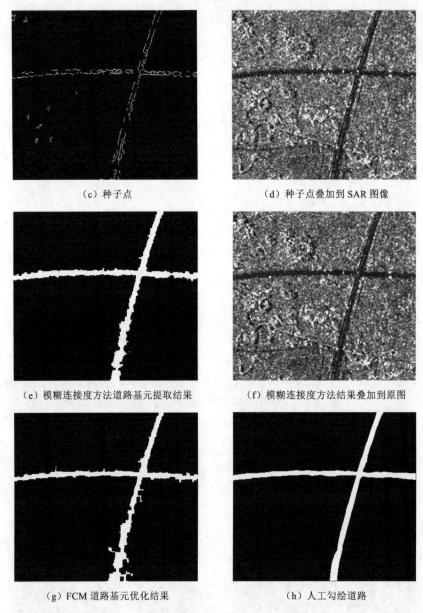

（c）种子点　　　　　　　　　　　　（d）种子点叠加到 SAR 图像

（e）模糊连接度方法道路基元提取结果　　　　（f）模糊连接度方法结果叠加到原图

（g）FCM 道路基元优化结果　　　　　　　　（h）人工勾绘道路

图 7-9　实验区三的道路基元提取结果及对比

　　实验区四的道路基元提取如图 7-10 所示。其中图 7-10（a）为利用 ROEWA 算子对原始 SAR 检测并阈值化的结果；图 7-10（b）为对原始 SAR 图像进行 FCM 分割并阈值化的结果；图 7-10（c）为对图 7-10（a）和图 7-10（b）进行叠加融合并细化得到的种子点，大部分种子点都较好地分布于道路内，少量种子点被误提出来

图 7-10（d）为种子点叠加在 SAR 图像上的显示结果；图 7-10（e）为模糊连接度提取的道路基元，其中模糊连接度阈值为 0.32，并通过形态学后处理改善道路提取结果，由于 SAR 图像斑点噪声及其他地物的影响，部分道路不太明显的区域提取结果发生了断裂，但大部分道路被较好地提取出来；图 7-10（f）为模糊连接度方法的道路提取结果叠加到原始 SAR 图像上；图 7-10（g）为利用 FCM 方法提取道路基元并优化后的结果，仍有一些非道路区域被提取出来；图 7-10（h）为人工勾绘得到的道路特征。

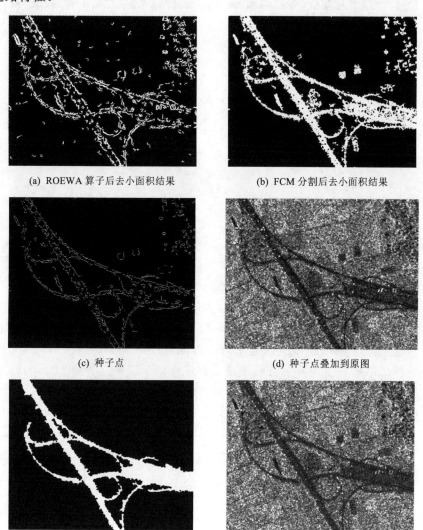

(a) ROEWA 算子后去小面积结果　　　　　(b) FCM 分割后去小面积结果

(c) 种子点　　　　　　　　　　　　(d) 种子点叠加到原图

(e) 模糊连接度方法道路基元提取结果　　　(f) 模糊连接度方法结果叠加到原图

 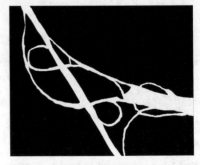

(g) FCM 道路基元优化结果　　　　　　　　　　　(h) 人工勾绘道路

图 7-10　实验区四的道路基元提取结果及对比

　　为了对各方法提取道路基元的精度进行对比，以人工勾绘的道路特征作为真值，采用以下三个指标（Wiedemann et al., 1998）进行定量评价：

$$E_1 = \frac{n_{TP}}{n_{TP} + n_{FN}} \tag{7-23}$$

$$E_2 = \frac{n_{TP}}{n_{TP} + n_{FP}} \tag{7-24}$$

$$E_3 = \frac{n_{TP}}{n_{TP} + n_{FP} + n_{FN}} \tag{7-25}$$

其中，E_1、E_2、E_3 分别为完整率、正确率和检测质量；n_{TP}、n_{FP}、n_{FN} 分别为正确提取、错误提取、漏提取的像元个数。

　　表 7-1 给出了实验区三、实验区四的评价结果，可以看出，基于模糊连接度方法的道路基元提取结果在完整率、正确率和检测质量上都优于 FCM 分割方法，说明本节提出的基于模糊连接度的方法能较好地克服斑点噪声的影响，从高分辨率 SAR 图像中提取不同宽度和弯曲程度的道路，且具有较高的精度。但对于复杂道路场景中的道路断裂问题，还需进一步研究，引入更多特征来解决。

表 7-1　实验区三、四道路检测结果评价与对比

检测精度	实验区三		实验区四	
	模糊连接度方法	FCM 方法	模糊连接度方法	FCM 方法
完整率 E_1/%	93.15	88.34	90.54	90.05
正确率 E_2/%	83.47	82.48	84.06	76.65
检测质量 E_3/%	78.64	74.38	77.27	70.67

7.3　结合张量投票和 Snakes 模型的道路半自动提取

半自动方法在发挥计算机快速精准计算能力的同时，允许加入人工操作，是从 SAR 图像中提取道路的较好选择。半自动方法中，模板匹配可实现对干扰较小、道路较直的简单场景道路的提取，但在道路交叉口或道路曲率较大时效果不好（程江华等，2013）。粒子滤波法也可用于道路提取，但在粒子个数很大时实时性会降低，而且长距离道路跟踪时粒子集的退化会对估计精度有较大影响。Snakes 模型法是一种高效、实用的半自动轮廓检测法，对曲线轮廓具有比较好的拟合效果，因此广泛用于遥感图像道路提取。在应用 Snakes 模型进行道路提取时，需要根据不同的情况对 Snakes 模型的外部能量进行定义并制定拟合策略。对于光学遥感图像，常以图像灰度的负梯度作为 Snakes 模型的外部能量，但这一做法对于受非高斯乘性噪声影响的 SAR 图像不再适用。

本节针对利用 Snakes 模型从 SAR 图像提取道路时存在的问题，引入张量投票算法重新定义 Snakes 模型的外部能量，提出了一种结合张量投票和 Snakes 模型从 SAR 图像提取道路的方法。该方法首先利用道路基元提取方法从 SAR 图像中提取出道路类，由于提取结果常包含非道路噪声，并且存在空洞和断裂现象，不利于下一阶段的道路中心线提取。张量投票算法是一种能从噪声掩盖的图像中提取显著结构特征的鲁棒性算法，能从受噪声影响和断裂的道路类中提取道路的几何形态特征——曲线显著性，因此我们以张量投票计算得到的曲线显著性值的负值作为 Snakes 模型外部能量，引导 Snakes 模型能量最小化的过程。在 Snakes 模型能量最小化阶段，针对传统方法存在的问题提出了一种边内插节点边优化的策略，不需要事先确定节点数量，在控制点较少的情况下对曲率较大的道路也可以取得较好的拟合效果（符喜优等，2015）。

7.3.1　基于 Snakes 模型的道路半自动提取

Snakes 模型法是一种高效实用的半自动轮廓检测法，对曲线轮廓具有比较好的拟合效果。本节将介绍 Snakes 模型的基本理论，以及能量最小化阶段边内插边优化的拟合策略。

1. Snakes 模型理论

Snakes 模型是 Kass 等（1988）提出的一种由内部约束力、外部约束力和参数曲线组成的模型，其中曲线在内、外约束力作用下会产生移动变形。它特有的内部能量函数能为最后提取到光滑曲线提供保证，而且外部能量可根据感兴趣目标的特征定义相应的函数，使 Snakes 轮廓能很好地收敛拟合到待提取的目标轮廓上。Snakes

可以表示为定义在参数 $s \in [0,1]$ 上的参数曲线，即 $v(s) = (x(s), y(s))$，它模型的总能量可以定义为

$$E_{\text{snake}} = \int_0^1 (E_{\text{int}}(v(s)) + E_{\text{ext}}(v(s)))\text{d}s \qquad (7\text{-}26)$$

其中，$E_{\text{int}}(v(s))$ 定义了一个可伸缩的并具有一定坚硬程度的曲线 $v(s)$ 的内部能量函数。内部能量函数 $E_{\text{int}}(v(s))$ 可以看成连续能和曲率能两种能量函数的组合，表示为

$$E_{\text{int}}(v(s)) = \int_0^1 \frac{1}{2}[\alpha(s)\,|\,v'(s)\,|^2 + \beta(s)\,|\,v''(s)\,|^2]\text{d}s \qquad (7\text{-}27)$$

其中，$v'(s)$ 表示 $v(s)$ 对 s 的一阶导数，它定义为连续能，表示 Snake 轮廓线上相邻两点的连续性；$v''(s)$ 为 $v(s)$ 对 s 的一阶和二阶导数，定义为曲率能，表示 Snake 轮廓线上相邻三点的曲率；$\alpha(s)$ 和 $\beta(s)$ 分别为连续能和曲率能的控制参数。

$E_{\text{ext}}(v(s))$ 为外部能量，主要由与图像目标特征相关的一些因素和外力约束能量项构成：

$$E_{\text{ext}}(v(s)) = \int_0^1 E_{\text{image}}[v(s)] + E_{\text{cont}}[v(s)]\text{d}s \qquad (7\text{-}28)$$

图像能量项 E_{image} 是定义在整个图像表面 $I(x,y)$ 的标量函数，它反映了图像的某些特征，如边缘、线状目标等，并在能量最小化的时候推动 Snake 轮廓线向感兴趣的目标轮廓靠近直至与目标拟合。光学遥感图像常以图像灰度的负梯度作为 Snakes 模型的外部能量：

$$E_{\text{image}} = -\gamma \nabla \,|\,I(x,y)\,| \qquad (7\text{-}29)$$

在向指定的目标轮廓拟合时，初始轮廓曲线在 Snakes 的内部能量和由图像数据产生的外部能量的共同作用下慢慢地向目标特征位置靠拢。最小化能量函数的过程就是 Snakes 模型的轮廓收敛过程，可以采用变分法（Kass et al., 1988）和贪婪算法求解。

2. 边内插边优化的 Snakes 拟合策略

采用 Williams 和 Shah（1992）提出的贪婪算法解算 Snakes 模型的最小能量，需要先定义 Snakes 模型的各部分能量。设 v_i 为 Snake 模型的一点，定义连续能为

$$E_{\text{cont}}(v(s)) = \overline{d} - |\,v_i - v_{i-1}\,| \qquad (7\text{-}30)$$

其中，$\overline{d}$ 为轮廓相邻节点之间的平均距离，且 $\overline{d} = \sum_{i=1}^{n-1} \frac{|\,v_{i-1} - v_i\,|}{n-1}$，$n$ 为轮廓的节点个数。连续能使轮廓上的节点较均匀地分布，增强轮廓的拟合能力。

节点 v_i 的曲率能定义为

$$E_{curv} = |v_{i-1} - 2v_i + v_{i+1}|^2 \qquad (7\text{-}31)$$

当曲率能在迭代过程中寻找最小值时，轮廓线会由折线趋向于直线，使曲率降到最低。

Snake 模型的总能量为

$$E_{snake} = \alpha E_{cont} + \beta E_{curv} + \gamma E_{ext} \qquad (7\text{-}32)$$

其中，α、β、γ 分别为控制连续能 E_{cont}、曲率能 E_{curv} 和外部能量 E_{ext} 的权重参数，这些参数的取值大小，将使与它们所对应的能量在总能量中产生的影响不同。

传统方法采用先确定所有内插节点再最小化 Snakes 能量的策略，需要预先确定内插的节点数，增加人工操作难度，并且对曲线道路拟合效果一般。本节提出了一种优化的拟合策略，即每内插一个节点后立即最小化 Snakes 模型能量，再继续内插下一个节点并最小化 Snakes 能量。这种一边内插一边拟合的方法不需要事先确定节点数，能使 Snakes 轮廓在输入较少控制点的情况下，就对曲线道路具有较好的拟合效果。具体步骤如下。

（1）参数的初始化，确定权值 α、β、γ，内插步长 step 和贪婪算法迭代次数 n 的大小，并人工选取控制点。

（2）按步长在最后一个节点与控制点间内插一个节点，使用贪婪算法迭代计算每一个节点和它 3×3 邻域节点的总能量，并移动节点到 3×3 邻域内总能量最小的像元点所处的位置。

（3）若最后一个节点与控制点距离小于步长，则退出，否则返回步骤（2）。

（4）对每两个控制点重复步骤（2）、（3），直到每两个控制点间都完成拟合。

7.3.2　利用张量投票算法定义 Snakes 模型外部能量

SAR 图像受非高斯乘性噪声影响，梯度信息无法有效表示边缘，因此光学图像常用的以图像灰度的负梯度值作为 Snakes 模型外部能量的方法在用于 SAR 图像道路提取时无法取得理想的效果；并且由于受到斑点噪声以及周边地物的影响，利用道路基元提取方法提取的道路基元中常包含许多虚假目标，且会出现空洞、断裂等现象。图 7-11 为利用道路基元提取方法从 SAR 图像提取道路基元的例子，图 7-11（a）为海南某地机载 SAR 图像，图像大小为 356×678 像元，C 波段，分辨率为 2 m。图 7-11（b）为得到的道路基元，可以看出一些水体也被当成了道路基元，但受树木、车辆影响的像元却被当成了非道路基元。

考虑到张量投票具有从噪声掩盖的图像中提取显著结构特征的能力，首先对道路基元结果图像进行张量投票，获取能表征道路几何形态特征的曲线显著性值，然后以曲线显著性值的负值来引导 Snakes 模型的收敛过程。

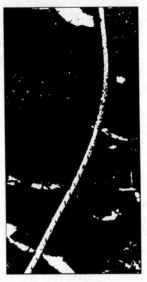

(a) 机载 SAR 图像　　　　　　　　　　　　　　(b) 道路基元

图 7-11　机载 SAR 图像道路类提取

1. 张量投票理论与方法

张量投票是一种来源于计算机视觉的方法，对于推断图像中的显著性结构有很好的效果，且具有参数少、鲁棒性强、计算高效快速等特点，广泛应用于图像去噪、轮廓提取、图像序列分析等方面。张量投票的主要思想是，各输入数据收集其邻域内的数据的投票信息，并对收集到的信息加以判断，从而得到各个输入数据的结构信息，即每个输入点经张量编码表示后，通过一个预先定义好的投票域向它周围的点进行张量投票，与此同时收集其他点投向它的票数并将这些投票编码为一个新张量，最后将张量投票的结果进行分解，提取点、线、面等空间结构特征。张量投票算法主要由张量表示、张量投票和特征提取三部分组成。

1）张量表示

在张量投票算法中，为了满足映射连续性和表示唯一性，输入数据以二阶对称半正定的张量形式表示，也称为张量编码。利用张量可以同时表示数据的方向信息和类型信息。二维平面中，张量 T 可以根据矩阵谱分解定理分解成特征值和特征向量的线性组合：

$$T = (\lambda_1 - \lambda_2)e_1e_1^{\mathrm{T}} + \lambda_2(e_1e_1^{\mathrm{T}} + e_2e_2^{\mathrm{T}}) \tag{7-33}$$

其中，e_1 和 e_2 为相应的特征向量；λ_1 和 λ_2 为相应特征向量对应的非负特征值；$e_1e_1^{\mathrm{T}}$ 为棒形张量，显示其线特征；$\lambda_1 - \lambda_2$ 代表线特性的显著性；$e_1e_1^{\mathrm{T}} + e_2e_2^{\mathrm{T}}$ 称为球形张量

显示其点特性；λ_2 代表点特性的显著性。

2）张量投票

对输入点进行张量投票时需要先定义投票域，二维空间中的张量投票域有两种：棒形投票域和球形投票域，如图 7-12（a）和图 7-12（b）所示。

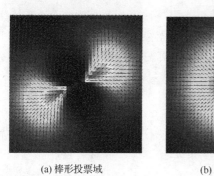
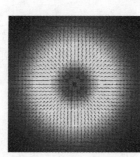
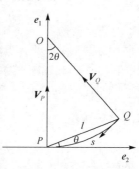

(a) 棒形投票域　　　　　　　　(b) 球形投票域　　　　　　　　(c) 棒形张量投票示意图

图 7-12　张量投票算法

棒形投票域的张量投票过程如图 7-12（c）所示。记 P 为投票点，投票方向为 V_P，受票点为 Q，定义从 P 点出发，通过 Q 点的最有可能的光滑路径为密切圆的一段弧，该弧具有恒定不变的曲率，圆心为 O。l 为线段 PQ 的长度；θ 为线段 PQ 与 P 处切线方向的夹角；s 为 PQ 的弧长，$s = \dfrac{\theta l}{\sin\theta}$；$\rho$ 为圆弧 PQ 的曲率，$\rho = \dfrac{2\sin\theta}{l}$。

根据 Gestalt 原理，投票的大小应该为与邻近性、光滑性和连续性有关的函数，P 给 Q 投票的票值 DF 满足以下衰减规律：

$$\mathrm{DF}(s,c,\rho) = \exp\left(-\frac{s^2 + c\rho^2}{\sigma^2}\right) \tag{7-34}$$

其中，σ 称为尺度因子，决定了有效的投票域的大小，也可看成光滑性的度量，是该方法中唯一的一个自由参数；c 控制了曲率的程度，是 σ 的函数：

$$c = \frac{-16\ln 0.1 \times (\sigma - 1)}{\pi^2} \tag{7-35}$$

P 点处一个沿 V_P 方向的单位棒形投票所形成的二维空间中的棒形投票域可以定义为投票者与受票者之间距离 l 和角度 θ 的函数，其张量形式可以表达为

$$\boldsymbol{S}_{sO}(l,\theta,\rho) = \mathrm{DF}(s,c,\rho)\begin{bmatrix} -\sin 2\theta \\ \cos 2\theta \end{bmatrix}\begin{bmatrix} -\sin 2\theta & \cos 2\theta \end{bmatrix} \tag{7-36}$$

任意大小的棒形张量的投票数量，定义为式（7-34）与棒形分量的大小 $\lambda_1 - \lambda_2$ 的乘积。球形张量的投票域可由棒形投票域得到：

$$B_{sO}(P) = \int_0^{2\pi} S_{sO}(P)\mathrm{d}\theta \qquad (7\text{-}37)$$

任意大小的球形张量的投票数量，定义为式（7-34）与球形分量的大小 λ_2 的乘积。

投票过程分为两种：①稀疏投票，从投票者处向有投票能力的受票者处投票；②稠密投票，从投票者处向所有位置投票。

3）特征提取

投票完成后，通过对每个点获得的投票进行如式（7-33）的张量分解就可以提取相应特征的显著性图，如点显著性图、线显著性图，显著性图中每一点的值代表相应特征的显著性，即线特征显著性 $\lambda_1 - \lambda_2$ 或点特征显著性 λ_2。

2. 提取道路曲线显著性作为 Snakes 模型外部能量

由于提取的道路基元没有方向性，而无方向的点不具备棒形张量部分，不能投出棒形票，也就无法提取曲线显著性，所以先对所有道路基元进行球张量编码，即对每个道路点编码为

$$T = \begin{bmatrix} 1 & 0 \\ 0 & 1 \end{bmatrix} \qquad (7\text{-}38)$$

然后对所有编码点进行一次球形投票域的稀疏投票，使道路点具有一定方向性。在此基础上，再对非道路基元进行球张量编码，并对所有点重新进行一次棒形投票域的稠密投票。经过两次投票后，对每个点获得的线性投票张量和进行如式（7-33）的分解，就可以提取每个道路基元的曲线显著性值 $\lambda_1 - \lambda_2$。图 7-13（a）为对图 7-11（b）进行张量投票后提取的曲线显著性图，图 7-13（b）为对图 7-13（a

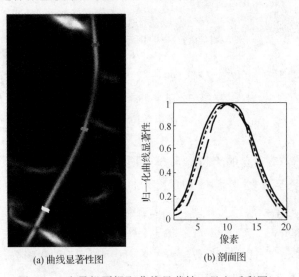

(a) 曲线显著性图　　　　　　　(b) 剖面图

图 7-13　张量投票提取曲线显著性（见文后彩图）

取三个道路剖面（位置如红、绿、蓝色线条所示）得到的剖面图。由该图可以看出，具有线性结构的道路具有较高的曲线显著性，且道路中心点往往比非中心点显著性高。因此，以曲线显著性值的负值作为 Snake 模型的外部能量，即令

$$E_{ext} = -(\lambda_1 - \lambda_2) \tag{7-39}$$

当最小化 Snakes 模型能量时，曲线轮廓会向道路中心逼近，从而准确地提取出道路。

7.3.3　实验结果与分析

为了验证该方法的有效性，利用机载和星载 SAR 图像进行道路提取实验，并与肖志强和鲍光淑（2004）提出的方法的提取结果进行对比。图 7-14 为简单背景环境下道路提取对比实验。图 7-14（a）为本节方法提取的道路结果，即在提取出道路类的基础上，对每个道路点进行张量投票提取曲线显著性值，然后以曲线显著性值的负值作为 Snakes 模型的外部能量，驱动模型轮廓形变拟合出的道路。对于该段道路，只需人工给出两个控制点（标记×表示控制点，下同），即可提取出整段光滑的道路。图 7-14（b）为采用肖志强和鲍光淑的方法选取两个控制点提取的道路，可以看到对于该路段，只选取两个控制点无法正确提取道路。图 7-14（c）为采用肖志强和鲍光淑的方法选取 3 个控制点提取的道路，可以看出，要正确提取该道路段至少需要人工选取 3 个控制点。

(a) 本节方法结果　　　　　(b) 肖志强和鲍光淑的方法结果 1　　　　(c) 肖志强和鲍光淑的方法结果 2

图 7-14　利用机载 SAR 图像的简单背景道路提取实验

　　图 7-15 为较复杂环境下道路提取对比实验。图 7-15（a）为广州某地 TerraSAR-X 图像，实验图像大小为 638×551 像元，X 波段，分辨率为 3 m。实验区有一条沿距离向曲率较大的道路和一条沿方位向曲率较小的道路相交，道路受树木、建筑物、车辆干扰严重。图 7-15（b）为利用本节方法提取的道路，不论曲率较大或曲率较小的道路都只需两个控制点就可以提取其完整信息，而且提取出的道路光滑准确。图 7-15（c）为采用肖志强和鲍光淑（2004）的方法选取 5 个控制点提取的道路，对于曲率较小的道路，只需输入两个控制点即可提取出整条道路，但是对于弯曲道路，只输入 3 个控制点无法做到正确提取。图 7-15（d）为采用肖志强和鲍光淑的方法选取 6 个控制点提取的道路，可以看出，对于沿距离向曲率较大的道路，肖志强和鲍光淑的方法至少需要人工选取 4 个控制点才能正确提取，而采用本节方法只需要选取首尾两个控制点即可正确提取，而且提取的曲线更光滑。

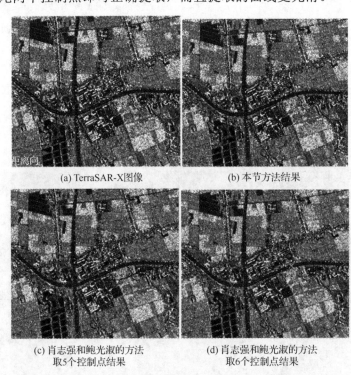

(a) TerraSAR-X图像　　　　　　　(b) 本节方法结果

(c) 肖志强和鲍光淑的方法　　　　　(d) 肖志强和鲍光淑的方法
　　　　取5个控制点结果　　　　　　　　取6个控制点结果

图 7-15　利用星载 SAR 图像的复杂环境道路提取实验

　　为了验证本节方法对于复杂道路网的提取效果，利用机载和星载 SAR 图像对郊区和城区两类场景的道路网进行提取实验。图 7-16 为郊区道路网提取实验结果。图 7-16（a）为海南某地机载 SAR 图像，图像大小为 1502×780 像元，C 波段，分辨率为 2 m，实验区内道路受其他地物干扰较少，少数道路有较大曲率。图 7-16（b）为利用本节方法提取的道路网，大多数道路段只需要两个控制点就能提取出来，别曲率较大或较模糊的道路，通过增加少量控制点也可以得到很好的提取结果。图 7-16（c）为肖志强和鲍光淑的方法的提取结果，可以看出该方法需要较多的控制点。

(a) 机载SAR图像

(b) 本节方法结果

(c) 肖志强和鲍光淑的方法结果

图 7-16　郊区道路网提取实验（见文后彩图）

城区道路网提取实验如图 7-17 所示。图 7-17（a）为广州地区 TerraSAR-X 图像，图像大小为 1361×642 像元，X 波段，分辨率为 3 m。实验区位于城区，场景复杂，道路两边有大量的建筑物、行道树，并且部分道路曲率较大。图 7-17（b）为利用本节方法提取的道路网信息，可以看出，综合利用张量投票方法和 Snakes 模型，可以较好地剔除噪声的干扰，将复杂城区中的道路网有效地提取出来。图 7-17（c）为肖志强和鲍光淑的方法的提取结果，可以看出该方法需要较多的控制点才能提取出道路网。

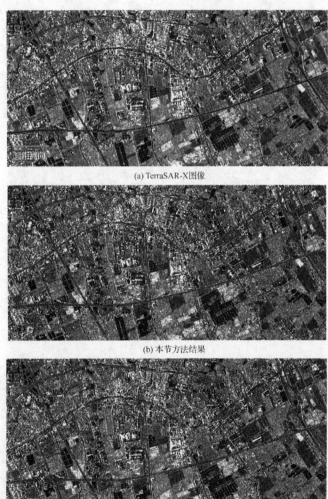

(a) TerraSAR-X图像

(b) 本节方法结果

(c) 肖志强和鲍光淑的方法结果

图 7-17　城区道路网提取实验（见文后彩图）

　　为了对本节方法的效果进行评价，手动从图 7-16 和图 7-17 中的 SAR 图像中提取道路目标作为参考，从所需控制点个数、计算效率两个方面对本节方法、肖志强和鲍光淑的方法的道路提取效果进行对比分析。由表 7-2 可以看出，三种方法需要的时间相差不大，但本节方法需要人工选择的控制点更少，且提取道路更光滑。

表 7-2　方法评价

效率	图 7-16			图 7-17		
	手动提取	本节方法	肖志强和鲍光淑的方法	手动提取	本节方法	肖志强和鲍光淑的方法
控制点/个	56	16	33	51	18	34
时间/s	96	108	103	87	94	83

7.4　基于 MRF 模型的道路网自动提取

MRF 全局连接方法可以充分利用 SAR 图像上下文信息和人类的先验知识，在 SAR 图像分割、道路提取中都得到了广泛应用（Negri et al., 2006; Tupin et al., 1998, 2002），因此本节将介绍基于 MRF 模型的 SAR 图像道路自动提取方法，主要包括以下内容：首先介绍一种基于连通域的局部 Hough 线特征提取方法，与全局 Hough 变换相比，它克服噪声能力更强，能提取较短的直线；其次在线特征提取的基础上建立基于线特征的 MRF 模型。在 MRF 模型中，观测数据模型和先验模型的定义是一个很重要的问题，针对不同的场景可以有不同的定义。本节通过分析道路连接特性，对 MRF 模型团势能函数进行重新定义，并应用模拟退火法来搜索全局能量函数的最小解，从而得到线段的最优标记，得到最终的道路（符喜优，2015）。

7.4.1　道路线特征提取

在 SAR 图像中，线特征是道路目标的重要组成部分。利用边缘检测器对 SAR 图像中的道路基元进行检测后，检测结果是以像元为单位的点集，只反映了图像的局部变化。在进行全局连接前，需要利用这些道路基元提取能反映整体边缘的线段特征。线特征提取方法有 Hough 变换法（Grimson and Huttenlocher, 1990）、层次记号编组法（Boldt et al., 1989）和相位编组法（Burns et al., 1986）等。Hough 变换方法具有明了的几何解析性、较强的抗噪声能力和较易实现并行处理等优点，但也存在计算量较大、对较复杂场景检测效果不理想的缺点。为了避免这些缺点，本节采用一种基于连通域的局部 Hough 变换从道路基元中提取线特征，与全局 Hough 变换相比，该方法克服噪声能力更强，能提取较短的直线。为了使提取结果更准确，需要先对得到的道路基元二值图像进行细化处理。

1. 道路基元细化

对于图像上某一像元点及其 3×3 邻域内的各个像元点，分别标记为 $P_1, P_2, \cdots, P_9$，其中 P_1 处于中心位置，如图 7-18 所示。则对该点进行细化的具体步骤如下。

若 P_1 点为道路基元点，即 $P_1 = 1$，且同时满足以下四个条件：① $2 \leqslant N(P_1) \leqslant 6$；② $S(P_1) = 1$；③ $P_2 \cdot P_4 \cdot P_8 = 0$ 或 $S(P_2) \neq 1$；④ $P_2 \cdot P_4 \cdot P_6 = 0$ 或者 $S(P_4) \neq 1$，则删除 P_1，即令 $P_1 = 0$。其中 $N(P_1)$ 是点 P_1 的 3×3 邻域中非 0 的像元个数，即 $N(P_1) = P_2 + P_3 + \cdots + P_9$。$S(P_1)$ 是有序序列 $P_2, P_3, \cdots, P_9$ 中，像元点的值在 0 和 1 之间发生变换的次数。同样地，$S(P_2)$ 和 $S(P_4)$ 分别表示以 P_2、P_4 为中心的 3×3 邻域中各像元点的值在 0 和 1 之间发生变换的次数。对整个图像重复进行以上步骤，直到不能再删除任何一点。

P_3	P_2	P_9
P_4	P_1	P_8
P_5	P_6	P_7

图 7-18　任一像元点的 3×3 邻域

2. Hough 变换原理

Hough 变换可以将图像的特征点映射至参数空间，从而获取图像特征点关系，主要用于检测二值图像中的直线，其基本原理是利用点与线的对偶性，将图像空间的直线转换为参数空间中的一点，从而把图像空间中的直线检测问题转化为在参数空间中的峰值搜索问题，如图 7-19 所示。通过 Hough 变换可以检测已知形状的目标，受噪声和特征不连续的影响小，其最大优点是抗干扰能力强，能够在信噪比较低的条件下检测出直线。

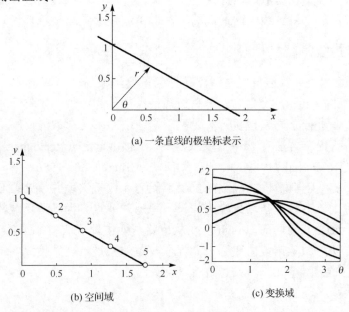

(a) 一条直线的极坐标表示

(b) 空间域

(c) 变换域

图 7-19　Hough 变换原理

Hough 变换的基本思想是利用点-线的对偶性，即过某一点 (x_0, y_0) 的所有直线的参数都会满足方程 $b = -x_0 k + y_0$，图像空间的一个点 (x_0, y_0) 对应参数空间 $k - b$

的一条直线。对于某一直线 $y = k_0 x + b_0$ 上的任一点，其对应于参数空间中的直线都将通过该空间的点 (k_0, b_0)，即参数空间的一点 (k_0, b_0) 对应于图像空间中的一条斜率为 k_0、截距为 b_0 的直线 $y = k_0 x + b_0$。

对于任意方向和任意位置直线的检测，为了避免垂直线的斜率无限大的问题（平行于 y 轴的直线），往往采用极坐标 (ρ, θ) 作为变换空间，参数 ρ 和 θ 可以唯一地确定一条直线，ρ 表示原点到直线的距离，θ 是该直线的法线与 x 轴的夹角。对于 (x, y) 空间中的任一点 (x_0, y_0) 采用极坐标 (ρ, θ) 作为参数空间，其变换方程为

$$\rho = x_0 \cos \theta + y_0 \sin \theta \tag{7-40}$$

显然，(x, y) 平面中的任意一条直线都与 ρ-θ 空间的一个点相对应（Duda and Hart, 1973）。图 7-19（a）中直线上所有的点在图 7-19（c）中都交于一点，也就是说变换域的一点确定空间域内唯一的直线。Hough 变换的一个突出优点是抗干扰能力强，如果待检测线条上有小的扰动或断裂，甚至是虚线，进行 Hough 变换后，在变换空间中仍能得到明显的峰值点。

Hough 变换应用于二值图像的过程如下。

（1）在参数空间 (ρ, θ) 中建立一个累加数组 $A(\rho, \theta)$，并置数组 A 中每个元素的初值都为零；对二值图像任意一个取值为 1 的像元点 (x, y)，让 θ 遍历 θ 轴上所有可能的值，并根据式（7-40）计算对应的 ρ；再根据 ρ 和 θ 的值（设都已经取整）对数组进行累加（$A(\rho, \theta) = A(\rho, \theta) + 1$）。

（2）对数组 $A(\rho, \theta)$ 进行峰值检测，若 $A(\rho_i, \theta_i)$ 大于先验阈值 T，则认为存在一条有意义的线段，(ρ_i, θ_i) 为该线段在参数空间中的参数。

（3）利用参数 ρ_i 和 θ_i 可以得到图像空间中的直线。

3. 局部 Hough 变换提取线特征

Hough 变换通常情况下是对整幅图像进行操作，从而提取出全局范围内的直线特征，或者将整幅图像均匀地分割成相同大小的固定窗口，然后在窗口内进行 Hough 变换提取直线。这种方法对背景简单且直线数量较少的情况比较有效，对于场景复杂的线状目标很难取得理想效果。而且，Hough 变换存在计算量较大的特点，若把整图划分成固定小窗口进行 Hough 变换，也增加了计算量，使效率降低。为此，本书采用 Cardoso（1999）提出的基于连通域的线段提取方法，顺序取出每个连通域，在每个连通域内进行 Hough 变换。

利用局部 Hough 变换提取线特征的流程如图 7-20 所示（贾承丽, 2006），具体的方法如下。

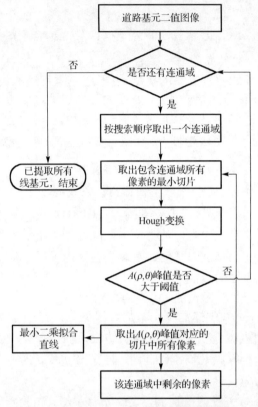

图 7-20　局部 Hough 变换提取线特征的流程

（1）对于细化后的图像，按从上到下、从左到右的搜索顺序逐次取出图像上的
连通区域，假定通过搜索得到一块连通域。

（2）首先取出包含该连通区域所有像元的最小切片，对该区域进行 Hough 变换
取出 Hough 变换后 $A(\rho,\theta)$ 中峰值所对应的所有像元。

（3）利用这些像元进行最小二值拟合得到线特征，同时掩模 $A(\rho,\theta)$ 所对应的像
元。为了不漏掉该连通域内的其他直线，继续取剩余像元的最小切片，重复进行步
骤（2），直到 Hough 变换的峰值小于给定阈值。

（4）重复步骤（1）～（3），直到图像中每一个连通域都被取出并进行局部 Houg
变换操作。

7.4.2　基于线特征的 MRF 模型构建

利用基元检测、道路线特征提取可以检测出部分道路上的线段，以 S_d 表示已相
测出的这些线段集合。在这些已检测出的线段中，有些是正确的检测结果，有些约
段则属于虚警的检测。而且由于道路背景环境、噪声的影响，还有很多道路线段之
被检测出来。假设真实的道路信息能通过对这些已检测线段进行合理的连接和排P

误检测的线段得到。以集合 S_d' 表示集合 S_d 中所有可能连接的情况，则当一条线段满足以下三个条件时才是潜在的可能连线线段，可以将其加入集合 S_d' 中。

（1）该线段两个端点分别连接两条已检测线段的两个端点。

（2）该线段的长度足够小（小于给定阈值 $D_{\max}$）。

（3）该线段所连接的两条已检测线段，它们的空间排列应该是合理的。

若线段 i 是集合 S_d 中的一条线段，则它的端点可用 M_i^k 来表示，$k \in \{1,2\}$，即线段 i 可以表示为 $i = M_i^1 M_i^2$。对于集合 S_d 中的两条线段 i、j，它们之间可能存在的连接用 iAj 表示，则 S_d' 可表示为

$$S_\mathrm{d}' = \{M_i^k M_i^l, i \in S_\mathrm{d}, j \in S_\mathrm{d}, iAj\} \tag{7-41}$$

以 S 表示所有线段的集合，则 S 可表示为 $S = S_\mathrm{d} \bigcup S_\mathrm{d}'$。$S$ 可以构成一个图 G，在图 G 中，每条线段表示图的一个节点，两条共端点的节点在图 G 中可以用一条弧来连接。为了将 MRF 的定义应用于图中，定义每个节点 i 的邻域 v_i（也就是模型图的团，用 C 表示）由所有与 i 共端点的节点组成：

$$v_i = \{j \in S \,/\, \exists(k,p) \in \{1,2\}^2, M_j^k M_i^p, j \neq i\} \tag{7-42}$$

共端点的线段数也就是团的阶数。团的结构如图 7-21 所示。

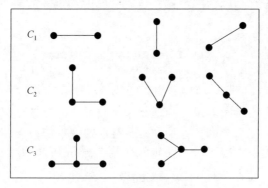

图 7-21　团结构示意图

因此，道路检测问题可以归结为图标记中节点的属性问题。设 L_i 表示线段 i 是否属于道路，即 $L_i = 0$ 表示线段 i 属于道路，$L_i = 1$ 表示不属于，则标记向量 $L = (L_1, L_2, \cdots, L_N)$ 在 $\Omega \in \{0,1\}^N$ 空间中有 2^N 种取值。

根据 MAP-MRF 模型，定义后验概率 $P(L|D)$ 最大意义下的状态 $l = L$ 为最优，即给定观察场 $D = (D_1, D_2, \cdots, D_N)$，求使得后验概率最大的状态场 $L = (L_1, L_2, \cdots, L_N)$。根据贝叶斯公式，后验概率可以表示为

$$P(L|D) = \frac{P(D|L)P(L)}{P(L)} \tag{7-43}$$

其中，$P(\boldsymbol{D}|\boldsymbol{L})$表示观察场的条件概率分布，它可以通过监督学习获得；$P(\boldsymbol{L})$表示先验概率分布，它依赖于对道路空间分布的描述。

7.4.3 MRF 模型能量函数的建立

根据 MAP 准则，道路提取转化为求后验概率最大情况下的状态场，而根据贝叶斯公式，后验概率可由条件概率分布和先验概率分布来求得。因此本节将介绍如何通过观察场有监督地获得条件概率分布，并通过条件概率分布定义能量条件函数，以及如何对团势能进行定义，以合理地描述道路的空间分布。

1. 观察场的条件概率分布

由 7.4.2 节可知 $\boldsymbol{D}=(D_1,D_2,\cdots,D_N)$ 称为状态 $\boldsymbol{L}=(L_1,L_2,\cdots,L_N)$ 的观察场，它可以通过 7.1.1 节中 ROA 和互相关检测算子的融合算子响应获得。利用对称联合函数对 ROA 检测算子和互相关检测算子的响应值进行融合，得到图像中每个像元点的最终响应值；对线段 i 上所有像元点的最终响应值求平均，得到的值 d_i 就是线段 i 的观察值。

由于 SAR 图像相邻像元的相关性很弱，因此每个线段所对应的观察值可以看作相互独立的，假设每条线段的观察值只与该线段的标记状态有关，则条件概率分布可以表示为

$$P(\boldsymbol{D}|\boldsymbol{L})=\prod_{i=1}^{N}p(D_i|\boldsymbol{L})=\prod_{i=1}^{N}p(D_i|L_i)\propto\exp[-\sum_{i=1}^{N}V(d_i|l_i)] \tag{7-44}$$

其中，$V(d_i|l_i)$ 为能量条件函数；$p(D_i|L_i)$ 为条件概率分布。$p(D_i|L_i)$ 可以通过人工有监督地选择一些道路点及非道路点进行统计来获得，如图 7-22 所示。图 7-22（a）为道路观察值的条件概率分布，可以看出道路点的观察值可以在[0, 1]范围内均匀变化，即道路观察值的条件概率分布可以看作均匀分布 $P(\boldsymbol{D}=d_i|\boldsymbol{L}=1)=\exp\{-0\}$，因此能量条件函数可定义为（Tupin et al., 1998）

$$V(D_i=d_i|\boldsymbol{L}=1)=0 \tag{7-45}$$

图 7-22（b）为非道路点观察值概率分布图，可以用分段指数函数形式来表示能量条件函数定义为如下形式（Tupin et al., 1998）：

$$V(D_i=d_i|\boldsymbol{L}=0)=\begin{cases}0, & d_i<t_1\\ \dfrac{d_i-t_1}{t_2-t_1}, & t_1<d_i<t_2\\ 1, & d_i>t_2\end{cases} \tag{7-46}$$

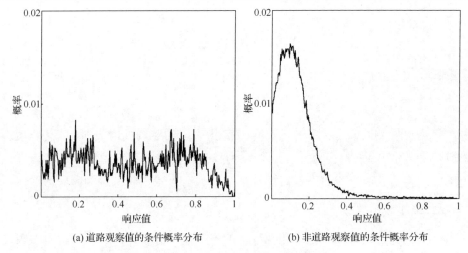

(a) 道路观察值的条件概率分布　　　　　　　(b) 非道路观察值的条件概率分布

图 7-22　条件概率分布统计图

$$P(\boldsymbol{D} = d_i \mid \boldsymbol{L} = 0) = \exp\{-V(D_i = d_i \mid \boldsymbol{L} = 0) - \ln Z\} \qquad (7\text{-}47)$$

其中，Z 是归一化常数，$Z = t_1 + (1 - t_2)(1/e) - (t_2 - t_1)(1/e - 1)$。$t_1$ 为图 7-22（b）中曲线峰值对应的坐标，t_2 则对应图 7-22（b）中曲线刚刚开始趋于平缓的位置。

2. 团势能重新定义

由马尔可夫-吉布斯均衡定理可知，状态场的先验分布概率 $P(\boldsymbol{L})$ 等价于以下的吉布斯分布：

$$P(\boldsymbol{L}) = \frac{1}{Z'}\exp(-U(l)) \qquad (7\text{-}48)$$

其中，Z' 是归一化常数，C 表示团，$U(l) = \sum_{c \in C} V_c(l)$，$V_c(l)$ 表示团势能。

道路的空间分布一般具有以下特性。

（1）道路一般都比较直，曲率较小。

（2）道路一般都较长。

（3）道路之间的交叉路口较少。

Tupin 等（1998）在利用 MRF 模型提取道路时对团势能进行了定义，但未对已金测线段和可能连接线段的长度进行区分。考虑到线特征检测阶段，受建筑物影响可能提取出较多的虚假短线，而真实道路线段一般较长，因此这里对团势能进行重新定义，认为已检测线段集合中越长的线段越有可能是道路，而可能的连接线段集合中越短的线段越有可能是道路，对团势能函数的定义如下：

$$\forall i \in c, l_i = 0 \Rightarrow V_c(l) = 0 \qquad (7\text{-}49)$$

$$\exists ! i \in c / l_i = 1 \Rightarrow V_c(l) = K_1(1 - \ell_i^{\text{det}}) + \ln Z \qquad (7\text{-}50)$$

$$\exists!(i,j)\in c^2 / l_i = l_j = 1 / \theta_{ij} > \pi/2 \Rightarrow$$
$$V_c(l) = K_1(1 - \ell_i^{\text{det}} + \ell_j^{\text{con}}) + K_2\sin\theta_{ij} + 2\ln Z \qquad (7\text{-}51)$$

其他情况下：

$$V_c(l) = K_3 \sum_{i/i\in c} l_i \qquad (7\text{-}52)$$

其中，ℓ_i^{det} 为已检测线段 i 的归一化长度；ℓ_j^{con} 为可能的连接线段 j 的归一化长度；θ_{ij} 为线段 i、j 之间的夹角；K_1、K_2、K_3 为权值。可以看到先验概率是线段标记向量的函数，因此只要给定每个线段的标记值，就可以求出状态场的先验概率值。

3. 全局能量函数

确定状态场的先验概率分布和观察场的条件概率分布后，后验概率可以表示为

$$P(\boldsymbol{L} = l \mid \boldsymbol{D} = d) = Z^{-1}\bullet\exp\{-U(l\mid d)\} \qquad (7\text{-}53)$$

其中，Z 为归一化常数；$U(l\mid d)$ 为全局能量函数：

$$U(l\mid d) = \sum_{i=1}^{N} V(d_i \mid l_i) + \sum_{c\in C} V_c(l) \qquad (7\text{-}54)$$

最大化 MRF 后验概率相当于最小化全局能量函数，而全局函数是标记向量场 $\boldsymbol{L} = (L_1, L_2, \cdots, L_N)$ 的函数，$U(l\mid d)$ 具有 2^N 种可能的取值，在 N 不是太大的情况下，$U(l\mid d)$ 的值也可能是个很大的数字，因此需要用快速的搜索算法使搜索过程快速收敛。

7.4.4　模拟退火法搜索最优道路标记

1953 年，Metropolis 等基于材料统计力学高温金属退火降温的理论提出了模拟退火算法。Kirkpatrick 等于 1983 年成功将其引入组合优化领域，目前已在工程中得到广泛的应用。模拟退火算法的思想来源于材料统计力学中对高温金属退火降温过程的模拟。高温金属退火降温过程为：先将金属加温至足够高，再让它慢慢冷却。在冷却过程中，粒子慢慢趋于有序，在每个温度下都能达到平衡状态，直至在常温下达到基态，内能也随之降到最低。模拟退火算法利用求解优化问题的过程与退火过程的相似性，采用随机概率转移的方法来求解全局最优解。

统计热力学的研究表明，在温度为 T 的情况下，分子处于状态 r 的概率满足玻尔兹曼（Boltzmann）概率分布：

$$p(E_r) = \frac{1}{Z(T)}\exp\left(-\frac{E_r}{C_b T}\right) \qquad (7\text{-}55)$$

其中，C_b 为玻尔兹曼常量；$Z(T) = \sum\limits_{j} \exp\left(-\dfrac{E_j}{C_b T}\right)$ 为归一化因子。

物体由当前状态 i 过渡到另一个状态 j 时，可以用以下的 Metropolis 准则来确定接受新状态的概率：

$$P(i \to j) = \begin{cases} 1, & E(i) \geqslant E(j) \\ \exp\left(\dfrac{E(i) - E(j)}{C_b T}\right), & E(i) < E(j) \end{cases} \tag{7-56}$$

其中，$E(i)$、$E(j)$ 分别表示状态 i、j 所对应的能量。

利用模拟退火算法搜索全局能量函数最小值，从而得到最优道路标记方法的流程如图 7-23 所示，具体步骤如下。

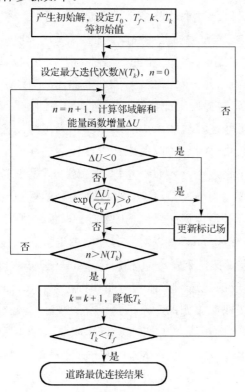

图 7-23 模拟退火算法全局搜索流程

（1）随机产生一个初始标记场 $\boldsymbol{L}^i = (L_1^i, L_2^i, \cdots, L_N^i)$，并设置初始温度、终止温度等参数，选择合适的退火机制以及 MRF 链长度，并计算全局能量函数值 $U(l \mid d)_i$。

（2）随机改变标记场内一个标记值，得到初始解的邻域解，计算邻域解的全局能量函数值 $U(l|d)_j$，并求出全局能量函数的增量值 $\Delta U = U(l|d)_j - U(l|d)_i$。

（3）判断 ΔU 的值，若 $\Delta U > 0$，则随机产生 $\delta \in [0,1)$，如果 $\exp\left(\dfrac{\Delta U}{C_b T}\right) > \delta$，则接受该解，否则转到步骤（4）；若 $\Delta U < 0$，则接受邻域解为当前解。

（4）判断是否已达到热平衡 $n > N(T_k)$，若是，则转到步骤（5），否则转到步骤（2）。

（5）令 $k = k+1$，利用退火机制降低 T_k 的温度。判断是否 $T_k < T_f$，若是则退出停止，否则跳转到步骤（2）。

7.4.5　实验结果与分析

本节先利用局部 Hough 变换从道路基元中提取线特征，然后利用基于 MRF 模型的道路自动连接方法对这些线特征进行全局连接。实验区一的道路提取实验如图 7-24 所示。图 7-24（a）为对图 7-3（b）中的道路基元进行细化后的结果。图 7-24（b）为经过局部 Hough 变换，并去除长度小于 12 个像元的短线后的结果，可以看出局部 Hough 变换可以较好地提取出线特征，有利于后面的全局连接。图 7-24（c）是已检测的线段和所有可能连接线段组成的网络图。为了将已检测的线段中属于道路的两两线段都能连接起来，D_{max} 的取值应大于已检测的线段集合中属于道路的两两线段间的最大间距，在此 D_{max} 设为 80，考虑到道路一般具有较大的曲率，角度变化平缓，因此 θ_{ij} 取值设为大于 $\pi/2$。图 7-24（d）为利用模拟退火算法最小化全局能量函数后，得到的最优道路标记结果，其中 t_1、t_2 取值分别为 0.15、0.4，K_1、K_2、K_3 取值分别为 1.1、1.9 和 0.6。可以看到通过模拟退火算法搜索能量最小值，很多虚假的道路线段已去除。图 7-24（e）为利用 Tupin 等（1998）的方法提取的道路网图 7-24（f）为手动提取的道路网，作为对照和参考。

实验区二的道路提取实验如图 7-25 所示，其中道路基元经局部 Hough 变换后去除长度小于 20 个像元的短线，D_{max} 的取值设为 80，θ_{ij} 取值设为大于 $\pi/2$，t_1、t_2 的取值分别为 0.15、0.4，K_1、K_2、K_3 的值分别设 0.8、1.7 和 1.1。图 7-25（e）为 Tupin 等（1998）的方法提取的结果，图 7-25（f）为手动提取的道路网，作为对照和参考。

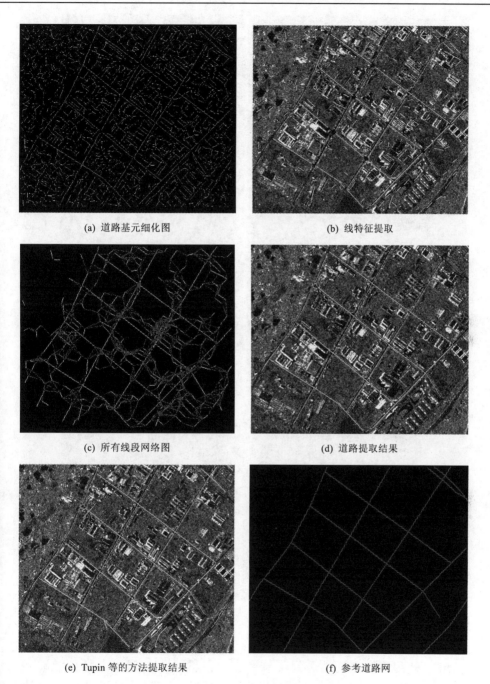

(a) 道路基元细化图　　　　　　　　　　　(b) 线特征提取

(c) 所有线段网络图　　　　　　　　　　　(d) 道路提取结果

(e) Tupin 等的方法提取结果　　　　　　　　(f) 参考道路网

图 7-24　实验区一 MRF 模型道路提取

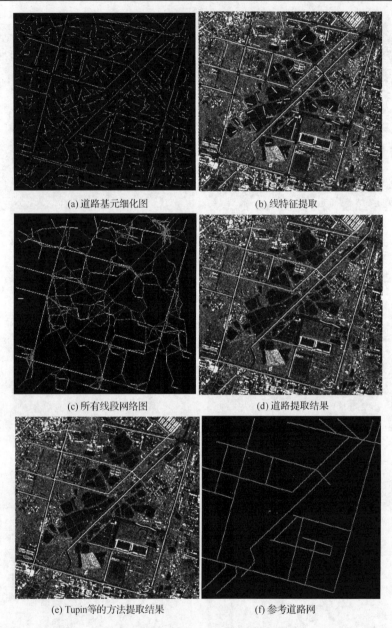

(a) 道路基元细化图　　　　　　　　　　(b) 线特征提取

(c) 所有线段网络图　　　　　　　　　　(d) 道路提取结果

(e) Tupin等的方法提取结果　　　　　　　(f) 参考道路网

图 7-25　实验区二 MRF 模型道路提取

　　由图 7-24 和图 7-25 可以看到，本节方法可以较好地提取出道路网，错误较少，需要输入的参数也少。为了定量评价道路提取效果的好坏，以手动提取的道路网作为参考，采用 Wiedemann 等（1998）提出的三个评价指标对本节方法和 Tupin 等的方法的效果进行定量评价，结果如表 7-3 所示，可以看出，本节方法可以更好地进行道路检测。

表 7-3　实验区一、二道路提取结果评价

检测精度	实验区一		实验区二	
	本节方法	Tupin 等的方法	本节方法	Tupin 等的方法
完整率 E_1/%	83.89	86.16	77.27	72.36
正确率 E_2/%	100	90.41	91.49	88.64
检测质量 E_3/%	83.89	81.48	72.51	68.17

参 考 文 献

程江华, 高贵, 库锡树. 2013. SAR 图像道路网提取方法综述[J]. 中国图象图形学报, 18(1): 11-23.

守喜优. 2015. SAR 图像道路网提取方法研究[D]. 北京：中国科学院遥感与数字地球研究所.

守喜优, 张风丽, 王国军, 等. 2015a. 基于模糊连接度的高分辨率 SAR 图像道路自动提取[J]. 计算机应用, 35(2): 523-527.

守喜优, 张风丽, 王国军, 等. 2015b. 结合张量投票和 Snakes 模型的 SAR 图像道路提取[J]. 中国图象图形学报, 20(10): 1403-1411.

贾承丽. 2006. SAR 图像道路和机场提取方法研究[D]. 长沙：国防科学技术大学.

肖志强, 鲍光淑. 2004. 一种从 SAR 图像中提取城市道路网络的方法[J]. 测绘学报, 33(03): 264-268.

Boldt M, Weiss R, Riseman E. 1989. Token-based extraction of straight lines[J]. IEEE Transactions on Systems, Man and Cybernetics, 19(6): 1581-1594.

Bovik A C. 1988. On detecting edges in speckle imagery[J]. IEEE Transactions on Acoustics, Speech and Signal Processing, 36(10): 1618-1627.

Burns J B, Hanson A R, Riseman E M. 1986. Extracting straight lines[J]. IEEE Transactions on Pattern Analysis and Machine Intelligence,(4): 425-455.

Cardoso L A, 1999. Computer-aided recognition of man-made structures in aerial photographs[D]. Monterey, California: Naval Postgraduate School.

Duda R O, Hart P E. 1973. Pattern Classification and Scene Analysis[M]. New York: Wiley.

Fjortoft R, Lopes A, Marthon P, et al. 1998. An optimal multiedge detector for SAR image segmentation[J]. IEEE Transactions on Geoscience and Remote Sensing, 36(3): 793-802.

Grimson W E L, Huttenlocher D P. 1990. On the sensitivity of the Hough transform for object recognition[J]. IEEE Transactions on Pattern Analysis and Machine Intelligence, 12(3): 255-274.

Kass M, Witkin A, Snakes D. 1988. Active contour models[J]. International Journal of Computer Vision, 1(4): 321-331.

Negri M, Gamba P, Lisini G, et al. 2006. Junction-aware extraction and regularization of urban road networks in high-resolution SAR images[J]. IEEE Transactions on Geoscience and Remote Sensing, 44(10): 2962-2971.

Pednekar A S, Kakadiaris I A. 2006. Image segmentation based on fuzzy connectedness using dynamic weights[J]. IEEE Transactions on Image Processing, 15(6): 1555-1562.

Touzi R, Lopes A, Bousquet P. 1988. A statistical and geometrical edge detector for SAR images[J]. IEEE Transactions on Geoscience and Remote Sensing, 26(6): 764-773.

Tupin F, Houshmand B, Datcu M. 2002. Road detection in dense urban areas using SAR imagery and the usefulness of multiple views[J]. IEEE Transactions on Geoscience and Remote Sensing, 40(11): 2405-2414.

Tupin F, Maitre H, Mangin J F, et al. 1998. Detection of linear features in SAR images: Application to road network extraction[J]. IEEE Transactions on Geoscience and Remote Sensing, 36(2): 434-453.

Udupa J K, Samarasekera S. 1996. Fuzzy connectedness and object definition: Theory, algorithms, and applications in image segmentation[J]. Graphical Models and Image Processing, 58(3): 246-261.

Wiedemann C, Heipke C, Mayer H. 1998. Empirical evaluation of automatically extracted road axes[J] Empirical Evaluation Techniques in Computer Vision: 172-187.

Williams D J, Shah M. 1992. A Fast algorithm for active contours and curvature estimation[J]. CVGIP Image Understanding, 55(1): 14-26.

第 8 章　建筑物目标 SAR 图像自动理解

图像理解是以图像为研究对象，以人类知识为核心，研究图像中有什么目标、目标之间的相互关系、图像是什么场景以及如何应用场景的一门科学（章毓晋, 2013；高隽和谢昭, 2009；王润生, 1995）。图像理解输入的是数据，输出的是知识，属于图像研究领域的高层次内容，利用某种控制策略将中低层的数据处理分析（目标识别）与高层的知识表达推理（场景描述与理解）有效结合，可以实现数据分析并形成知识推理和知识反馈，最终实现对图像场景的自动理解（章毓晋, 2013）。

通过第 4 章城市目标 SAR 图像模拟的分析可知，综合利用目标/场景先验知识，如建筑物三维模型，有助于实现复杂目标 SAR 图像的理解，而第 6 章则重点介绍了从 SAR 图像获取建筑物目标几何结构参数的方法。因此，可以在这两方面工作的基础上，探索如何在有限或者尽量少的先验知识辅助下实现对复杂建筑物目标 SAR 图像的自动理解。由第 3 章建筑物散射特征形成机制的分析可知，建筑物目标 SAR 图像散射特征虽然复杂，但却服从目标/场景先验知识的模型约束，所以本章介绍一种基于先验知识模型驱动的将图像模拟与目标三维重建相结合的 SAR 图像自动理解方法和实例。

本章提出的方法流程如图 8-1 所示，首先构建建筑物目标散射特征先验知识，并建立散射特征与建筑物目标三维参数之间的定量关系模型，该过程在 8.1 节进行介绍。SAR 图像自动理解的首要任务是从图像中识别建筑物目标，因此首先利用图

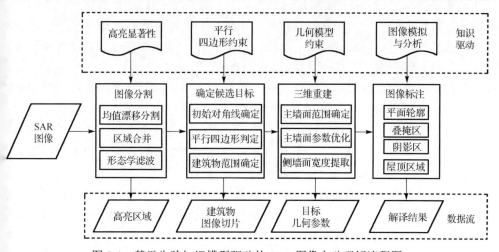

图 8-1　基于先验知识模型驱动的 SAR 图像自动理解流程图

像分割方法将显著性的高亮散射特征提取出来，然后在先验知识模型的约束下对潜在目标进行检测，这两部分内容分别在 8.2 节和 8.3 节进行介绍。检测出建筑物目标后，进一步在先验知识模型的引导下精确提取建筑物目标的几何结构参数，进而实现目标的三维重建，这部分内容在 8.4 节进行介绍。在目标三维重建的基础上，8.5 节介绍如何基于图像模拟与分析方法，将三维重建结果作为输入，实现 SAR 图像的自动标注与理解。

8.1　先验知识模型构建

明确建筑物目标在 SAR 图像中的散射特征，形成先验知识模型，是 SAR 图像建筑物目标重建与理解的关键。SAR 图像中建筑物目标散射特征与建筑物类型、几何结构、成像角度和分辨率等有关，而建筑物类型多样，结构复杂，如根据商业用途可以分为居民楼、厂房、商业办公楼，在几何结构、屋顶、墙面结构和材质等方面存在差异，从而导致其在 SAR 图像中的呈现模式各异。因此，亟须构建包含各种常见建筑物目标 SAR 图像散射特征的先验知识模型库，这部分内容在第 9 章进行详细介绍。此外，成像方位对建筑物目标 SAR 图像特征有较大影响。由于采光等原因，建筑物大多为长条形东西走向，所以本章主要针对常见的东西走向住宅楼进行分析，明确其在太阳同步轨道、中低纬度近似南北飞行 SAR 成像几何模式（魏忠铨，2001）下的高分辨率 SAR 图像特征，构建该类目标的散射特征先验知识（王国军，2014）。

在高分辨率 SAR 图像中，建筑物目标主要表现为亮线和亮点的集合。亮线特征主要由墙地二次散射引起，而亮点特征主要由建筑物表面复杂结构组成的三面角反射器或者特殊材质引起，由于成像过程中的点扩散效应，在 SAR 图像中的强散射点集合往往表现为亮条带。亮线特征可用于确定墙角线的位置和长度，亮条带往往对应着墙面和屋顶附属结构的散射。因此，从高分辨率 SAR 图像中提取建筑物目标并进行三维重建的关键在于提取这些亮线和亮条带。

首先将建筑物目标的轮廓简化为长方体结构，并且满足建筑物之间没有相互遮挡的前提。通常情况下，建筑物屋顶较光滑并且附属结构较少，其回波信号较弱；而建筑物墙面大量窗户导致表面结构不连续，并且含有大量金属结构，因此表现为较强的亮条带。图 8-2（a）为一个长方体结构建筑物的光学图像，电磁波照射方向为从右向左，只有三个面可以被电磁波照射到，分别是屋顶面、主墙面和侧墙面；图 8-2（b）为该建筑物的 TerraSAR-X 聚束模式降轨地距图像；图 8-2（c）为该建筑物主墙面的实地照片，可以看出主墙面分布着大量的窗户结构和金属材料，所以其散射信号强，在 SAR 图像中呈现为一条平行四边形亮带，如图 8-2（b）矩形框 $A'B'C'D'$ 所示；图 8-2（d）为该建筑物侧墙面实地照片，侧墙面窗户等附属结构较少，表面非常光滑，因此散射信号弱，SAR 图像上特征不明显，如图 8-2（b）矩形框 $B'F'G'C'$ 所示；建筑物屋顶除分布着少量附属结构外，大部分表面较光滑（图 8-2（a）），回波能量较弱，因此 SAR 图像上屋顶轮廓也不明显，但存在 4 个由屋顶附属结构造成的亮目标，如图 8-2（b）矩形框 $D'H'G'C'$ 所示。对于墙面与地面形成的二面角反射器，其指向角越小，即墙面与卫星方位向夹角越小，则回波越强，指向角越大则回波越弱。图 8-2（b）中建筑物的侧墙面指向角为 12°，二次散射亮线明显，如亮线 $B'F'$；主墙面指向角为 78°，理论上线段 $A'B'$ 处会出现较弱的二次散射亮线，但被主墙面的强信号淹没而无法识别。

(a) 建筑物的光学图像　　　　　　(b) TerraSAR-X 聚束模式地距图像

(c) 主墙面照片　　　　　　　(d) 侧墙面照片

图 8-2　单个长方体建筑物的 SAR 图像特征分析

　　为了验证以上的分析，利用第 4 章介绍的 SAR 图像模拟器模拟该建筑物的 SAR 图像，模拟过程中，设置主墙面为强散射属性，而将屋顶和侧墙面设置为弱散射属性。图 8-3 中左边为长方体建筑物的三维模型 $ABCD-EFGH$，右边为模拟图像，虚线表示出了三维模型与模拟图像之间的映射关系，顶点 $A-H$ 分别映射到 $A'-H'$。建筑物只有三个面可以被电磁波照射到：主墙面 $ABCD$（红边）映射到 $A'B'C'D'$、侧墙面 $BCGF$（蓝边）映射到 $B'C'G'F'$，屋顶面 $DCGH$（绿边）映射到 $D'C'G'H'$。通过比较发现，模拟图像上的平行四边形亮特征和二次散射亮线与真实 SAR 图像完全对应（王国军等，2013）。

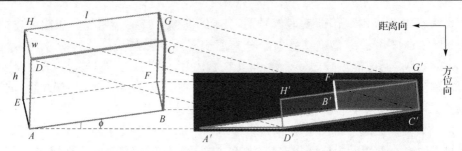

图 8-3　长方体建筑物线框模型及其模拟 SAR 图像（见文后彩图）

从以上分析可以看出，建筑物墙面与真实 SAR 图像相应区域之间存在仿射变换关系。主墙面的墙面回波强，映射到 SAR 图像上呈现为特征较明显的亮平行四边形，其对应的二次散射亮线不明显；侧墙面只有二次散射亮线较为明显，可以提取侧面宽度。因此，当建立了建筑物目标的几何参数与真实图像中平行四边形亮条带和二次散射亮线之间的定量关系之后，可以利用 SAR 图像来重建建筑物目标三维信息。平顶建筑物可以表示为 $X = \{x_0, y_0, l, w, h, \psi\}$，其中 x_0 和 y_0 为距传感器最近的角点（图 8-3 中 B 点）的图像坐标，l、w 和 h 分别为长、宽和高，ψ 为主墙面方位角，定义为主墙面与卫星方位向的夹角。

图 8-4 为建筑物目标散射特征的几何结构模型，可以用平行四边形 $A'B'C'D'$（表示为 P）与二次散射亮线 $B'F'$（表示为 Γ）来表征，坐标系 xOy 为地距图像空间。其中，P 的上下两条边 $A'D'$ 和 $B'C'$ 平行于距离向，即平行于 x 轴，因此要确定 P，只需要知道顶点 A' 与顶点 C' 的位置，以及两个角度 ϕ 和 ω 的大小，其中 ϕ 为内角，ω 为主对角线倾角。在点 $O(0,0)$ 为原点的局部图像坐标系 xOy 中，有 $y_{A'} = x_{A'} \tan \omega$，$y_{C'} = x_{C'} \tan \omega$，则有 $P = \{x_{A'}, x_{C'}, \omega, \phi\}$。当 P 确定后，二次散射亮线 Γ 是过角点 B'，且与边 $A'B'$ 垂直的射线，只要确定其长度 e 即可，因此 Γ 可以表示为 $\Gamma = \{P, e\}$。

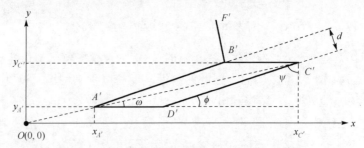

图 8-4　建筑物目标散射特征几何结构模型

综合以上分析可知：平行四边形的斜边 $A'B'$ 确定了主墙面 $ABCD$ 的墙角线，方位角为 $A'B'$ 与方位向的夹角；两条短边 $A'D'$ 和 $B'C'$ 平行于距离向坐标，为主墙面在距离向的叠掩长度，二次散射亮线 $B'F'$ 的长度为建筑物的宽度。根据 SAR 成像何关系可以得到建筑物目标 $\overline{B}$ 与平行四边形 P 和二次散射亮线 Γ 之间的定量关系,如式（8-1）所示:

$$\begin{cases}(x_0, y_0) = (x_{B'}, y_{B'}) \\ \psi = 90° - \phi \\ l = |A'B'| \\ w = |B'F'| \\ h = |A'D'| \cdot \cot\theta\end{cases} \qquad (8-1)$$

其中，$(x_{B'}, y_{B'})$ 为角点 B' 对应的图像坐标；ϕ 为平行四边形 P 的内角；|·| 表示线段的长度；θ 为该建筑物目标成像时对应的入射角。

8.2　基于均值漂移和区域合并的高亮区域提取

图像分割是进行目标识别与参数提取的关键步骤，分割结果直接影响后续的图像解译和参数提取的效果。在高分辨率 SAR 图像中，地物细节更加丰富，常规图像分割方法会导致分割结果过于破碎的问题。基于均值漂移（mean shift）算法的图像分割是一种基于区域的分割方法，与人类视觉系统对图像的分析特性极其相近，并且具有很强的适应性和鲁棒性。它对图像的平滑区域和图像纹理区域并不敏感，所以能够得到很好的分割结果。

均值漂移的思想最早是由 Fukunaga 和 Hostetler（1975）提出来的，其最初含义就是偏移的均值向量，但随着均值漂移理论的发展，均值漂移的含义也发生了变化。一般情况下，均值漂移算法是指一个迭代的步骤，即先算出当前点的偏移均值，移动该点到其偏移均值，然后以此为新的起始点，继续移动，直到满足一定的条件而结束。但是直到 1995 年，Cheng 的文章引入了核函数和权重系数（Cheng, 1995），扩大了均值漂移的适用范围，均值漂移算法才引起人们的兴趣。其后均值漂移方法获得了极大的发展，Comaniciu 和 Meer（2002）把均值漂移成功运用到特征空间分析方面，在图像平滑和图像分割中都得到了很好的应用。目前此方法已经在计算机视觉领域得到了较为广泛的应用并取得了较大的成功，特别是图像分割和追踪方面得到了较好的应用，在高分辨率 SAR 图像分割中也取得了较好的应用效果。

8.2.1　均值漂移的思想

给定 d 维空间 $\mathbf{R}^d$ 中的 n 个样本点 $x = \{x_i \mid i = 1, 2, \cdots, n\}$，在 x 点的均值漂移向量的基本形式定义为

$$M_h(x) = \frac{1}{k} \sum_{x_i \in S_h} (x_i - x) \qquad (8-2)$$

其中，S_h 是一个半径为 h 的高维球区域，满足以下关系的 y 点的集合：

$$S_h(x) = \left\{ y : (y-x)^{\mathrm{T}}(y-x) \leqslant h^2 \right\} \tag{8-3}$$

k 表示在这 n 个样本点 x_i 中，有 k 个点落入 S_h 区域中。$x_i - x$ 是样本点 x_i 相对于点 x 的偏移向量，式（8-2）定义的均值漂移向量 $M_h(x)$ 就是对落入区域 S_h 中的 k 个样本点相对于点 x 的偏移向量求和然后再平均。从直观上看，如果样本点 x_i 从一个概率密度函数 $f(x)$ 中采样得到，由于非零的概率密度梯度指向概率密度增加最大的方向，所以平均来说，S_h 区域内的样本点更多地落在沿着概率密度梯度的方向。因此，对应的均值漂移向量 $M_h(x)$ 应该指向概率密度梯度的方向。

8.2.2　均值漂移图像分割方法

从式（8-2）可以看出，只要是落入 S_h 的采样点，无论其离 x 远近，对最终的 $M_h(x)$ 计算的贡献是一样的。一般来说，离 x 越近的采样点对估计 x 周围的统计特性越有效，因此引进核函数的概念，在计算 $M_h(x)$ 时可以考虑距离的影响；同时也可以认为在所有的样本点中，重要性并不一样，因此对每个样本都引入一个权重系数。

改进的均值漂移算法主要通过一个核函数的移动，找到给定数集的区域模点。其中核函数遵循非负、非增、分段连续的原则，一般常用的是单位均匀核和单位高斯核。若 X 代表一个 d 维的欧氏空间，x 是该空间中的一个点，用一列向量表示，x 的模 $\|x\|^2 = x^{\mathrm{T}}x$，$\mathbf{R}$ 表示实数域，核函数表示为

$$K(x) = k\left(\|x\|^2\right) \tag{8-4}$$

并且满足以下几点。

（1）k 是非负的。

（2）k 是非增的，即如果 $a < b$，那么 $k(a) \geqslant k(b)$。

（3）k 是分段连续的，并且 $\int_0^{\infty} k(r)\mathrm{d}r < \infty$。

单位均匀核函数为

$$F(x) = \begin{cases} 1, & \|x\| < 1 \\ 0, & \|x\| \geqslant 1 \end{cases} \tag{8-5}$$

单位高斯核函数为

$$N(x) = \mathrm{e}^{-\|x\|^2} \tag{8-6}$$

因此，可以把基本的均值漂移形式扩展为

$$M(x) = \frac{\sum_{i=1}^{n} G_H(x_i - x)w(x_i)(x_i - x)}{\sum_{i=1}^{n} G_H(x_i - x)w(x_i)} \tag{8-7}$$

$$G_H(x_i - x) = |H|^{-1/2} G(H^{-1/2}(x_i - x)) \tag{8-8}$$

其中，$G(x)$ 是一个单位核函数；H 是一个正定的对称 $d \times d$ 矩阵，称为带宽矩阵；$w(x_i) \geqslant 0$ 是赋给采样点 x_i 的权重，一般根据采样点与 x 的距离来确定。在实际应用过程中，带宽矩阵 H 一般被限定为一个对角矩阵 $H = \text{diag}[h_1^2, \cdots, h_d^2]$，甚至更简单地取为正比于单位矩阵，即 $H = h^2 I$。由于后一形式只需要确定一个系数 h，在均值漂移中常常采用，在本章后面部分也采用这种形式，因此式（8-7）又可以改写为

$$M_h(x) = \frac{\sum_{i=1}^{n} G\left(\dfrac{x_i - x}{h}\right)w(x_i)x_i}{\sum_{i=1}^{n} G\left(\dfrac{x_i - x}{h}\right)w(x_i)} - x \tag{8-9}$$

均值向量扩展形式为

$$m_h(x) = \frac{\sum_{i=1}^{n} G\left(\dfrac{x_i - x}{h}\right)w(x_i)x_i}{\sum_{i=1}^{n} G\left(\dfrac{x_i - x}{h}\right)w(x_i)} \tag{8-10}$$

将此扩展形式应用于灰度图像处理，其像元的样本均值可以表示为

$$m_h(x) = \frac{\sum_{i=1}^{n} G\left(\dfrac{p_i - x}{h}\right)g(p_i)p_i}{\sum_{i=1}^{n} G\left(\dfrac{p_i - x}{h}\right)g(p_i)} \tag{8-11}$$

其中，p_i 指图像中第 i 个像元位置；$g(p_i)$ 是对应于 p_i 的灰度值。

　　均值漂移算法是一种非参数聚类算法，不需要设定所分割图像中类的个数，并且方法实现需要确定核函数的形式和带宽。核带宽是一个决定分割效果的参数，过小的带宽会引起过分割，将相同的图像散射基元区域分开；过大的带宽又会造成欠分割，将不同散射特征基元区域联合在一起；而带宽的选择一直没有简单、适合实现的方法，一般根据经验选择。由于高分辨率 SAR 图像区域较为破碎，且散射基元之间的部分边界不明显，所以需要选择较小的带宽。分割步骤如下。

　　（1）确定核函数 $G(x)$ 及核带宽、容许误差 ε。

　　（2）根据式（8-11）计算像元点的样本均值 $m_h(x)$。

（3）如果 $\|\boldsymbol{m}_h(\boldsymbol{x}) - \boldsymbol{x}\| > \varepsilon$，移动核到 $\boldsymbol{m}_h(\boldsymbol{x})$，继续执行步骤（2）；否则结束循环。

（4）将结束循环后的 $\boldsymbol{m}_h(\boldsymbol{x})$ 赋给 $\boldsymbol{x}$。

（5）将相邻的且灰度差值小于阈值 m_t 的点合并成区域，得到分割结果。

8.2.3　分割后区域合并

均值漂移算法将图像分成若干个区域，由于选取的空间带宽比较小，均值漂移算法的过分割是一个不能回避的问题。图像的过分割会将目标区域错误地分开，导致错误的结果。此时需要采用区域合并算法对过分割的区域进行合并，得到更佳的分割结果。区域合并策略在图像分割中至关重要，区域合并时应考虑以下两方面：①区域相似性准则，用于度量一个区域与其邻接区域间的相似性；②合并停止准则，作为区域停止合并的条件。

分割后区域生成标记矩阵，区域之间的邻接关系用区域邻接图（Region Adjacency Graph，RAG）表示，计算每个区域的面积，获得每个区域的边界，运用梯度运算求得梯度幅值图像。两个邻接区域相似性度量准则决定了两个邻接区域是否合并和最终的分割结果。通常区域间的相似性准则有区域间的灰度相似性、区域间的公共边缘强度以及区域的面积等。本节采用邻接区域面积加权的灰度均值和边缘梯度作为相似性度量的依据，将计算区域 R_i 和 R_j 相似度的公式定义为

$$\rho(R_i, R_j) = \frac{1}{D_{R_i R_j} E_{R_i R_j} A_{R_i R_j} + 1} \tag{8-12}$$

其中，面积加权灰度均值距离为

$$D_{R_i R_j} = \frac{N(R_i)N(R_j)}{N(R_i) + N(R_j)} \|u_{R_i} - u_{R_j}\| \tag{8-13}$$

边缘梯度距离为

$$E_{R_i, R_j} = \|\text{Ave}(R_i) - \text{Ave}(R_j)\| \tag{8-14}$$

邻接关系为

$$A_{R_i R_j} = \begin{cases} 1, & R_i 与 R_j 相邻 \\ +\infty, & R_i 与 R_j 不相邻 \end{cases} \tag{8-15}$$

其中，$N(R_i)$ 和 $N(R_j)$ 分别表示区域 R_i 和 R_j 的像元值；u_{R_i} 和 u_{R_j} 分别表示区域 R_i 和 R_j 的均值；$\|\cdot\|$ 为距离；$\text{Ave}(R_i)$ 和 $\text{Ave}(R_j)$ 分别表示区域 R_i 和 R_j 边缘处对应的梯度的均值。

区域合并停止准则也决定了图像分割效果，采用阈值方法终止区域合并需要根据图像调整阈值。从信息论角度看，灰度变化小则信息量少，局部熵值大；灰度

化大则其信息量多，局部熵值小。本节采用一种基于图像区域最大熵值的区域合并终止规则，对于一幅图像 $g(x,y)$，区域 R_i 的信息熵 $H(R_i)$ 为

$$H(R_i) = -\sum_{j,k \in R_i} p_{j,k} \lg p_{j,k} \tag{8-16}$$

其中，该类密度 $p_{j,k}$ 为

$$p_{j,k} = \frac{g(j,k)}{\sum\limits_{j,k \in R_i} g(j,k)} \tag{8-17}$$

基于最大区域熵的区域合并是一个迭代过程，对图像中某一区域，将其与相似度最大的区域合并，再计算图像的区域熵，如果合并后的区域熵大于合并之前的区域熵，则两区域可以进行合并；否则认为两区域不相似，不进行合并，遍历所有区域，直到区域的信息熵不再变化。区域合并的过程如下。

（1）对已分割成 m 个区域的分割图像 R、边缘图像 E 和标记矩阵 $\boldsymbol{B}$，建立 RAG，计算每个区域的面积 $S(R_i)$、区域熵 $H(R_i)$ 以及所有区域熵之和（即图像信息熵）H。

（2）根据相似性准则，从面积最小的区域开始合并，将其合并到按式（8-12）计算的相似度最大的邻接区域中，再计算合并后的区域熵，直到区域熵 $H(R_i)$ 和图像信息熵 H 不再变化。

（3）构建新的 RAG，重复步骤（2），直到最小区域面积达到事先设定的最小面积阈值 $S_{\min}$。

最后，利用 FCM 方法将分割图像划分为 c 类，提取最亮的区域。FCM 通过计算每个类别的聚类中心和隶属度矩阵，通过反复迭代实现非相似性指标的价值函数最小化的过程。具体步骤如下。

（1）构成隶属矩阵 $\boldsymbol{U}_{c \times \mathrm{NR}'}$，用值为 0～1 的随机数初始化 $\boldsymbol{U}_{c \times \mathrm{NR}'}$，使其满足式（8-18）的约束条件：

$$\sum_{i=1}^{c} u_{ij} = 1, \quad \forall j = 1, 2, \cdots, \mathrm{NR}' \tag{8-18}$$

其中，u_{ij} 表示第 j 个区域对第 i 类的隶属度。

（2）用式（8-19）计算 c 个聚类中心 $\{c_i\}$，$i = 1, 2, \cdots, c$：

$$c_i = \frac{\sum\limits_{j=1}^{\mathrm{NR}'} u_{ij}^m N(R_j) \overline{u_{R_j}}}{\sum\limits_{j=1}^{\mathrm{NR}'} u_{ij}^m N(R_j)} \tag{8-19}$$

其中，$N(R_j)$ 表示区域 R_j 的像元个数；$\overline{u_{R_j}}$ 表示区域 R_j 的灰度均值；$m \in [1, \infty]$ 是模

糊加权指数，通常 m 取值为 2。

（3）用式（8-20）由聚类中心 $\{c_i\}$，$i=1,2,\cdots,c$ 和隶属度矩阵 $\boldsymbol{U}_{c\times\mathrm{NR}}$，计算价值函数 J。若其小于阈值 ε_J，或它相对于上次的价值函数值变化小于 $\varepsilon_{\mathrm{dJ}}$，则算法结束：

$$J(U,c_1,c_2,\cdots,c_c)=\sum_{i=1}^{c}J_i=\sum_{i=1}^{c}\sum_{j=1}^{n}u_{ij}^m d_{ij}^2 \tag{8-20}$$

其中，c_i 为类别 i 的聚类中心；$d_{ij}=N(R_j)\|c_i-\overline{u_{R_j}}\|$ 为第 i 个聚类中心与第 j 个区域之间的距离，采用欧氏距离。

（4）用式（8-21）计算新的隶属度矩阵 $\boldsymbol{U}_{c\times\mathrm{NR}'}$，并且令 $\boldsymbol{U}_{c\times\mathrm{NR}'}=\boldsymbol{U}'_{c\times\mathrm{NR}'}$。返回步骤（2）：

$$u_{ij}=\sum_{k=1}^{c}\left(\frac{d_{ij}}{d_{kj}}\right)^{\frac{-2}{m-1}} \tag{8-21}$$

（5）找到最终的聚类中心 $\{c_i\}$，$i=1,2,\cdots,c$ 中的最大值，提取属于该类的图像区域，即高亮区域 R_H。

8.2.4　图像分割结果

以北京市两个典型居民区的 TerraSAR-X 地距图像为实验区，成像时间为 2010 年 4 月 16 日，降轨右视聚束模式，像元大小为 0.75m×0.75m，入射角为 45.6°。其中实验区一对应的光学图像和 SAR 图像分别如图 8-5（a）和图 8-5（b）所示，包含 10 个建筑物目标 B1～B10，其中，建筑物 B1～B9 为长条形东西走向，建筑物 B10 为 L 形状；实验区二对应的光学图像和 SAR 图像分别如图 8-6（a）和图 8-6（b）所示，包含 8 个建筑物目标 M1～M8，建筑物为长条形东西走向。

(a) 光学图像（Google Earth）　　　　　(b) TerraSAR-X 降轨地距图像

图 8-5　实验区一的光学和 TerraSAR-X 图像

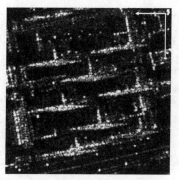

(a) 光学图像（Google Earth）　　　　　　　(b) TerraSAR-X 降轨地距图像

图 8-6　实验区二的光学和 TerraSAR-X 图像

图 8-7（a）和图 8-7（b）分别为实验区一的分割结果和区域合并结果。均值漂移分割方法的带宽参数设置为（7，6.5），分割图包含了 12706 个区域，过分割非常严重；区域合并过程中设置最小面积阈值为 20，合并后区域减少为 3658 个，可以看出，图中高亮区域相对比较完整。图 8-8（a）为区域合并后提取的高亮区域，可以看出，高亮区域对应 SAR 图像中建筑物的显著的墙面叠掩区，为了进一步减少干扰，利用形态学滤波滤掉一些非建筑物的高亮区域，结果如图 8-8（b）所示，共包含 19 个高亮区域。

(a) 均值漂移分割结果　　　　　　　　　　　(b) 区域合并结果

图 8-7　实验区一图像分割与区域合并结果

图 8-9（a）和图 8-9（b）分别为实验区二的分割结果和区域合并结果。均值漂移分割方法的带宽参数设置为（7，5），分割图包含了 2085 个区域，过分割非常严重；区域合并过程中设置最小面积阈值为 20，合并后区域减少为 226 个，可以看出，图中高亮区域相对比较完整。图 8-10（a）为区域合并后提取的高亮区域，可以看出，高亮区域对应 SAR 图像中建筑物的显著的墙面叠掩区，为了进一步减少干扰，利用形态学滤波滤掉一些非建筑物的高亮区域，结果如图 8-10（b）所示，共包含 0 个高亮区域。由于建筑物 M8 主墙面高亮区域不太明显，造成了漏检。

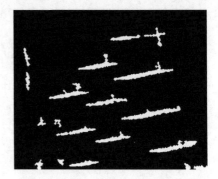

(a) 高亮区域二值掩模图像　　　　　　　　　(b) 高亮区域形态学运算后结果

图 8-8　实验区一高亮区域的提取结果

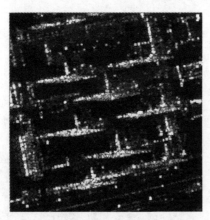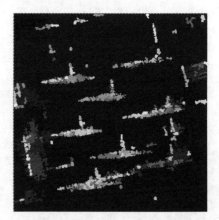

(a) 均值漂移分割结果　　　　　　　　　　(b) 区域合并结果

图 8-9　实验区二图像分割与区域合并结果

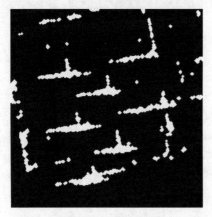

(a) 高亮区域二值掩模图像　　　　　　　　　(b) 高亮区域形态学运算后结果

图 8-10　实验区二高亮区域的提取结果

8.3　候选建筑物目标确定

SAR 图像分割后可获得图像的高亮区域，但由于城市目标和场景的复杂性，高亮区域并非一定对应建筑物强散射，可能还包含了大量其他干扰，所以首先需要剔除虚假高亮区域，确定图像中最有可能的候选建筑物目标所在区域，即将包含该建筑物的图像切片提取出来，然后就可以采用面向对象的处理方式对每一个建筑物进行三维信息重建。

候选建筑物目标确定方法如图 8-11 所示。首先，利用随机抽样一致（Random Sample Consensus，RANSAC）方法从高亮区域确定最有可能为平行四边形的对角线；然后，基于提取的对角线估计该高亮区域最接近的平行四边形；最后，通过比较平行四边形与高亮区域的相似性来判定高亮区域是否属于候选建筑物目标，如果相似性满足给定阈值条件，则该高亮区域即为候选建筑物目标的主墙面，否则该高亮区域为虚假目标。下面进行详细介绍。

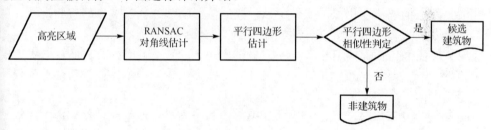

图 8-11　候选建筑物目标确定流程

8.3.1　初始平行四边形主对角线的确定

基于高亮区域确定初始平行四边形的主对角线，该过程可以转化为点集估计最优直线的问题。最小二乘法不能找到适应于局内点的直线，原因是最小二乘法会考虑包括局外点在内的所有点。RANSAC 方法能根据一组包含异常数据的样本数据集，计算出数据的数学模型参数，得到有效的样本数据，因此可以用于确定初始平行四边形主对角线。

RANSAC 于 1981 年由 Fischler 和 Bolles 最先提出（Fischler and Bolles, 1981），经常用于计算机视觉中（Choi et al., 1997）。RANSAC 算法的基本假设是样本中包含正确数据（Inliers，可以被模型描述的数据），也包含异常数据（Outliers，偏离正常范围很远、无法适应数学模型的数据），即数据集中含有噪声。同时 RANSAC 也假设，给定一组正确的数据，存在可以计算出符合这些数据的模型参数的方法（Hartley and Zisserman, 2003）。RANSAC 基本思想描述如下。

（1）考虑一个最小抽样集的势为 n 的模型（n 为初始化模型参数所需的最小样本数）和一个样本集 P，集合 P 的样本数 $\#(P) > n$，从 P 中随机抽取包含 n 个样本的 P 的子集 S，初始化模型 M。

（2）余集 SC=$P\backslash S$ 中与模型 M 的误差小于某一设定阈值 t 的样本集以及 S 构成 S^*。S^* 认为是内点集，它们构成 S 的一致集（consensus set）。

（3）若集合 S^* 的样本数 $\#(S^*) \geqslant N$，则认为得到正确的模型参数，并利用集合 S^*（内点 Inliers）采用最小二乘等方法重新计算新的模型 M^*；重新随机抽取新的 S，重复以上过程。

（4）在完成一定的抽样次数后，若未找到一致集则算法失败，否则选取抽样后得到的最大一致集判断内外点，算法结束。

RANSAC 算法包括 3 个输入参数。

（1）判断样本是否满足模型的误差容忍度 t。t 可以看作对内点噪声均方差的假设，对于不同的输入数据需要采用人工干预的方式预设合适的门限，且该参数对 RANSAC 性能有很大的影响。

（2）随机抽取样本集 S 的次数。该参数直接影响参与模型参数的检验次数，从而影响算法的效率，因为大部分随机抽样都受到外点的影响。

（3）表征得到正确模型时，一致集 S^* 的大小 N。为了确保得到表征数据集 P 的正确模型，一般要求一致集足够大；另外，足够多的一致样本使得重新估计的模型参数更精确。

图 8-12 为利用 RANSAC 方法估计得出的单个高亮区域的对角线、内部和外部点。可以看出，利用 RANSAC 估计的对角线与实际平行四边形对角线比较接近。图 8-13 和图 8-14 分别为两个实验区利用 RANSAC 对所有建筑物高亮区域对角线的估计结果。可以看出，该方法有效提取了每一个高亮区域的对角线。

(a) 提取的对角线　　　　　　　　　(b) RANSAC 的内部点和外部点

图 8-12　RANSAC 提取的对角线

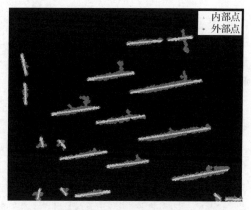

(a) 提取的对角线　　　　　　　　　(b) RANSAC 的内部点和外部点

图 8-13　RANSAC 提取的实验区一所有高亮区域的对角线

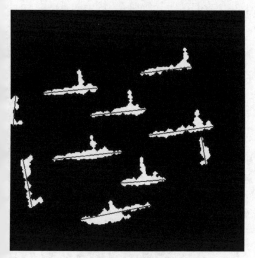
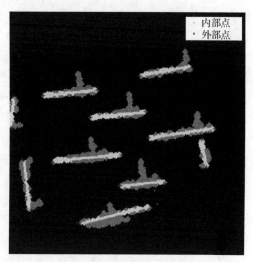

(a) 提取的对角线　　　　　　　　　(b) RANSAC 的内部点和外部点

图 8-14　RANSAC 提取的实验区二所有高亮区域的对角线

.3.2　平行四边形相似性判定

通过先验知识可知，SAR 图像中建筑物目标主墙面为平行四边形，并且有两条对边平行于距离向，另外两条对边的方向与建筑物的方位角有关。当其对角线确定时，只需确定另外两条对边即可确定平行四边形。在没有场景先验知识的情况下，建筑物的方位角难以获得，因此无法确定主墙面对应的平行四边形参数。SAR 图像中建筑物散射基元边界不完整，内部灰度分布不均匀，导致基于图像分割的高亮区域并非理想平行四边形，所以需要从高亮区域中寻找对应的平行四边形。当高亮区域与对应的平行四边形的相似度越高时，该高亮区域为建筑物主墙面的可能性越大；否则该高亮区域可能不是建筑物主墙面。

图 8-15 所示为一个高亮区域二值图像，对角线和虚线矩形框确定后，为了确定平行四边形，需要估计两条斜边的方向，假设两条斜边与水平方向夹角用 β 表示。平行四边形可以将虚线矩形二值掩模图像划分成两部分：平行四边形内部 R_{in} 和外部 R_{out}。不同的夹角 β 对应不同的平行四边

图 8-15　平行四边形相似性判断示意图

形，两部分之间的差异性随着夹角 β 的变化而变化，差异性可以用两部分的方差之和来度量，用 $\sigma(\beta) = n_{in}\sigma_{in} + n_{out}\sigma_{out}$ 表示，其中 n_{in} 和 σ_{in} 表示平行四边形内部 R_{in} 像元个数和方差，n_{out} 和 σ_{out} 表示平行四边形外部 R_{out} 像元个数和方差。当内部区域与外部区域的差异性最大时，对应的角度为与高亮区域最匹配的平行四边形，因此可以用角度遍历方法来计算方差之和与角度 β 之间的变化曲线，当高亮区域与平行四边形的形状较为一致时，变化曲线并非单调递增或者递减；否则变化区域为单调递减或者递增。图 8-16 和图 8-17 分别对应两个高亮区域平行四边形的拟合情况。图 8-16 中的高亮区域与平行四边形形状较为相似，则其对应的方差之和与角度 β 之间的变化曲线有极小值；图 8-17 中高亮区域与平行四边形形状不相似，则其对应的方差之和与角度 β 之间的变化曲线为单调递减。通过曲线形状可以判断出高亮区域是否与平行四边形相似，如果与平行四边形相似，则能够估计出平行四边形的形状。

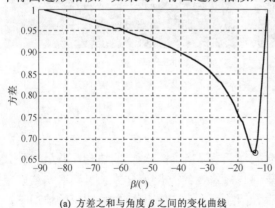

(a) 方差之和与角度 β 之间的变化曲线　　　　(b) 高亮区域估计的平行四边形

图 8-16　高亮区域平行四边形拟合结果

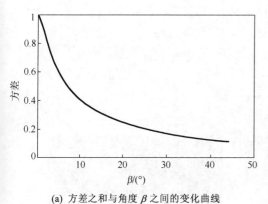

(a) 方差之和与角度 β 之间的变化曲线

(b) 高亮区域与估计的平行四边形不符合

图 8-17　高亮区域不满足平行四边形形状的拟合

当估计出高亮区域对应的平行四边形后，需要判断高亮区域与平行四边形的相似性，只有当两者之间的相似度较高时，该高亮区域才为候选建筑物的主墙面，否则剔除该高亮区域。Hausdorff 距离表征了两个点集之间的不相似程度，详细介绍也可阅读 6.4.3 节。高亮区域和平行四边形的边界点集分别表示为 $A = \{a_1, a_2, \cdots, a_p\}$ 和 $B = \{b_1, b_2, \cdots, b_q\}$，它们之间的 Hausdorff 距离定义为

$$H(A,B) = \max(h(A,B), h(B,A)) \tag{8-22}$$

$$h(A,B) = \max_{a_i \in A} \min_{b_j \in B} \|a_i - b_j\| \tag{8-23}$$

$$h(B,A) = \max_{b_j \in B} \min_{a_i \in A} \|b_j - a_i\| \tag{8-24}$$

其中，$\|\cdot\|$ 表示距离范数，可以用欧氏距离计算；$h(A,B)$ 和 $h(B,A)$ 分别称为前向和后向 Hausdorff 距离。但是 Hausdorff 对干扰很敏感，如 A 中仅有一点与 B 相差很大，$H(A,B)$ 的值就变得很大，因此采用部分 Hausdorff 距离以避免这个问题。部分 Hausdorff 距离定义为

$$H^{f_F f_R}(A,B) = \max(h^{f_F}(A,B), h^{f_R}(B,A)) \tag{8-25}$$

$$h^{f_F}(A,B) = f_F \underset{a_i \in A}{\text{th}} \min_{b_j \in B} \|a_i - b_j\| \tag{8-26}$$

$$h^{f_R}(B,A) = f_R \underset{b_j \in B}{\text{th}} \min_{a_i \in A} \|b_j - a_i\| \tag{8-27}$$

其中，f_F 和 f_R 是中位数，分别称为前向分数和后向分数；th 表示排序，即先计算最小距离并进行排序，再通过中位数进行控制，而不是直接选取最大值。

将两个实验区中的高亮区域都进行以上估计和检验，得到两个实验区中满足平行四边形的高亮区域，即候选建筑物目标，如图 8-18 所示，其中实验区一中的 10 个候选建筑物目标全部被检测出来，实验区二中包含 8 个建筑物目标，检测到了 7 个。最后，将候选建筑物的高亮区域向外做缓冲区，再提取对应的最大外接矩形，即可完成对图像切片的提取，结果如图 8-19 所示。8.4 节每一个建筑物目标的三维重建都是针对相应的 SAR 图像切片完成的。

（a）实验区一 　　　　　　　　　　（b）实验区二

图 8-18　两个实验区中满足平行四边形的高亮区域

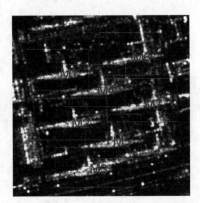

（a）实验区一 　　　　　　　　　　（b）实验区二

图 8-19　候选建筑物目标图像切片

8.4　建筑物三维重建方法

由 8.1 节的先验知识可知，提取并重建建筑物目标的关键在于如何准确地提取主墙面对应的高亮平行四边形和侧墙面对应的二次散射亮线特征。在 SAR 图像中

斑点噪声和旁瓣效应等导致高亮特征边界不完整，如图 8-2（b）中的二次散射亮线
$B'F'$。为了获得这些特征区域，最直接的方法是利用图像分割算法提取特征的完整
边界。而常规图像分割方法大多基于灰度或者纹理特征，所以在分割噪声干扰较多
的 SAR 图像时无法取得理想的效果。建筑物目标的散射特征为平行四边形与线段的
组合，所以如果将这些几何模型作为约束条件加入分割算法中，可能会获得更好的
效果。

图 8-20 给出了基于几何模型约束对建筑物目标进行三维重建方法的流程，首先
从 SAR 图像中提取平行四边形的初始值，在此基础上，引入平行四边形约束条件，
从图像中提取最优平行四边形 P_{opt}，从而确定二次散射亮线的起点和方向；然后再
引入线段约束条件确定二次散射亮线的长度，最后利用式（8-1）重建目标三维信息。
下面以图 8-2（b）所示建筑物的 SAR 图像切片为例，对该方法的流程进行详细
介绍。

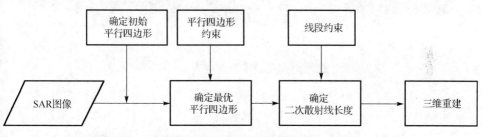

图 8-20　基于几何模型约束的建筑物三维重建方法流程

8.4.1　主墙面图像初始范围的确定

提取目标区域的关键在于从四维空间 $\{x_{A'}, x_{C'}, \omega, \phi\}$ 中找到最优平行四边形 P_{opt}，
当解空间的范围未知时，寻找最优解将是非常困难而耗时的工作，而如果能确定最
优解的初始范围则可以极大地减小搜索范围，从而提高效率。为了确定主墙面图像
的初始范围，首先对图像切片 I 进行 Radon 变换来大致确定平行四边形主对角线
图 8-4 中 $A'C'$）的方向和顶点，得到 $x_{A'}$、$x_{C'}$、ω 的初始值，然后再利用平行四边
形内外灰度差异来确定内角 ϕ 的初始值。

图像 Radon 变换用来计算图像在某一指定角度射线方向上的投影，变换公式为

$$f(\rho, \vartheta) = \iint_D I(x, y)\delta(\rho - x\cos\vartheta - y\sin\vartheta)\, \mathrm{d}x\mathrm{d}y \tag{8-28}$$

中，D 表示图像区域；$I(x, y)$ 表示点 (x, y) 处的灰度值；δ 是 Dirac 函数；ρ 是图
中心到直线的垂直距离；ϑ 是图像中心到直线的垂线与 x 轴的夹角。Radon 变换
以将图像从灰度平面映射到参数 (ρ, ϑ) 平面，对图像求出各个 ϑ 值的投影，从而
以对图像进行全方位的观测。若图像中存在后向散射较强的平行四边形区域，

主对角线垂直方向对应投影将出现最大值，参数平面 (ρ_0, ϑ_0) 处会形成一个峰值。图 8-21（a）为 Radon 变换结果，找到峰值点并进行逆变换得到主对角线所在的直线，即图 8-21（b）中 $A'C'$ 所在绿线，其倾角 $\omega_0 = 8.0°$，但是 Radon 变换无法得到主对角线的顶点。为了确定主对角线的两个顶点，获取沿该直线方向的宽度为 3 个像元的长条带感兴趣区内的图像像元值，利用 Otsu 分割方法得到图 8-21（b）中主对角线的顶点 $A'(x_{A'0}, y_{A'0})$ 和 $C'(x_{C'0}, y_{C'0})$。

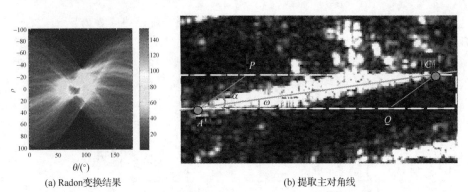

| (a) Radon变换结果 | (b) 提取主对角线 |

图 8-21　利用 Radon 变换检测主对角线（见文后彩图）

确定了主对角线三个参数 $x_{A'}$、$x_{C'}$、ω 的初始值之后，还需要确定平行四边形内角 ϕ 的初始值。在图 8-21（b）中，首先分别过点 A' 和点 C' 作两条水平的直线（黄色标记），则平行四边形包含在两条平行黄线构成的矩形内（黄色标记）。然后过点 A' 和点 C' 分别作直线 $A'P$ 和 $C'Q$，两条直线互相平行，与水平方向夹角为 α，其中 $\alpha \in (\omega_0, 90°)$。于是，平行四边形 $A'PC'Q$ 将黄色矩形框划分成 3 块区域，对应类间方差为 $g(\alpha) = \sum_{i \in R(\alpha)} P_i \sigma_i$，其中 $R(\alpha)$ 为角度为 α 时划分的区域，P_i 为第 i 个区域占黄色矩形框的像元比例，σ_i 为第 i 个区域的灰度方差。当 α 为平行四边形内角，即 $\alpha = \phi$ 时，三块区域的内部一致性最好，σ_B 取得最小值，可以用式（8-29）表示。由于 $g(\alpha)$ 没有具体解析式，通过数值计算方法可以得到类间方差 $g(\alpha)$ 相对于 α 的变化趋势（图 8-22），可以看出 $g(\alpha)$ 在 $\alpha = 14°$ 时取得最小值，因此可以得到平行四边形内角的估计值 $\phi_0 = 14°$：

$$\phi = \arg\min_\alpha \{g(\alpha)\} \tag{8-29}$$

通过以上处理可以确定参数 $x_{A'}$、$x_{C'}$、ω 和 ϕ 的初始值，从而确定平行四边形 P 的初始解为 $P_0 = \{x_{A'_0}, x_{C'_0}, \omega_0, \phi_0\}$。由于建筑物目标的散射特征受到较多干扰，主对角线的提取可能存在偏差，而内角的提取是基于主对角线的，所以预处理获得的初始平行四边形往往不是最优解，需要在初始值周边进一步寻找最优解。

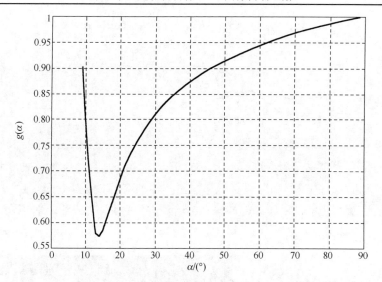

图 8-22　归一化类间方差 $g(\alpha)$ 相对于 α 的变化趋势

3.4.2　主墙面图像区域的优化

本节采用一种基于平行四边形约束的迭代优化方法来确定最优平行四边形。首先假设平行四边形 $P = \{x_{A'}, x_{C'}, \omega, \phi\}$ 将建筑物目标所在的 SAR 图像切片 I 划分成两个子区域：目标 I_P 和背景 $I_{\bar{P}}$，这两个区域的内部灰度一致性要好于区域间。如果 P 与建筑物主墙面成像的平行四边形完成重合，则目标区域与背景区域的内部灰度一致性最好，而区域之间的灰度分布差异最大；否则两块区域内部灰度一致性降低，区域之间灰度分布差异减小。因此以平行四边形划分成的目标与背景区域之间的灰度差异和区域内部灰度一致性作为目标函数，通过最优化问题的解算得到最优平行四边形 P_{opt}：

$$P_{\text{opt}} = \arg\min_{P}\{F(P, I)\} \tag{8-30}$$

其中，目标函数 $F(P, I)$ 为利用 P 将图像切片 I 划分成目标区域 I_P 和背景区域 $I_{\bar{P}}$ 的区域内部一致性测度，计算方法如式（8-31）所示：

$$F(P, I) = \sum_{i \in (P, \bar{P})} p_i(I_i)\sigma(I_i) \tag{8-31}$$

其中，$p_i(I_i)$ 和 $\sigma(I_i)$ 分别为第 i 个区域的像元百分比和灰度均方根。

确定了初始解 $P_0 = \{x_{A'_0}, x_{C'_0}, \omega_0, \phi_0\}$ 后，可以建立一个以 P_0 为中心的包含最优解的搜索范围 Ω，定义如式（8-32）所示，在此搜索空间中利用枚举法即可快速寻找到最优解：

$$
\begin{cases}
\Omega = \{x_{A'}, x_{C'}, \omega, \phi \,|\, x_{A'} \in R_{A'}, x_{C'} \in R_{C'}, \omega \in R_\omega, \phi \in R_\phi \} \\
R_{A'} = [x_{A'_0} - \varepsilon_A, x_{A'_0} + \varepsilon_A] \\
R_{C'} = [x_{C'_0} - \varepsilon_C, x_{C'_0} + \varepsilon_C] \\
R_\omega = [\omega_0 - \varepsilon_\omega, \omega_0 + \varepsilon_\omega] \\
R_\phi = [\phi_0 - \varepsilon_\phi, \phi_0 + \varepsilon_\phi]
\end{cases}
\tag{8-32}
$$

其中，$R_{A'}$、$R_{C'}$、R_ω 和 R_ϕ 分别为变量 $x_{A'}$、$x_{C'}$、ω 和 ϕ 的变化区间；ε_A、ε_C、ε_ω 和 ε_ϕ 分别为对应区间半径，$\varepsilon_A = \varepsilon_C = 5$，$\varepsilon_\omega = \varepsilon_\phi = 1°$；$x_{A'}$ 和 $x_{C'}$ 的变化步长为 0.1 像元，ω 和 ϕ 的变化步长为 0.05°。利用目标函数（式（8-31））在搜索空间（式（8-32））中寻找得到最优解为 $P_{\text{opt}} = \{x_{A'} = 4.0, x_{C'} = 160.5, \omega = 7.90°, \phi = 12.55°\}$，对应图 8-23（b）中的平行四边形 $A'B'C'D'$。

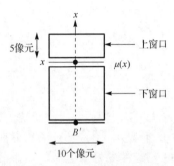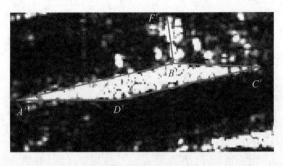

(a) 二次散射亮线的长度确定方法　　　　　　(b) 最优平行四边形和二次散射亮线特征

图 8-23　二次散射亮线提取算法与建筑物散射特征最优提取结果

8.4.3　建筑物宽度提取及三维重建

由于二次散射亮线 Γ 与主墙面墙角线 $A'B'$ 垂直，所以利用最优平行四边形即可确定二次散射亮线 Γ 的起点和方向，于是建筑物的宽度提取问题转化为确定 Γ 的长度 e。由于二次散射的宽度大于 1 个像元，并且灰度分布不均匀，所以仅在该条线上确定边界点误差较大。为了准确提取参数 e，采用如下方法。假设图 8-23（a）中虚线为 Γ 所在方向，为了增加该提取方法的稳定性，将虚线的宽度扩展到 10 个像元，从而将一维边界点转化为二维边界提取问题，采用 Tupin（2003）提到的边界检测算子得到 $B'F'$ 长度为 30。

通过以上步骤确定了平行四边形 $P_{\text{opt}} = \{x_{A'} = 4.0, x_{C'} = 160.5, \omega = 7.9°, \phi = 12.6°\}$ 和二次散射亮线段 $\Gamma = \{P_{\text{opt}}, e = 30\}$，即确定了图 8-23（b）中的线框结构。最后利用式（8-1）重建建筑物目标，得到 $X = \{(x_0, y_0) = (101.7, 33.7), \psi = 77.45°, l = 73.42, w = 22.5, h = 44.9\}$。

8.4.4　三维重建结果和分析

　　将以上建筑物三维重建方法应用于两个实验区的所有 SAR 图像切片中，即可实现对实验区所有建筑物目标的三维重建。表 8-1 为实验区一的建筑物目标三维信息提取参数与实测值，10 个建筑物目标都被准确识别和提取。其中，建筑物 B5 的近距离端地面存在一些干扰，导致其二次散射亮线不明显，因此无法提取建筑物宽度；建筑物 B7 的近距离端还受到其他目标的遮挡，其图像特征并非描述的平行四边形与二次散射亮线的组合，因此利用本节方法无法提取其宽度信息。除此之外，该方法对于其他建筑物反演结果都较为理想。其中，长度的反演误差的均值和标准差分别为 1.5m 和 1.2m，表明该方法对于长度维的反演精度非常高。高度的反演误差均值和标准差分别为 2.2m 和 2.3m，表明该方法对于高度维的反演精度也较好。但建筑物B6的高度反演误差较大，达到了8m，宽度反演的误差均值和标准差分别为4.0m和 2.3m，说明宽度反演结果偏大。由 6.2.2 节关于二次散射中心距离徙动的分析可知，当建筑物的墙面非正对电磁波入射方向时（如实验区一的建筑物侧墙面），与地面相比，墙面较为光滑，则电磁波第一次入射到墙面后发生镜面反射到达地面，第二次散射为漫反射，只有与入射场平行的回波才能被传感器接收形成二次散射。此时，二次散射回波的散射中心位于墙角线所在的直线上，但是却比墙角线长，而且建筑物越高这一现象越明显。

表 8-1　实验区一建筑物目标三维重建结果

编号	长/m			宽/m			高/m		
	测量值	反演	误差	测量值	反演	误差	测量值	反演	误差
B1	76.0	76.3	0.3	16.9	26.1	9.2	44.0	40.0	-4.0
B2	76.0	75.5	-0.5	16.9	19.9	3.0	44.0	39.9	-4.1
B3	60.0	59.2	-0.8	16.9	19.4	2.5	44.0	42.8	-1.2
B4	77.0	73.4	-3.6	16.9	22.5	5.6	44.0	44.9	0.9
B5	76.0	74.2	-1.8	16.9	—	—	44.0	43.2	-0.8
B6	75.8	72.6	-3.2	16.9	18.7	1.8	44.0	36.0	-8.0
B7	49.0	46.2	-2.8	16.9	—	—	44.0	43.8	-0.2
B8	114.0	112.6	-1.4	16.9	20.8	3.9	44.0	43.5	-0.5
B9	109.0	109.6	0.6	16.9	20.9	4.0	44.0	45.0	1.0
B10	78.3	78.5	0.2	48.8	50.8	2.0	44.0	46.2	2.2
均值			1.5			4.0			2.2
方差			1.2			2.3			2.3

　　图 8-24（a）为实验区一目标三维重建时提取的最优平行四边形和二次散射亮，图 8-24（b）为将提取的三维模型叠加在 SAR 图像上的显示效果。其中，能完提取散射特征的建筑物包括 B1～B4、B6、B8～B10；散射特征提取不完整的建

筑物包括 B5 和 B7。可以看出，提取的最优平行四边形与图像中的高亮区域非常吻合，可见本节算法中先验知识模型约束有效提高了参数反演的精度。其中建筑物 B10 为 L 形状，如图 8-5（a）所示，但是由于其散射特征与其他建筑物非常相似，所以，本节介绍的三维重建算法自动将该建筑物认定为长方体形状，表 8-1 中 B10 对应的宽度实际应为侧墙面的长度。实验区一的三维重建结果表明该方法能够有效地提取并重建长方体建筑物目标。其中，长度反演精度最优，高度其次，宽度偏大。此外，该方法不能有效处理遮挡或受干扰的建筑物目标，其鲁棒性有待提高。

 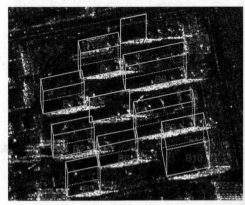

(a) 三维重建中提取的最优主墙面和二次散射亮线　　　　　(b) 提取的三维模型叠加在 SAR 图像上

图 8-24　实验区一建筑物目标三维重建结果

表 8-2 为实验区二中所有建筑物目标三维信息提取参数与实测值，7 个建筑物目标（M1～M7）被准确识别和提取，但建筑物 M8 没有被提取出来，这是由于建筑物主墙面高亮区域不明显，在建筑物识别环节未被确认为候选建筑物，说明本节方法要求建筑物目标具有足够显著的散射特征才能实现其三维重建。该方法对建筑物 M1～M7 的三维信息反演结果较好。其中，长度的反演误差的均值和标准差分别为 3.8m 和 3.2m，高度的反演误差的均值和标准差分别为 4.1m 和 4.6m，宽度的误差均值和标准差分别为 2.5m 和 2.2m。与实验区一的反演结果相比，实验区二的长度和高度反演误差偏大，这是由于实验区二的建筑物散射特征的形状与先验知识模型存在一定的偏差，并且主墙面高亮区域不如实验区一显著。由图 8-25 也可以看出提取的最优平行四边形与图像中的高亮区域稍有差别，建筑物三维模型与实际位置存在一定的偏差。

表 8-2 实验区二建筑物目标三维重建结果

编号	长/m			宽/m			高/m		
	测量值	反演	误差	测量值	反演	误差	测量值	反演	误差
M1	46.0	45.7	-0.3	15.9	16.1	0.2	44.1	47.6	3.5
M2	46.0	49.7	3.7	15.9	16.3	0.4	42.1	44.1	2.0
M3	46.0	56.4	10.4	15.9	13.7	-2.2	42.1	51.4	9.3
M4	46.9	50.6	3.7	15.9	22.3	6.4	44.1	52.9	8.8
M5	46.9	49.7	2.8	15.9	20.9	5.0	44.1	45.9	1.8
M6	63.0	68.3	5.3	16.9	15.4	-1.5	29.0	24.5	-4.5
M7	63.0	62.7	-0.3	16.9	15.2	-1.7	29.0	36.9	7.9
均值			3.8			2.5			4.1
方差			3.2			2.2			4.6

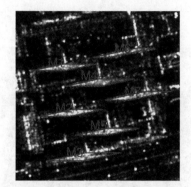

（a）三维重建中提取的最优主墙面和二次散射亮线　　（b）提取的三维模型叠加在 SAR 图像上

图 8-25 实验区二建筑物目标三维重建结果

8.5 图像标注与理解

　　SAR 图像中建筑物目标三维信息提取后，可以借助第 4 章介绍的 SAR 图像模拟器对真实 SAR 图像特征形成机制进行理解，流程如图 8-26 所示。首先，根据建筑物目标三维信息构建建筑物目标/场景三维模型；然后，将三维模型作为 SAR 图像模拟器的输入，采用与真实 SAR 图像相同的成像参数，生成建筑物目标的模拟图像和散射特征基元；最后，根据散射特征基元，将真实图像中对应的区域标注出来，即完成了对 SAR 图像的理解。

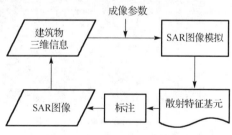

图 8-26 SAR 图像标注与理解流程

　　图 8-27 为实验区一对应的图像理解结果。图 8-27（a）为实验区一对应的原始 SAR 图像。图 8-27（b）中的黄色矩形为建筑物平面轮廓，由于建筑物 B5 和 B7 的宽度信息未提取出来，所以只能得到主墙面的墙角线，如其中的绿线所示；可以看出，建筑物平面轮廓位于 SAR 图像中的暗区域，所以在建筑物目标提取时将高亮区域作为建筑物目标是存在偏差的，特别是对于高分辨率 SAR 图像而言，这种偏差体现得更明显。图 8-27（c）为 SAR 图像建筑物散射特征基元标注结果，绿线表示墙面叠掩区，黄线表示屋顶范围，红色为阴影区域。图 8-27（d）为三维模型与散射特征基元叠加在 SAR 图像中的效果图，青线表示建筑物三维模型，绿线表示墙面叠掩区，黄线表示屋顶范围，红色为阴影区域。同样，图 8-28 给出了实验区二对应的图像理解结果。可见，利用本节的 SAR 图像理解方法，可以将难以理解的 SAR 图像以一种相对容易理解的呈现方法展示给用户，从而达到了 SAR 图像自动理解的目的。

(a) 原始SAR图像

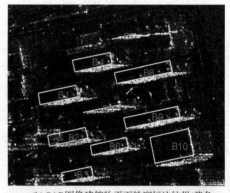

(b) SAR图像建筑物平面轮廓标注结果(黄色矩形为平面轮廓，绿线为主墙面墙角线)

(c) SAR图像建筑物散射特征基元标注结果(绿线表示墙面叠掩区，黄线表示屋顶范围，红色为阴影区域)

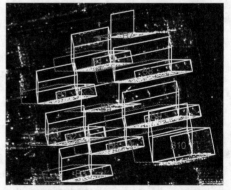

(d) 三维模型与散射特征基元叠加在SAR图像中的效果图(青线表示建筑物三维模型，绿线表示墙面叠掩区，黄线表示屋顶范围，红色为阴影区域)

图 8-27　实验区一 SAR 图像标注与解译结果（见文后彩图）

(a) 原始SAR图像

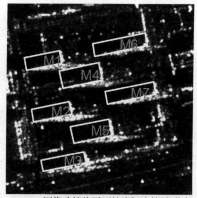
(b) SAR图像建筑物平面轮廓标注结果(黄色矩形为平面轮廓，绿线为主墙面墙角线)

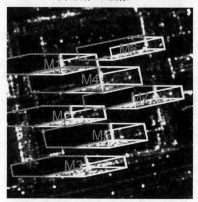
(c) SAR图像建筑物散射特征基元标注结果
(绿线表示墙面叠掩区，黄线表示屋顶范围，红色为阴影区域)

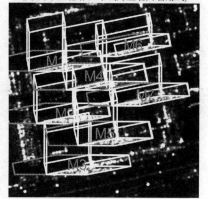
(d) 三维模型与散射特征基元叠加在SAR图像中的效果图(青线表示建筑物三维模型，绿线表示墙面叠掩区，黄线表示屋顶范围，红色为阴影区域)

图 8-28　实验区二 SAR 图像标注与解译结果（见文后彩图）

参 考 文 献

马隽, 谢昭. 2009. 图像理解理论和方法[M]. 北京: 科学出版社.

王国军. 2014. 建筑物目标高分辨率 SAR 图像理解研究[D]. 北京: 中国科学院遥感与数字地球研究所.

王国军, 张凤丽, 徐旭, 等. 2013. 基于几何模型约束的 SAR 图像建筑物三维重建[J]. 红外与毫米波学报, 5: 444-449.

王润生. 图像理解[M]. 长沙: 国防科技大学出版社, 1995.

魏忠铨. 2001. 合成孔径雷达卫星[M]. 北京: 科学出版社.

章毓晋. 2013. 图像工程(下册): 图像理解[M]. 北京: 清华大学出版社.

Cheng Y. 1995. Mean shift, mode seeking, and clustering[J]. IEEE Transactions on Pattern Analysis and Machine Intelligence, 17(8): 790-799.

Choi S, Kim T,Yu W. 1997. Performance evaluation of RANSAC family[J]. Journal of Computer Vision, 24(3): 271-300.

Comaniciu D, Meer P. 2002. Mean shift: A robust approach toward feature space analysis[J]. IEEE Transactions on Pattern Analysis and Machine Intelligence, 24(5): 603-619.

Fischler M A, Bolles R C. 1981. Random sample consensus: A paradigm for model fitting with applications to image analysis and automated cartography[J]. Communications of the ACM, 24(6): 381-395.

Fukunaga K, Hostetler L. 1975. The estimation of the gradient of a density function, with applications in pattern recognition[J]. IEEE Transactions on Information Theory, 21(1): 32-40.

Hartley R, Zisserman A. 2003. Multiple View Geometry in Computer Vision[M]. Cambridge: Cambridge University Press.

Tupin F. 2003. Extraction of 3D information using overlay detection on SAR images[C]. Proceedings of the Remote Sensing and Data Fusion over Urban Areas, Berlin: 72-76.

第9章　城市目标与场景高分辨率 SAR 图像解译标志库

地物目标微波散射特性研究是微波遥感数据理解和应用的基础。由于雷达遥感图像与光学图像以及人类视觉系统差异大，解译困难，如何通过对理论方法、样例数据、应用实例进行高效组织，降低雷达遥感数据的应用门槛，有力推动微波遥感数据的应用就显得尤为重要。为了解决这一问题，全面提升对典型地物目标微波特性的理解能力，中国科学院遥感与数字地球研究所构建了基于 Web 的典型地物微波特性知识库。本章所介绍的城市目标与场景高分辨率 SAR 图像解译标志库，是典型地物微波特性知识库非常重要的组成部分。

9.1　知识库与解译标志库简介

知识库是增进地物目标基本特性理解的重要技术手段，在光学遥感领域典型地物波谱数据库建设方面，我国已取得一些成果（王锦地等，2009；屈永华等，2004）。其中由北京师范大学主持开发的中国典型地物波谱库 SpeLib 实现了多源知识的整合，但基于 Web 集模型、测量数据与雷达遥感图像应用于一体的综合知识平台相关研究较少。在国外，微波遥感领域数据共享平台主要提供单一的数据下载与信息浏览功能。在典型地物目标散射机理研究和典型应用的基础上，我们以计算机网络技术、数据库技术与软件技术为基础，构建了集微波遥感模型、测量数据、雷达遥感图像、解译标志、先验知识与应用示范于一体的知识平台（卞小林等，2015），可以为从事微波遥感理论基础与应用研究的科研人员和广大 SAR 遥感数据用户提供雷达遥感知识与处理分析技术支持。

典型地物微波特性知识库是集微波遥感模型、解译标志、测量数据、雷达遥感图像、先验知识与应用示范于一体的知识平台，是一个可描述成三层 Web 结构的浏览器/服务器（B/S）模式的数据库体系，可满足典型地物微波特性知识库不断扩展的需求（Bian et al., 2011）。该知识库主要由微波遥感模型数据库、测量数据库、雷达遥感图像数据库、雷达遥感图像解译标志数据库与先验知识数据库五部分组成。根据"模型→数据→图像→应用"的研究思路，典型地物微波特性知识库功能设计为以下 7 大功能模块，即微波模型模块、测量数据模块、雷达图像模块、雷达遥感图像解译标志模块、应用示范模块、文件下载模块、用户与数据管理模块。其中，本章主要涉及解译标志模块，该模块包含解译标志查询与先验知识浏览功能。

解译标志库可以帮助专业解译人员根据雷达遥感图像特征，包括地物目标的后向散射特征、几何结构特征、极化特征、纹理特征和时相特征等，识别分析地物目标，定性、定量地提取出目标的分布、参数、结构、功能等有关信息。我们开发的知识库中解译标志查询功能模块提供典型地物解译标志查询功能，每一种地物类型的解译标志包括对解译原理、图像特征、散射特性、极化特性、时相特性、干涉特性等方面部分或全部信息的描述，同时介绍了实验区概况和地面测量情况，并给出了典型样图及图像详细说明等。

构建解译标志库首先需要确定合适的土地分类系统。各国学者从不同角度构建了众多的土地分类系统，但各分类系统往往只针对特定的研究目标和尺度，缺少统一的标准（张景华等，2011）。典型地物微波特性知识库的解译标志库以美国地质调查局（USGS）土地覆被分类系统作为地物目标分类依据并进行扩展，基本包含了雷达遥感研究的全部典型地物类型。解译标志的类别分成一级类和二级类，一级地物包括城镇或建成区、农业用地、草地、林地、水体、湿地、荒地、苔原、冰川或永久积雪、地质灾害和海洋。编码采用 3 位数字编码，其中前 2 位用于表示一级类区分，最后 1 位用于表示一级类对应二级类的编码，从 1 开始，为了统一存储，一级类最后一位编码统一为 0，具体分类与编码如表 9-1 所示（卞小林等，2015）。

表 9-1　解译标志类型与编码

一级类型名与编码	二级类型名与编码
城镇或建成区 010	住宅用地 011；商服用地 012；工业用地 013；公共设施用地 014；工商综合体 015；城镇或建成区混合体 016；其他城镇或建成区 017
农业用地 020	农田和牧场 021；果园、园林等用地 022；圈养场 023；其他农业用地 024
草地 030	草本草地 031；灌木和灌丛草地 032；混合草地 033
林地 040	落叶林地 041；常绿林地 042；混合林地 043
水体 050	河流和沟渠 051；湖泊 052；水库 053；海湾和河口 054
湿地 060	有林覆盖湿地 061；无林覆盖湿地 062
荒地 070	干旱盐碱池 071；海滩 072；沙地 073；裸岩 074
苔原 080	灌木与灌丛苔原 081；草本苔原 082；裸地苔原 083；湿苔原 084；混合苔原 085
冰川或永久积雪 090	永久积雪 091；冰川 092
地质灾害 100	地震 101；滑坡泥石流 102
海洋 110	污染性溢油 111；烃渗漏溢油 112；浒苔 113；内波 114；海冰 115；海气边界层 116

本章主要介绍针对城镇或建成区（编码 010）构建的城镇或建成区解译标志库，利用大量实例对住宅用地、商服用地、工业用地、公共设施用地、工商综合体、城镇或建成区混合体，以及其他城镇或建成区等地物的解译原理、SAR 图像特征、散射特性等进行了详细的描述，结合实验区概况和地面测量结果，定性、定量地提取目标的分布、参数、结构、功能等信息，并给出了典型样图及图像详细说明等，可以为专业人员提供较好的应用参考。有些遥感图像或解译过程图在前面可能已经出现过，但考虑到此章内容的独立性和完整性，这里仍独立列出。

9.2　住　宅　用　地

本节综合利用光学图像、三维模型、实地照片等对高层居民楼、低层居民楼、高层居民区、低层居民区等住宅用地在 SAR 图像上的特征、形成机理、解译方法等进行详细描述。

9.2.1　高层居民楼

图 9-1 所示的建筑物为长方体形状，长边为东西走向，成像时方位角较大。SAR图像为 TerraSAR-X 聚束模式地距图像，获取时间为 2010 年 4 月 16 日，降轨右视，HH 极化，图像大小为 104×295 像元，像元大小为 0.75m×0.75m。图像灰度动态范围大，建筑物目标表现为高亮条带和暗条带的组合。

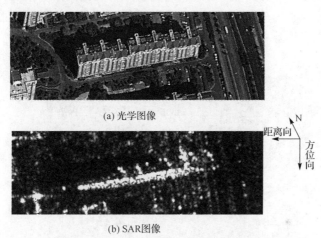

(a) 光学图像

(b) SAR图像

图 9-1　高层居民楼光学与 SAR 图像

图 9-2 为北京市京师园 2 号楼实地照片及三维模型，该建筑物为典型高层居民楼，长方体形状，长边为东西走向，长、宽、高分别为 110.80m、17.35m、35.4m，方位角为 78.7°。图 9-3 左边为长方体建筑物的三维简化模型，右边为得到的模拟图像，虚线指出了三维模型与模拟图像之间的映射关系。

图 9-2　高层居民楼实地照片与三维模型

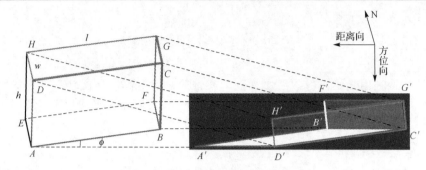

图 9-3　SAR 图像特征形成原理分析

图 9-4 给出了解译结果，解译图中标记出了散射特征的范围。主墙面（正面）分布着大量的窗户和金属材料，其回波信号强，在 SAR 图像中墙面被压缩成一条平行四边形高亮条带；侧墙面窗户等附属结构较少，表面光滑，因此回波信号弱，在 SAR 图像中特征不明显；屋顶除分布着少量附属结构外，大部分表面较光滑，回波信号弱，因此 SAR 图像中屋顶轮廓不明显。阴影与周边道路区别不大，对分割算法要求较高。

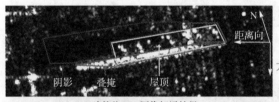

(a) 建筑物SAR图像解译结果

(b) 解译结果叠加在光学图像上的显示效果

(c) SAR图像3D显示效果及解译结果

图 9-4　高层居民楼 SAR 图像解译结果

图 9-5 所示的建筑物为长方体形状，长边为东西走向，成像时方位角较大。图 9-6 所示 SAR 图像为 TerraSAR-X 聚束模式地距图像，获取时间为 2010 年 4 月 16 日，降轨右视，HH 极化，图像大小为 104×295 像元，像元大小为 0.75m×0.75m。图像灰度动态范围大，建筑物目标表现为高亮条带和暗条带的组合。

(a) 光学图像

(b) 实地照片

(c) 三维模型

图 9-5　高层居民楼光学图像与三维模型（一）

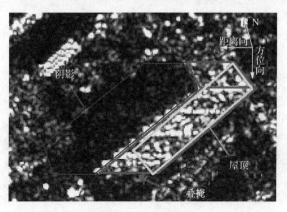

图 9-6　高层居民楼 SAR 图像解译结果（一）

主墙面（正面）分布着大量的窗户和金属建材，其回波信号强，在 SAR 图像中为平行四边形区域（图 9-6），与大方位角情况相比，墙面在图像上分布的面积较大，能够体现墙面结构，常规分割方法效果不佳（过分割严重）；侧墙面窗户等附属结构较少，表面光滑，因此回波信号弱，在 SAR 图像中特征不明显；屋顶回波信号弱，受叠掩影响严重。该建筑物形成的阴影与周边道路区别不大。

图 9-7 所示的建筑物为细长形，墙面分布着大量窗户和空调设备。SAR 图像为 TerraSAR-X 聚束模式地距图像，获取时间为 2010 年 4 月 16 日，降轨右视，HH 极化，图像大小为 259×97 像元，像元大小为 0.75m×0.75m。在图 9-8 所示的 SAR 图

像上，灰度动态范围大，叠掩区域特征为"手掌"状；"手掌部位"为墙面二次散射信号形成，"手指"为墙面上规则排列的金属物体（如空调设备等）的强回波信号，能够体现出居民楼的墙面结构。墙面叠掩区分割方法效果不佳（过分割严重）；阴影与周边道路区别不大，对分割算法要求较高（欠分割严重）。

(a) 光学图像

(b) 实地照片

(c) 三维模型

图 9-7　高层居民楼光学图像与三维模型（二）

(a) SAR图像解译

(b) 空调设备等形成强回波信号

图 9-8　高层居民楼 SAR 图像解译结果（二）

9.2.2　低层居民楼

图 9-9 所示的建筑物为低层居民楼，长方体形状，近东西朝向，成像时方位角为 11.5°。SAR 图像为 TerraSAR-X 聚束模式地距图像，获取时间为 2010 年 4 月 1 日，降轨右视，HH 极化，图像大小为 119×104 像元，像元大小为 0.75m×0.75m。在图 9-10 所示的 SAR 图像中，灰度动态范围大，建筑物目标表现为二次散射亮线、叠掩和阴影的组合。

(b) 三维模型

(a) 光学图像　　　　　　　(c) 照片(照射方向为视线方向)

图 9-9　低层居民楼光学图像与三维模型

(a) SAR图像解译结果　　　(b) SAR图像3D显示效果及解译结果

图 9-10　低层居民楼 SAR 图像解译结果

　　主墙面（正面）对应的二次散射亮线非常明显；其次为主墙面叠掩区，在图像中近似为矩形，常规分割方法效果不佳；屋顶表面光滑，回波信号弱，受叠掩影响严重。阴影与周边道路区别不大，对分割算法要求较高，解译图中标记出散射特征的范围。

.2.3　高层居民区

　　图 9-11 所示国奥村西区位于北京市朝阳区奥林匹克公园内，北邻森林公园，南邻主场馆区，环境优美，交通便利。该小区由 23 栋 6 层或 9 层南北向电梯板楼精装公寓组成（上部矩形框中建筑物为 9 层，下部矩形框中建筑物为 6 层），建筑区内居

民楼长边为东西走势，成像时方位角为 78.5°。

(a) 光学图像　　　　　　　　　　　　　　　(b) 三维模型

(c) 照片

图 9-11　国奥村西区光学图像及三维模型

　　图 9-12（a）所示的 SAR 图像为 TerraSAR-X 聚束模式地距图像，获取时间为 2010 年 4 月 16 日，降轨右视，HH 极化，图像大小为 675×603 像元，像元大小为 0.75m×0.75m。图像灰度动态范围大，建筑区在 SAR 图像中呈现条状分布，有一定规律性的明暗纹理，易于与图像中的其他地物分开。上部矩形框中为 9 层建筑物，其叠掩亮条带比层建筑物亮条带更宽，有利于建筑物高度估计。该小区建筑物屋顶在 SAR 图像中能够分辨出来，这是由于屋顶并非光滑的，由很多附属结构组成（图 9-12（b）），所以在 SAR 图像中表现为大量亮点的集合，可以用于建筑物长度和宽度的估计。

　　图 9-13 所示的逸成东苑小区位于北京市海淀区学清路西侧，为典型的高层居民区，长边为东西走势，成像时方位角为 74.1°。图 9-14 所示的 SAR 图像为 TerraSAR-X 聚束模式地距图像，获取时间为 2010 年 4 月 16 日，降轨右视，HH 极化，图像大小为 609×550 像元，像元大小为 0.75m×0.75m。图像灰度动态范围大，建筑区在 SAR 图像上表现为有一定规律性的明暗纹理，易于与图像中的其他地物分开。

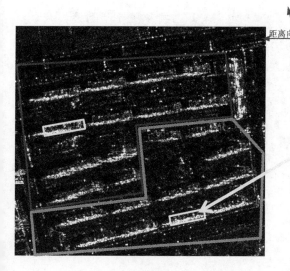

(a) SRA 图像

(b) 屋顶照片

图 9-12　国奥村 SAR 图像特征及解译结果

(a) 光学图像

(b) 三维模型

(c) 照片

图 9-13　逸成东苑小区光学图像与三维模型

　　建筑物主墙面被压缩成一条平行四边形高亮条带，建筑物侧墙面较光滑，在 SAR 图像中无明显特征。建筑物的叠掩宽度与建筑物的高度存在定量关系，因此高层建筑区内的建筑物在 SAR 图像中的叠掩宽度较大，较易分辨，建筑物屋顶成像区中的亮点是由建筑物屋顶附属结构造成的。

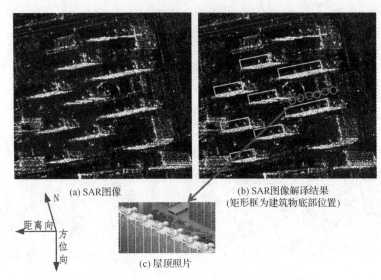

(a) SAR图像

(b) SAR图像解译结果
(矩形框为建筑物底部位置)

(c) 屋顶照片

图 9-14　逸成东苑小区 SAR 图像解译结果

图 9-15 为北京市朝阳区枫林绿洲 7 栋高层住宅楼。SAR 图像为 TerraSAR-X 聚束模式地距图像，获取时间为 2010 年 4 月 16 日，降轨右视，HH 极化，图像大小为 770×230 像元，像元大小为 0.75m×0.75m。在 SAR 图像中，建筑物由一条或者两条平行于距离向的亮线组成，利用该亮线的长度可以反演建筑物高度，表 9-2 为高度反演结果。

(a) 光学图像

(b) SAR 图像

(c) 实地照片

图 9-15　枫林绿洲光学与 SAR 图像特征

表 9-2　枫林绿洲建筑物高度反演结果

建筑物编号	1	2	3	4	5	6	7	均值
实际高度/m	75.0	75.0	100.0	100.0	70.0	75.0	75.0	
估算高度/m	70.2	70.7	96.0	93.8	67.5	72.0	75.0	
误差/m	-4.8	-4.3	-4.0	-6.2	-2.5	-3.0	0.0	-3.5
相对误差/%	-6.4	-5.7	-4.0	-6.2	-3.6	-4.0	0.0	-4.3

9.2.4　低层居民区

图 9-16 所示的建筑区位于北京市海淀区西王庄小区，为典型的低层居民区，建筑区内的居民楼长边为东西朝向，成像方位角为 78.5°。图 9-17（a）所示的 SAR 图像为 TerraSAR-X 聚束模式地距图像，获取时间为 2010 年 4 月 16 日，降轨右视，HH 极化，图像大小为 540×490 像元，像元大小为 0.75m×0.75m。图像灰度动态范围大，建筑区在 SAR 图像上呈现为有一定规律的明暗相间的纹理，易于与图像中的其他地物分开。

(b) 三维模型

(a) 光学图像　　　　　　　　　　　　　　(c) 照片

图 9-16　低层居民区光学图像与三维模型

该建筑物在 SAR 图像中的亮点（线）为建筑物墙面窗户、空调设备等引起的强回波信号以及墙地二面角产生回波信号引起的；次亮区域为粗糙表面散射的地面和绿地；暗区域为阴影区和屋顶。由于建筑物高度较低，所以叠掩区并非理论中的平行四边形，而是呈亮线特征。

图 9-18 所示为北京市朝阳区观塘别墅，是典型的低层居民区。图 9-19 所示的 SAR 图像为 TerraSAR-X 条带模式地距图像，获取时间为 2008 年 8 月 19 日，降轨右视，HH 极化，图像大小为 645×403 像元，像元大小为 1.25m×1.25m。

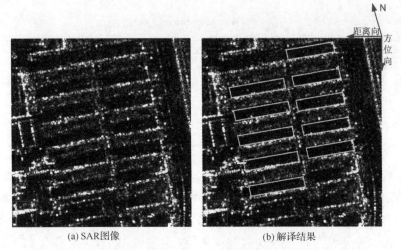

(a) SAR图像   (b) 解译结果

图 9-17　低层居民区光学图像与三维模型 SAR 图像解译结果

(a) SPOT 图像   (b) 实地照片

图 9-18　观塘别墅光学图像与实地照片

图 9-19　观塘别墅 SAR 图像解译结果

　　别墅区在 SAR 图像中呈较为规则的斑块状亮区，具有一定的纹理结构，可见排列有序的高亮斑点。图像亮度变化较大，亮目标为建筑物特殊附属结构所致，暗目标为建筑物阴影或小区道路。

图 9-20 所示的实验区位于北京市朝阳区安翔里小区，东西跨度 600m，南北 1000m，包含各类建筑物目标 57 个，居民楼结构各异。图 9-21 所示的 SAR 图像为 TerraSAR-X 聚束模式地距图像，获取时间为 2010 年 4 月 16 日，降轨右视，HH 极化，图像大小为 909×900 像元，像元大小为 0.75m×0.75m。三维模型的视角与 SAR 传感器视角一致，三维模型中忽略了停车场、花坛等附属设施，共包含 2328 个三角面元。

(a) 光学图像　　　　　　　　　　(b) 三维模型

图 9-20　安翔里小区光学图像与三维模型

(a) SAR 图像　　　　　　　　　　(b) 模拟图像（单次散射信息）

(c) 模拟图像（二次散射信息）　　　(d) 模拟图像（单次+二次散射信息）

图 9-21　安翔里小区 SAR 图像特征解译结果

利用第 4 章介绍的 SAR 图像模拟技术得到模拟图像，并且将真实 SAR 图像和模拟图像进行比较，可以看出 SAR 图像与二次散射模拟图像更相似，表明 SAR 图像具有稀疏显著特性，小区内部包含大量的树和花坛结构，其回波与房屋的信号混在一起，导致房屋叠掩和阴影不明显，此外真实图像中斑点噪声也会降低建筑物目标的可识别度，只有二次散射特征最为明显，因此真实图像与二次散射模拟图像更相似。

9.3　商服用地

本节综合利用光学图像、三维模型、实地照片等对商务区、办公区等商服用地在 SAR 图像上的特征、形成机理、解译方法等进行详细描述。

9.3.1　商务区

图 9-22 所示的实验区为四川省成都市春熙路附近的中央商务区。SAR 图像为 TerraSAR-X 条带模式地距图像，获取时间为 2009 年 1 月 8 日，升轨右视，VV 极化，图像大小为 634×932 像元，像元大小为 1.25m×1.25m。

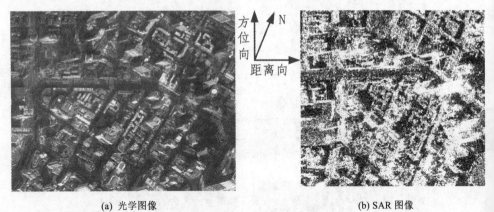

(a) 光学图像　　　　　　　　　　　　　　　　(b) SAR 图像

图 9-22　中央商务区光学及 SAR 图像特征

商务区内多为高层建筑物，在 SAR 图像中为高亮区。由于建筑物十分密集，目标之间的遮挡非常严重，导致建筑物识别和解译非常困难，需要综合利用建筑物的叠掩特征和周围情况（如道路信息），才能完成对图像的理解。

图 9-23 所示的盘古大观位于奥运场馆区的西南角，紧邻"鸟巢"、水立方西侧，整体项目由写字楼、国际公寓、七星酒店和商业龙廊组成，总建筑面积 42 万平方米，自南向北依次由 5 个建筑物 A、B、C、D、E 组成。其中 B、C、D 结构完全相同，长廊 F 南北长为 411m，进深 13m，高 15m，由 66 根 1.8m 粗的柱子支撑。

(a) 三维模型

(b) 长廊外部照片

(c) 长廊内部照片

(d) 人行天桥

图 9-23　盘古大观三维模型及实地照片

图 9-24 所示的 SAR 图像为 TerraSAR-X 聚束模式地距图像，获取时间为 2010 年 4 月 16 日，降轨右视，HH 极化，图像大小为 485×788 像元，像元大小为 0.75m×0.75m，入射角为 45.6°。建筑物在 SAR 图像中表现为亮线和亮斑块的集合。

(a) 光学图像

(b) SAR图像

图 9-24　盘古大观光学与 SAR 图像

将盘古大观三维模型输入图像模拟器中，选择与真实 SAR 图像相同的成像条件，获得对应的模拟 SAR 图像，如图 9-25 所示。通过模拟图像与真实图像的对比，能够解译叠掩、阴影和二次散射特征的形成机制。但是真实图像比模拟图像呈现更多的特征，而这些特征是建筑物目标的特殊结构导致的，而输入的三维模型省略了这些细小的特征，因此还需要采用其他方法来解译其他散射特征。

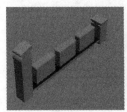

(a) 三维模型

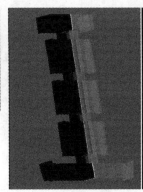

(b) 模拟图像
(单次散射+二次散射信号)

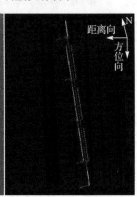

(c) 模拟图像(二次散射信号)

图 9-25　盘古大观图像模拟与分析

在 SAR 图像中可以看到 8 个比较明显的散射特征（图 9-26），结合图 9-27 所示散射特征形成机制分析，得出它们的形成原因分别如下。

图 9-26　盘古大观 SAR 图像散射特征分析

1——屋顶远距离端翘起强反射。

2——立交桥隔离带二面角反射器。

3——A、E 墙面和地面二面角反射器。

4——阳台的顶部与 B、C 和 D 的墙壁形成二面角反射器。

5——人行天桥的金属材质电梯。

6——由 66 个亮点组成的断断续续的亮线，柱子和地面二面角反射器。

7——地面和 B、C 和 D 的墙壁形成的二面角反射器。

8——断断续续，与 6 互补形成一条完整亮线，电磁波照射进入长廊，在内部形成了多次散射。

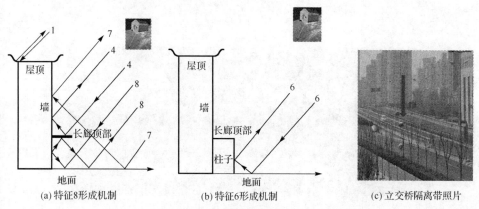

　　(a) 特征8形成机制　　　　　　(b) 特征6形成机制　　　　　(c) 立交桥隔离带照片

图 9-27　盘古大观 SAR 图像散射特征形成机制分析

　　图 9-28 所示的学院国际大厦位于海淀区知春路 1 号，学院路与知春路交汇处的西北角，是学院路与知春路上的地标型建筑，占地面积 9300m²。图 9-29 所示的 SAR 图像为 TerraSAR-X 聚束模式地距图像，获取时间为 2010 年 4 月 16 日，降轨右视，HH 极化，图像大小为 508×206 像元，像元大小为 0.75m×0.75m。办公楼通常结构比较复杂，比居民楼大；因此，当方位角较小时，二次散射较为明显；墙面大量窗户排列规则，叠掩区较为明显。不同的墙面组成对叠掩特征的影响非常大，对图像分割方法要求较高。

　　图 9-30 所示的清河格林豪泰酒店位于北京市海淀区清河镇，八达岭高速西侧。该建筑物具有一般商业楼的结构复杂、建筑材料多样的特点。建筑物分为上下两部分，下部分为长方体基座，长 83m，宽 45m，高 16m；基座上为 L 形建筑体，宽度为 19m，高度为 28m，屋顶分布着通风口等。

(a) 光学图像

(b) 三维模型

(c) 实地照片

图 9-28　学院国际大厦光学图像与三维模型

图 9-29　学院国际大厦 SAR 图像解译结果

(a)光学图像(Google Earth)

(b)建筑体建筑物照片及测量参数，照片的拍摄方向同距离向方向

窗户墙面局部放大图　　　　　空调墙面局部放大图

图 9-30　清河格林豪泰酒店光学图像与照片

根据表面材质和结构不同，可以将墙面分为四种类型的表面：基座墙面、空调墙面、玻璃墙面和窗户墙面。基座墙面为大理石材质，较光滑，回波信号弱；空调墙面分布着大量规则排列的空调，从左往右一共有 8 排，每排有 9 个空调压缩机；玻璃墙面为弱回波信号；窗户墙面有大量内凹的窗户，从左往右为 10 排，每排有 9 个窗户。

图 9-31 为利用 Google SketchUp 制作的简易三维模型，SAR 图像模拟输入参数如表 9-3 所示，然后利用 SAR 图像模拟器生成特征模拟图像如图 9-32 所示。

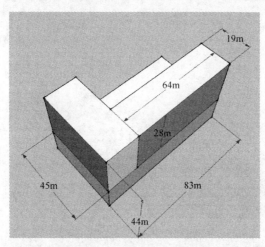

图 9-31　清河格林豪泰酒店三维模型（视线方向为电磁波入射方向）

表 9-3　清河格林豪泰酒店 SAR 图像模拟输入参数

参数名称	数值
天线航高	500km
像元大小	0.75m×0.75m
入射角	45.6°
方位角	31.5°
最大散射次数	2
单次散射模型	漫反射
二次散射模型	镜面反射与漫反射

图 9-33 为将模拟图像叠加到三维模型的显示结果，图中利用线条标记出主要顶点与模拟图像中对应点的映射关系。其中，白色线条标记 L 形屋顶角点的映射关系，黑色线条标记建筑物基座远距离端两个顶点的映射关系，由于这两类屋顶的高度不一样，所以这两类顶点在 SAR 图像中的畸变不一样，畸变量与线条的长度成正比。灰色线条标记了主要顶点与阴影区域的映射关系。二次散射特征亮线位于建筑物墙角处，尺寸大于建筑物尺寸。

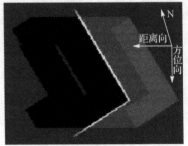

(a) 单次散射，模拟叠掩和阴影特征　　(b) 单次散射与二次散射叠加，
　　　　　　　　　　　　　　　　　　　模拟叠掩、阴影和二次散射特征

图 9-32　清河格林豪泰酒店模拟 SAR 图像

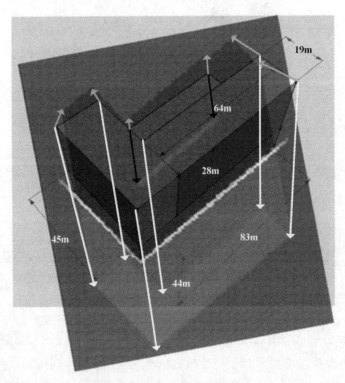

图 9-33　清河格林豪泰酒店模拟图像散射机制分析

图 9-34 为 TerraSAR-X 聚束模式地距图像，获取时间为 2010 年 4 月 16 日，降轨右视，HH 极化，图像大小为 280×272 像元；像元大小为 0.75m×0.75m。可以看出，图像灰度动态范围大，建筑物目标表现为亮线和暗区域的组合。将模拟图像与真实 SAR 图像叠加显示，能够明显区分叠掩、阴影和屋顶区域。

(a) 光学图像(Google Earth)，粉红虚线框为建筑物
地面轮廓，黄色框为未被遮挡的屋顶

(b) SAR 图像

(c) 真实 SAR 图像与模拟 SAR 图像叠加
显示效果

(d) 真实 SAR 图像与模拟 SAR 图像叠加后解译结果(绿
色（叠掩）、黄色（屋顶）、红色（阴影）、粉红（建
筑物地面轮廓））

图 9-34　清河格林豪泰酒店 SAR 图像散射特征形成机制分析（见文后彩图）

9.3.2　办公区

　　图 9-35 所示的中国科学院遥感与数字地球研究所（简称遥感地球所）奥运园区办公楼位于北京市朝阳区大屯路奥运村科技园区的东北角，由三部分（A 座、B 座、C 座）组成，三部分的结构和形状不一样。建筑物墙面较为光滑，墙面分布着大量的窗户和空调。

　　图 9-36 中的 SAR 图像为 TerraSAR-X 聚束模式地距图像，获取时间为 2010 年月 16 日，降轨右视，HH 极化，图像大小为 327×488 像元，像元大小为 0.75m×0.75m，入射角为 45.6°。在 SAR 图像中，建筑物表现为亮条带和暗区域的组合。将三维模型输入图像模拟器中，选择与真实 SAR 图像相同的成像条件，获得对应的模拟 SAR 图像（图 9-36）。将模拟图像与真实图像配准后融合显示，有助于改善图像的质量。真实图像中亮条带区域位于建筑物墙面叠掩区，是墙面窗户和空调的强回波信号导

致的，并非墙面–地面二面角反射器形成的（王国军，2014）。

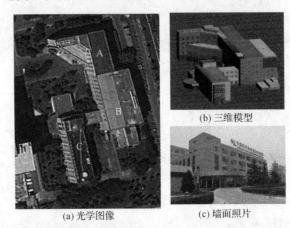

(a) 光学图像　　　　　　　　(c) 墙面照片

图 9-35　遥感地球所奥运园区办公楼光学图像与三维模型

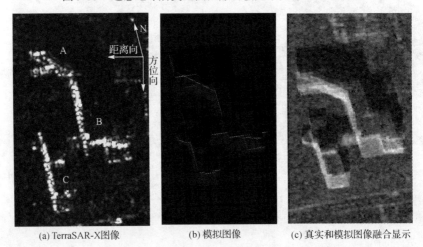

(a) TerraSAR-X图像　　　　　(b) 模拟图像　　　　(c) 真实和模拟图像融合显示

图 9-36　遥感地球所奥运园区办公楼 TerraSAR-X 与模拟图像

　　如图 9-37 所示，在 TerraSAR-X 图像和模拟 SAR 图像中，存在 4 个亮斑点（TA、TB、TC1、TC2）。为了分析这些特征的散射贡献来源，可以将多次散射的贡献面射到三维模型中，图 9-37（b）～图 9-37（e）给出了将 TA、TB、TC1、TC2 的散射中心映射到三维模型中的结果，经分析得出，亮目标是由于三面角反射器形成的散射中心刚好为三面角反射器的顶点。更详细的分析请参阅第 4 章内容。

　　图 9-38 所示的建筑物为中国科学院遗传与发育生物学研究所（简称遗传所）东侧办公楼，楼高四层，东西走向。图 9-39 所示的 SAR 图像为 TerraSAR-X 聚束模式地距图像，获取时间为 2010 年 4 月 16 日，降轨右视，HH 极化，图像大小为 247×11像元，像元大小为 0.75m×0.75m。建筑物表现为两条带特征，两条带为墙面窗户的

强回波信号形成的，为平行四边形。

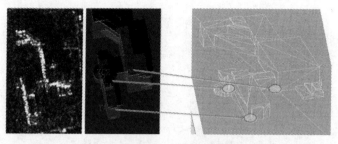

(a) 强散射中心映射到三维模型

(b) TA 多次散射贡献面　　(c) TB 多次散射贡献面　　(d) TC1 多次散射贡献面　　(e) TC2 多次散射贡献面

图 9-37　遥感地球所奥运园区办公楼 SAR 图像强散射中心形成机制分析

(a) 光学图像　　　　　　　　　　　　　(b) 三维模型

(c) 窗户照片　　　　　　　　　　　　　(d) 实地照片

图 9-38　遗传所东侧办公楼光学图像与三维模型

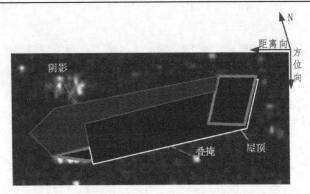

图 9-39　遗传所东侧办公楼 SAR 图像解译结果

　　图 9-40 所示的建筑物为日本东京市一栋高大办公楼，楼高 21 层。对应的 SAR 图像为 TerraSAR-X 高分辨率聚束模式地距图像，获取时间为 2008 年 3 月 7 日，降轨右视，HH 极化，图像大小为 561×335 像元，像元大小为 0.5m×0.5m。在该 SAR 图像中，建筑物表现为点阵列式分布。利用点目标提取算法提取这些点目标并将其映射到建筑物三维模型中（图 9-40（c）、图 9-40（d）），可以反演出建筑物墙面几何信息以及楼层数和每一层窗户个数。

图 9-40　高大办公楼 SAR 图像特征及解译结果

9.4　工　业　用　地

本节综合利用光学图像、三维模型、实地照片等对厂房仓库、污水处理厂、天然气罐、工业区等工业用地在 SAR 图像中的特征、形成机理、解译方法等进行详细描述。

9.4.1　厂房仓库

图 9-41 所示的实验区位于四川省成都市青白江区攀钢集团成都钢铁公司内。对应的 SAR 图像为 TerraSAR-X 条带模式地距图像，获取时间为 2009 年 1 月 8 日，升轨右视、VV 极化，图像大小为 555×442 像元，像元大小为 1.25m×1.25m。厂房的屋顶多为塑料材质，对入射的雷达波发生镜面反射，因此屋顶在 SAR 图像中表现为灰度低的暗色区域。该建筑物屋顶有凸起的长条形结构，形成的单次散射、多次散射表现为高亮条带。高亮条带与灰度偏低区域相叠加，形成明暗相间的条纹状。除了屋顶附属结构引起的特征，厂房的墙面引起的二次散射形成的 L 形亮线也是显著特征，可以指示建筑物的位置。通过 L 形亮线和屋顶的图像特征，大致可以判断出建筑物的位置和屋顶的结构信息。

(a) 光学图像　　　　　　　　　　　　　(b) SAR 图像

图 9-41　攀钢集团成都钢铁公司光学及 SAR 图像特征

图 9-42 所示的厂房为北京市朝阳区双泉堡汽修公司一厂。该厂房为低层矩形结构，屋顶附属结构较少，回波信号弱。SAR 图像为 TerraSAR-X 聚束模式地距图像，获取时间为 2010 年 4 月 16 日，降轨右视、HH 极化，图像大小为 170×158 像元，像元大小为 0.75m×0.75m。在 SAR 图像中，该厂房为典型 L 形亮线，是由朝向电磁波照射方向的两个墙面与地面组成的二面角反射器形成的，能够用于提取建筑物的平面几何结构。

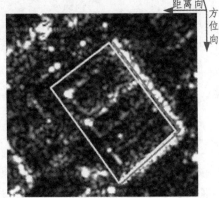

(a) 光学图像   (b) SAR 图像解译结果

图 9-42 双泉堡汽修公司一厂光学与 SAR 图像特征

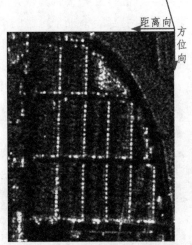

(a) 光学图像   (b) SAR 图像

(c) 实地照片   (d) 金属门

图 9-43 厂房仓库 SAR 图像特征

图 9-43 所示的实验区位于北京市石景山区，包含 13 个低层仓库，仓库屋顶为金属材质，在墙面上分布着金属门。SAR 图像为 TerraSAR-X 聚束模式地距图像，获取时间为 2008 年 4 月 25 日，降轨右视，HH 极化，图像大小为 301×370 像元，像元大小为 1.25m×1.25m。在 SAR 图像中，该厂房为典型 L 形亮线，是由朝向电磁波照射的两个墙面与地面组成的二面角反射器形成的，能够用于提取建筑物的平面几何结构。亮线由断断续续的亮点组成，每一个亮点对应一个金属门。

9.4.2　污水处理厂

图 9-44 所示的实验区为北京排水集团高碑店污水处理厂，也是目前全国规模最大的城市污水处理厂，运行 20 年总计处理污水达 46.18 亿立方米，保持了十九年国内处理水量第一的成绩，承担着市中心区及东部工业区总计 9661 公顷流域范围内的污水收集与治理任务，服务人口 240 万，厂区总占地 68 公顷，总处理规模为每日100 万立方米，约占北京市目前污水总量的 40%。

(b) 实地照片

(c) 实地照片

(a) 实验区位置

图 9-44　高碑店污水处理厂光学图像及照片

相应的 TerraSAR-X 图像如图 9-45（b）所示，成像时间为 2007 年 8 月 19 日，带模式，升轨右视，HH 极化，像元大小为 1.5m×1.5m。

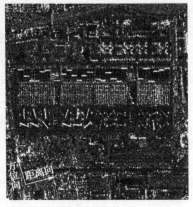

(a) 光学图像　　　　　　　　　　　　　　(b) SAR图像

图 9-45　高碑店污水处理厂光学与 SAR 图像

　　污水处理厂内的污水提升泵为圆形的金属柱状结构，如图 9-46 所示，电磁波照射侧面在 SAR 图像上形成亮圆弧状特征。

(a) 光学图像　　　　　　　　　　　　　　(b) SAR 图像

(c) 污水提升泵照片

图 9-46　污水提升泵 SAR 图像特征

如图 9-47（b）所示，污水处理厂内其他设施如沉砂池、二沉池和氧化沟在 SAR 图像中均表现为条状的高亮图斑，周围则为暗图斑。这是因为沉砂池和二沉池上存在大量金属结构，构成了大量角反射器，在图像中表现为高亮图斑，而周围为水，水面平滑，粗糙度降低，因而为暗图斑。但氧化沟由于结构相对比较密集，其亮条状也就相对比较密。

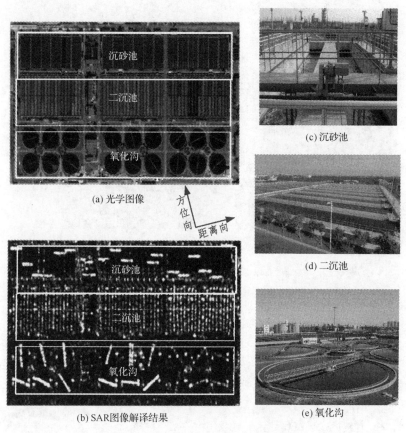

图 9-47　污水处理设施 SAR 图像特征

9.4.3　天然气罐

图 9-48 所示的实验区位于北京市海淀区二里庄北京市燃气集团物资供应分公司，包含了 4 个储气罐。SAR 图像为 TerraSAR-X 聚束模式地距图像，获取时间为 2010 年 4 月 16 日，降轨右视，HH 极化，图像大小为 273×250 像元，像元大小为 0.75m×0.75m。天然气罐为球状，表面光滑，回波信号较弱；周边有支撑结构，导致强回波信号，形成一串亮点，椭圆形分布；顶部有护栏等金属结构，导致强回波信号。

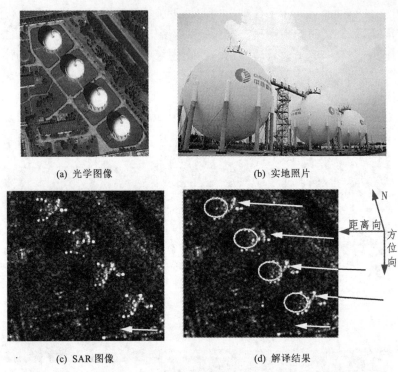

(a) 光学图像　　　　　　　　　　　　(b) 实地照片

(c) SAR 图像　　　　　　　　　　　　(d) 解译结果

图 9-48　天然气罐 SAR 图像特征

9.4.4　工业区

图 9-49 所示的实验区位于广东省广州市番禺区东涌镇大同村第二工业区内。SAR 图像为 TerraSAR-X 条带模式地距图像，获取时间为 2007 年 10 月 6 日，升轨右视，VV 极化，图像大小为 225×237 像元，像元大小为 2.75m×2.75m。

(a) SPOT多光谱合成图像　　　　　　(b) QuickBird图像　　　　　　(c) SAR图像

图 9-49　广州市番禺区东涌镇工业区光学与 SAR 图像特征

　　在 SAR 图像中工业区内的建筑物后向散射信号强度波动大，与电磁波入射方向、建筑物走向、建筑物结构等密切相关。所选样本中两处建筑物差异明显。左上厂房屋顶为塑料材质，主要发生镜面散射，雷达接收的回波较少，因此在 SAR 图像中亮度偏低。右下角建筑物中的高亮条带，是由于建筑物屋顶有凸起的结构，且凸起结构与雷达波入射方向垂直，形成二面角反射。高亮条带与亮度偏低区域相叠加，形成明暗相间的条纹状。右上角建筑物同样有凸起结构，但大部分与雷达波入射方向平行，因此只有少部分形成亮线，整体偏暗。

9.5　公共设施用地

　　本节综合利用光学图像、三维模型、实地照片等对公共服务区、高速公路、主干道、普通公路、水桥、公路桥、立交桥、铁路及火车、港口码头、机场、通信电力塔等公共设施用地在 SAR 图像中的特征、形成机理、解译方法等进行详细描述。

9.5.1　公共服务区

　　图 9-50 所示的奥林匹克公园"龙形水系"为典型的城市人工水系，由森林公园的"奥运湖"和绵延在公园东部的景观河道共同构成。SAR 图像为 TerraSAR-X 聚束模式地距图像，获取时间为 2010 年 4 月 16 日，降轨右视，HH 极化，图像大小为 2090×4038 象元，像元大小为 0.75m×0.75m，水系为黑色条状，与周围背景的区分度较大。

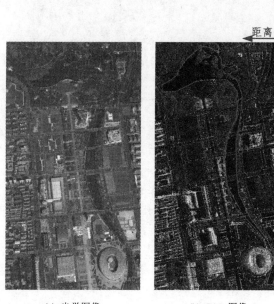

(a) 光学图像　　　　　　(b) SAR 图像

图 9-50　奥林匹克公园"龙形水系"光学及 SAR 图像特征

图 9-51 所示的实验区位于中科院奥运村园区篮球场，如图 9-51（b）所示，篮球场周边为铁丝网（对应图 9-51（a）中的 1、2、3、4），篮球场外面为草地。SAR 图像为 TerraSAR-X 聚束模式地距图像，获取时间为 2010 年 4 月 16 日，降轨右视，HH 极化，图像大小为 368×256 像元，像元大小为 0.75m×0.75m。亮线 1 和 2 是电磁波经过铁丝网与篮球场地的二次散射回波信号，特征较为明显；另外两边对应地面为草地，所以二次散射信号非常微弱，特征不明显。边 1 的方位角比边 2 的小，因此更亮。具体原因请见 3.3 节的分析。

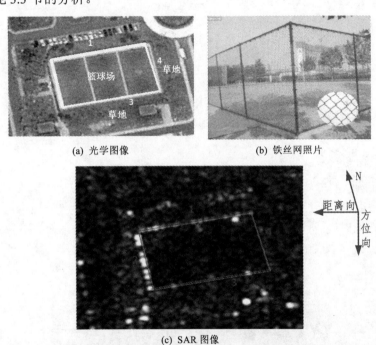

(a) 光学图像　　　　　　　　　　(b) 铁丝网照片

(c) SAR 图像

图 9-51　篮球场光学及 SAR 图像特征

图 9-52 所示的国家游泳中心（水立方）位于北京奥林匹克公园内，是北京为 2008 年夏季奥运会修建的主游泳馆，规划建设用地 62950m²，总建筑面积 65000~80000m²，长、宽、高分别为 177m、177m、30m。整个建筑内外层包裹的 ETFE 膜（乙烯-四氟乙烯共聚物）是一种轻质新型材料，具有有效的热学性能和透光性。

图 9-53（a）所示的 SAR 图像为 TerraSAR-X 聚束模式地距图像，获取时间为 2010 年 4 月 16 日，降轨右视，HH 极化，图像大小为 450×378 像元，像元大小为 0.75m×0.75m。国家游泳中心为亮正方形斑块。图像上叠掩和阴影区域不明显。图 9-53（c）是模拟图像，可以看出入口在模拟图像中有体现，特别是在二次散射信号模拟图像（图 9-53（d））中入口处的特征非常明显，但该特征在真实 SAR 图像中并不明显。此外，真实图像的屋顶分布不均匀亮点，这是由于表面膜特殊的材质和表面结构导致的较强的回波信号。

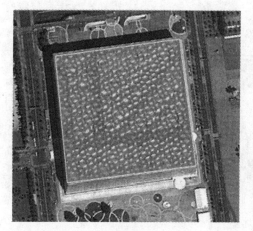

(b) 三维模型

(a) 光学图像

(c) 实地照片

图 9-52　国家游泳中心光学图像及三维模型

(a) SAR图像

(b) 入口处照片

(c) 模拟图像

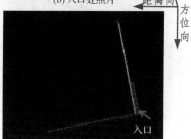

(d) 模拟图像(二次散射回波信号)

图 9-53　国家游泳中心 SAR 图像解译结果

图 9-54 所示的中国地质大学体育场位于该校区东边，东西长 228m，南北宽 10m，包含两个足球场（A1、A2）、13 个篮球场（B1、B2）、4 个排球场（C）和 台（D）。相应的 SAR 图像为 TerraSAR-X 聚束模式地距图像，获取时间为 2010 4 月 16 日，降轨右视，HH 极化，图像大小为 703×607 像元，像元大小为 0.75m× 75m，入射角为 45.6°。

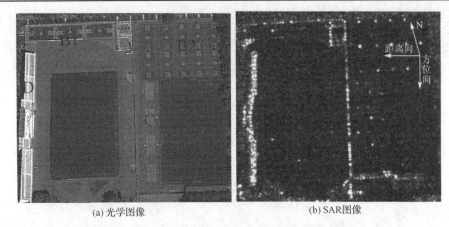

(a) 光学图像　　　　　　　　　　　　(b) SAR图像

图 9-54　中国地质大学体育场光学与 SAR 图像特征

　　图 9-55 给出了细节图，并分析了各类散射特征的形成机理。其中，篮球场和排球场的场地光滑，回波信号非常弱，因此在 SAR 图像中为暗区域；足球场为人工草坪，回波信号也非常弱，所以足球场也是暗区域；足球看台上有大量的台阶，形成大量的二面角反射器，呈现为亮条带。

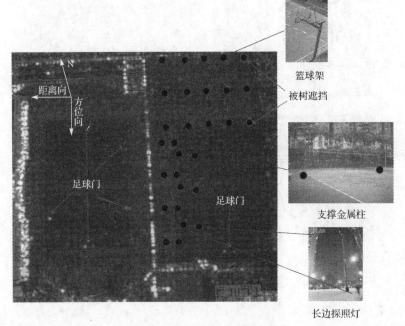

图 9-55　中国地质大学体育场各类散射特征形成机理

　　图 9-56 所示的国家体育场（鸟巢）位于北京奥林匹克公园中心区南部，建筑面积 25.8 万平方米，占地面积 20.4 万平方米，容纳观众座席 91000 个，其中固定座席约 80000 个，为特级体育建筑，主体建筑为南北长 333m、东西宽 296m 的椭圆形

最高处高 69m。国家体育场主体是由一系列钢桁架围绕碗状座席区编织而成的"鸟巢"外形，屋顶维护结构为钢结构上覆盖双层膜结构，即固定于钢结构上弦之间的透明的上层 ETFE 膜，和固定于钢结构下弦之下及内环侧壁的半透明的下层聚四氯乙烯（PTFE）声学吊顶。图 9-56（c）所示的 SAR 图像为 TerraSAR-X 聚束模式地距图像，获取时间为 2010 年 4 月 16 日，降轨右视，HH 极化，图像大小为 644×646像元，像元大小为 0.75m×0.75m。国家体育场为亮环状，其形状与建筑物顶部轮廓较为一致，亮点和亮线为建筑物顶部的钢条结构导致。

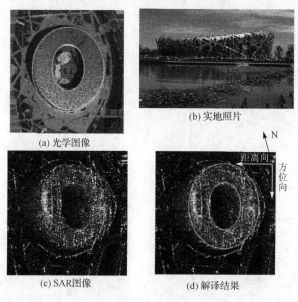

(a) 光学图像　　　　　　　(b) 实地照片

(c) SAR图像　　　　　　　(d) 解译结果

图 9-56　国家体育场光学与 SAR 图像特征

图 9-57 所示的国家体育馆俗称折扇，在奥运期间主要承担竞技体操、蹦床和手球比赛项目。南北长 144m，东西宽 114m，整个体育馆钢屋架工程由 14 榀桁架组成，总用钢量达 2800 吨，钢屋架形状呈扇形波浪曲线，是中国国内空间跨度最大的双向长弦钢屋架结构体系。建筑物屋顶为钢结构，侧面为玻璃外墙，还有大量细微结构。

图 9-58（a）所示的 SAR 图像为 TerraSAR-X 聚束模式地距图像，获取时间为2010 年 4 月 16 日，降轨右视，HH 极化，图像大小为 430×367 像元，像元大小为0.75m×0.75m。图 9-58（b）是模拟 SAR 图像，通过模拟图像与真实图像的比较看出，建筑物各部分的散射贡献较为明显。模拟图像中屋顶明显，而真实图像中屋顶只能大致分辨其轮廓，这是因为屋顶为光滑的钢板结构，回波能量较弱。特征 1 是从墙壁上伸出来的结构与墙壁构成二面角反射器形成的亮线，由于 SAR 的斜距成像导致该亮线位于近距端；特征 2 为墙面与地面组成二面角反射器形成的亮线；特征3 形成原因和特征 1 一样，并且两者拼接在一起组成一条完整曲线；特征 4 在模拟图像中比在真实图像中明显，因为真实建筑物的特征 4 对应的台阶高差非常小，导

致二次散射不明显，而建立三维模型时为了突出效果人为地将高差增大了，导致模拟图像上特征 4 较为明显。

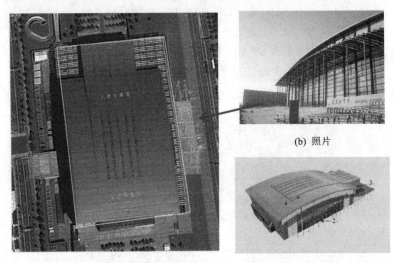

(a) 光学图像　　　　　　　　　　　　　(c) 三维模型

图 9-57　国家体育馆光学图像与三维模型

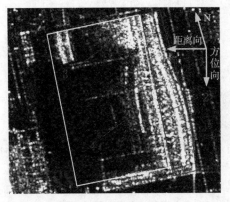
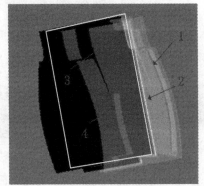

(a) SAR 图像解译　　　　　　　　　(b) 模拟 SAR 图像

图 9-58　国家体育馆 SAR 图像解译结果

9.5.2　高速公路

图 9-59 所示的实验区位于北京市朝阳区，京藏高速与域清街交叉路段。区域中沿东南到西北走向的是京藏高速，沿东西走向的是域清街。SAR 图像为 TerraSAR-1 聚束模式地距图像，获取时间为 2008 年 1 月 31 日，降轨右视，HH 极化，图像大小为 619×513 像元，像元大小为 0.75m×0.75m。SAR 图像中高速路为多条暗条带和亮线的组合，并且分布着等间隔的亮点。图 9-60 分析了各类散射特征形成的机理

(a) 光学图像

(b) SAR图像

(c) SAR与光学图像叠加显示结果

图 9-59　高速公路光学与 SAR 图像

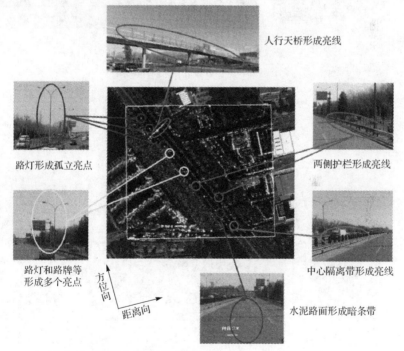

人行天桥形成亮线

路灯形成孤立亮点

两侧护栏形成亮线

路灯和路牌等形成多个亮点

中心隔离带形成亮线

水泥路面形成暗条带

图 9-60　高速公路 SAR 图像解译结果（见文后彩图）

.5.3　主干道

　　图 9-61 所示的实验区位于北京市北四环路，学院桥与志新桥之间路段。区域中路北边为北京科技大学校区，公路南边为北京大学医学部。SAR 图像为

TerraSAR-X 聚束模式地距图像，获取时间为 2008 年 1 月 31 日，降轨右视，HH 极化，图像大小为 446×366 像元，像元大小为 0.75m×0.75m。SAR 图像中主干道为多条暗条带和亮线的组合，并且分布着等间隔的亮点。图 9-62 分析了各类散射特征形成的机理。

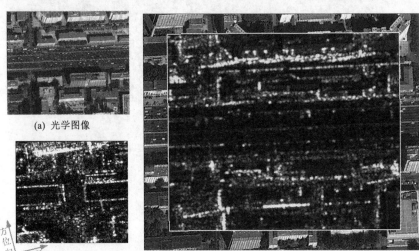

(a) 光学图像

(b) SAR 图像

(c) SAR 与光学图像叠加显示结果

图 9-61　主干道光学与 SAR 图像

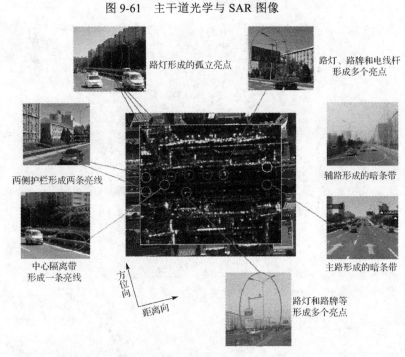

路灯形成的孤立亮点

路灯、路牌和电线杆形成多个亮点

两侧护栏形成两条亮线

辅路形成的暗条带

中心隔离带形成一条亮线

主路形成的暗条带

路灯和路牌等形成多个亮点

图 9-62　主干道 SAR 图像解译结果（见文后彩图）

9.5.4　普通公路

图 9-63 所示的实验区位于北京市门头沟区。实验区中由西南方向到东北方向的道路为西北环线的一段，道路两侧分布着一些居民区。SAR 图像为 TerraSAR-X 聚束模式地距图像，获取时间为 2008 年 1 月 31 日，降轨右视，HH 极化，图像大小为 290×271 像元，像元大小为 0.75m×0.75m。SAR 图像中普通公路表现为一条弯曲的宽暗条带，条带两侧的亮点为路灯。图 9-64 分析了各类散射特征形成的机理。

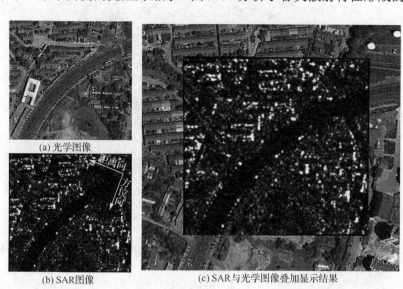

(a) 光学图像

(b) SAR图像

(c) SAR与光学图像叠加显示结果

图 9-63　普通公路光学与 SAR 图像

9.5.5　人行天桥

图 9-65 所示的实验区位于北京市北四环路，展春二桥与学院桥之间路段。区域中沿东西走向的公路是北四环路，公路北边是北京城市学院及北京奥运大厦等建筑，公路南边是北京航空航天大学校区，一座人行天桥将公路南北区域连接起来。SAR 图像为 TerraSAR-X 聚束模式地距图像，获取时间为 2008 年 1 月 31 日，降轨右视，HH 极化，图像大小为 333×296 像元，像元大小为 0.75m×0.75m。SAR 图像中人行天桥呈现为一条东西走向横跨公路的粗亮线。图 9-66 分析了各类散射特征形成的机理。

路灯形成的孤立亮点

方位向

距离向

水泥路面形成的暗条带

图 9-64 普通公路 SAR 图像解译结果

(a) 光学图像

(b) SAR 图像

方位向

距离向

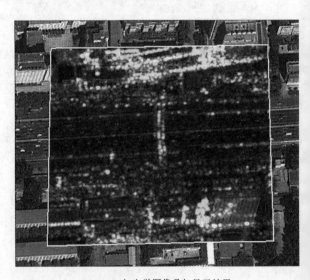

(c) SAR 与光学图像叠加显示结果

图 9-65 人行天桥光学与 SAR 图像

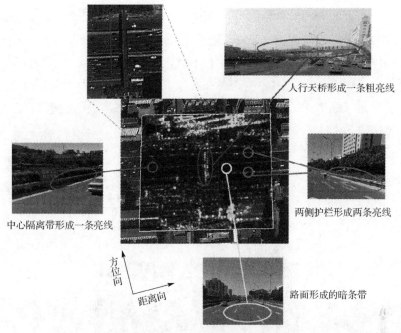

图 9-66　人行天桥 SAR 图像解译结果（见文后彩图）

9.5.6　水桥

图 9-67 所示的实验区位于北京市清河，肖家河桥和厢白旗桥之间的河段。区域

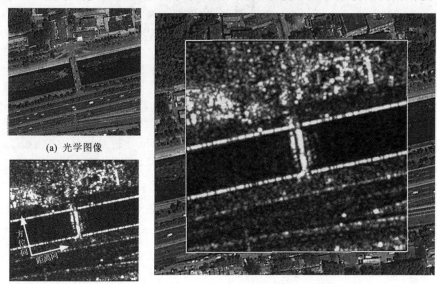

图 9-67　水桥光学与 SAR 图像

中沿东西走向的是清河，河的北边是一些低矮的建筑群，河的南边为北五环路，一座水桥将河的南北岸连接起来。SAR 图像为 TerraSAR-X 聚束模式地距图像，获取时间为 2008 年 1 月 31 日，降轨右视，HH 极化，图像大小为 312×282 像元，像元大小为 0.75m×0.75m。SAR 图像中两条亮线及亮线中的暗带为清河，而水桥表现为横跨河流的三条亮线组合。图 9-68 分析了各类散射特征形成的机理。

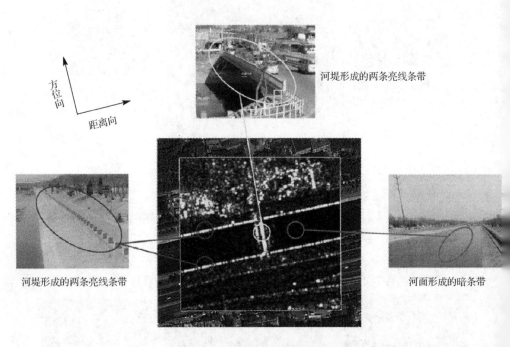

图 9-68　水桥 SAR 图像解译结果

9.5.7　公路桥

图 9-69 所示的实验区位于北京市北四环路段，保福寺桥及周边区域。区域中汇近东西走向的是北四环路，沿东西走向的是域清街。SAR 图像为 TerraSAR-X 聚束模式地距图像，获取时间为 2008 年 1 月 31 日，降轨右视，HH 极化，图像大小为 619×513 像元，像元大小为 0.75m×0.75m。SAR 图像中公路桥表现为由护栏形成的两条亮线及亮线中间由水泥路面形成的暗带。图 9-70 分析了各类散射特征形成的机理。

(a) 光学图像

(b) SAR 图像

(c) SAR 与光学图像叠加显示结果

图 9-69　公路桥光学与 SAR 图像

桥面形成的暗带

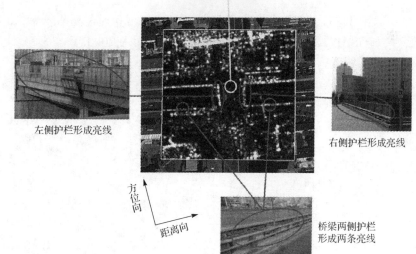

左侧护栏形成亮线

右侧护栏形成亮线

桥梁两侧护栏
形成两条亮线

图 9-70　公路桥 SAR 图像解译结果

9.5.8　立交桥

图 9-71 所示的立交桥位于石门营收费站（西六环入口东向）附近。相应的 SAR
图像为 TerraSAR-X 聚束模式地距图像，获取时间为 2008 年 1 月 31 日，降轨右视，
HH 极化，图像大小为 498×391 像元，像元大小为 0.75m×0.75m。SAR 图像中，能
够较为容易地区分立交桥形状，路面较暗，亮线为护栏形成，能够用于确定立交桥
的位置。

(a) 光学图像　　　　　　　　　　　　　　　(b) SAR 图像

图 9-71　立交桥 SAR 图像特征

9.5.9　铁路及火车

图 9-72 所示的实验区位于北京市西部郊区，SAR 成像时刚好有一辆火车经过。
SAR 图像为 TerraSAR-X 聚束模式地距图像，获取时间为 2008 年 1 月 31 日，降轨
右视，HH 极化，图像大小为 431×321 像元，像元大小为 0.75m×0.75m。

(a) 光学图像　　　　　　　　　　　　　　　(b) SAR 图像

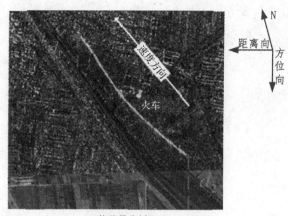

(c) 偏移量分析

图 9-72　铁路及火车 SAR 图像特征

如图 9-72（c）所示，火车的运动导致其偏离轨道，暗线为铁路，亮线为运动中的火车。车头和车尾偏移量如表 9-4 所示，它们的值不同是运动方向不同导致的。

表 9-4　火车偏移量计算结果

	方位角	偏移量
车头 d_1	33°	273.85m
车尾 d_2	50°	339.79m

运动目标方位向偏移量计算公式为

$$\Delta_{az} = -R_s \frac{V_{obj}}{V_{sat}} \sin\theta \sin\phi \qquad (9\text{-}1)$$

其中，R_s、V_{obj}、V_{sat}、θ、ϕ 分别对应斜距、目标速度、传感器速度、入射角和方位角。经过测算火车速度为 42km/h，火车长度为 973m。

9.5.10　港口码头

图 9-73 所示的实验区为广东省佛山市顺德港，是广东省第三大内河港口，港口占地总面积 13 万平方米，年处理 80 万个标准集装箱。SAR 图像为 TerraSAR-X 条带模式地距图像，获取时间为 2007 年 10 月 6 日，降轨右视，VV 极化，图像大小为 284×462 像元，像元大小为 2.75m×2.75m。

港口周围都有水体，因此在 SAR 图像中可以看到港口附近有大面积暗色区域。而且港口处有船和大量集装箱，均是强散射体，形成高亮图斑，与建筑区不易区分。

(a) 光学图像　　　　　　　　　　　　　(b) SAR图像及解译结果

图 9-73　港口码头光学与 SAR 图像特征

9.5.11　机场

图 9-74 所示的实验区是成都市武侯区太平寺机场。SAR 图像为 TerraSAR-X 聚束模式地距图像，获取时间为 2008 年 1 月 31 日，降轨右视，HH 极化，图像大小为 1794×1046 像元，像元大小为 1.5m×1.5m。

距离向
方位向

(a) 光学图像　　　　　　　(b) SAR 图像及解译结果

图 9-74　机场光学与 SAR 图像特征

机场由机场交通道路网（跑道、出租车道、公路）、建筑物和机动目标（飞机、车辆）等构成。其中跑道是机场中最显著的特征。通常跑道是由水泥建造的，表面光滑，对入射的雷达波发生镜面反射，在 SAR 图像中表现为狭长暗色区域，表面平均灰度值很低且灰度分布较均匀。跑道周围大多是草地或土地，灰度均匀，由于发生漫反射，所以其灰度值高于机场跑道。

9.5.12　通信电力塔

图 9-75 所示的高压线塔架位于北京市朝阳区观塘别墅附近。SAR 图像为 TerraSAR-X 条带模式地距图像，获取时间为 2008 年 8 月 19 日，降轨右视，HH 极化，图像大小为 219×184 像元，像元大小为 1.25m×1.25m。

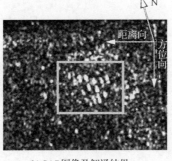

(a) 光学图像　　　　　　(b) SAR图像及解译结果　　　　　(c) 实地照片

图 9-75　通信电力塔光学与 SAR 图像特征

在电网较集中的地区，多座高压线塔架可能形成 SAR 图像中的高后向散射区，但单一的高压输电线塔有时在 SAR 图像中不明显。

9.6　工商综合体

图 9-76 所示的中关村西区位于北京市海淀区核心地带，是中关村科技园区的核心区域。其东邻中关村大街，西接苏州街，北起北四环路，南至海淀南路。规划占地面积为 94.6 公顷，总建筑面积 340 万平方米。区域内有国有大型企业总部、知名高新技术企业、金融服务机构、科技中介机构、高端人才服务机构等。相应的 SAR 图像为 TerraSAR-X 聚束模式地距图像，获取时间为 2008 年 1 月 31 日，降轨右视，IH 极化，图像大小为 1936×1293 像元，像元大小为 0.75m×0.75m。

(a) 光学图像　　　　　　(b) 三维模型　　　　　　(c) SAR 图像

图 9-76　科技园光学与 SAR 图像特征

区域内包含大量高层写字楼、商场等建筑物，在 SAR 图像中形成亮条带或者亮线，并伴有大量的阴影。由于建筑物几何畸变与相互遮挡严重，该区域 SAR 图像特征非常复杂。广场、道路等表面光滑，回波信号较弱，在图像中表现为暗线或者暗板块，与建筑物形成的阴影相似。

9.7　城镇或建成区混合体

图 9-77 所示的建筑区位于广州市番禺区龙古村附近，为典型大场景城镇。SAR 图像为 TerraSAR-X 条带模式地距图像，获取时间为 2007 年 10 月 6 日，降轨右视，VV 极化，图像大小为 383×359 像元，像元大小为 2.75m×2.75m。

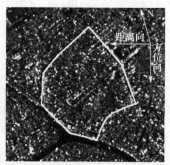

(a) 光学图像　　　　　　　　　(b) SAR图像及解译结果

图 9-77　城镇 SAR 图像特征

城镇在 SAR 图像中亮度变化差异较大。由于建筑区规划无明显规律，图斑纹理特征不明显，呈现为杂乱无章的亮斑，分布不规则。

9.8　其他城镇或建成区

图 9-78 所示的村庄为北京市海淀区西北旺镇屯佃村，为典型的村庄布局。SAR 图像为 HJ 1-C（S 波段）地距图像，VV 极化，图像获取时间为 2013 年 1 月 23 日，图像大小为 402×283 像元，像元大小为 5m×5m。

村庄在 SAR 图像中后向散射系数值变化较大，呈形状不规则的斑块状，由于村庄内部格局不规整，图斑纹理特征不明显，村庄内部呈现为杂乱无章的亮斑，分布不规则。村庄与周围其他地物之间的差异较大，易于识别和提取。

(a) 光学图像　　　　　　　　　　　(b) SAR 图像及解译结果

图 9-78　村庄 SAR 图像特征

参 考 文 献

卞小林, 邵芸, 张风丽, 等. 2015. 典型地物微波特性知识库的设计与实现[J]. 国土资源遥感, 27(4): 189-194.

国永华, 刘素红, 王锦地, 等. 2004. 中国典型地物波谱数据库的研究与设计[J]. 遥感信息, 2: 5-8.

王国军. 2014. 建筑物目标高分辨率 SAR 图像理解研究[D]. 北京: 中国科学院遥感与数字地球研究所.

王锦地, 张立新, 柳钦火, 等. 2009. 中国典型地物波谱知识库[M]. 北京: 科学出版社.

张景华, 封志明, 姜鲁光. 2011. 土地利用/土地覆被分类系统研究进展[J]. 资源科学, 33(6): 1195-1203.

Tian X L, Zhang F L, Shao Y, et al. 2011. Microwave scattering database construction for typical targets[C]. 2011 International Conference on Remote Sensing, Environment and Transportation Engineering(RSETE): 3272-3275.

彩　图

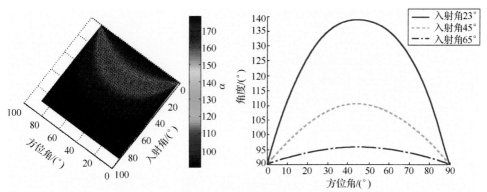

(a) 夹角α在不同方位角和入射角下的取值　　　(b) 入射角分别为23°、45°和65°时夹角α随方位角变化趋势

图 2-10　夹角 α 随方位角和入射角的变化趋势

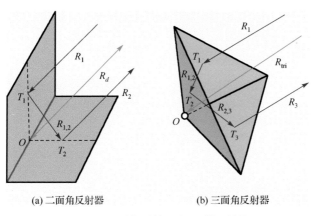

(a) 二面角反射器　　　　　　(b) 三面角反射器

图 2-13　二面角反射器和三面角反射器

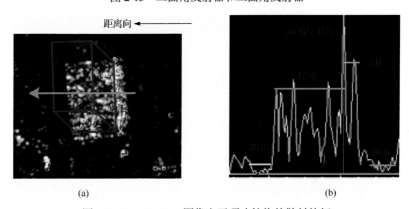

(a)　　　　　　　　　　　　　(b)

图 3-8　TerraSAR-X 图像上平顶建筑物的散射特征

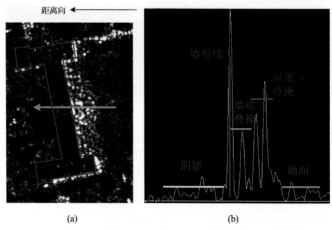

(a)　　　　　　　　　　　　(b)

图 3-10　北京科技大学主楼 TerraSAR-X 图像散射特征

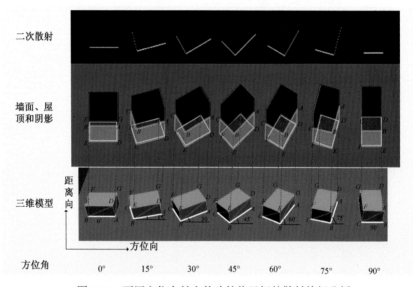

二次散射

墙面、屋顶和阴影

三维模型

方位角　　　0°　　　15°　　　30°　　　45°　　　60°　　　75°　　　90°

图 3-17　不同方位向长方体建筑物目标的散射特征分析

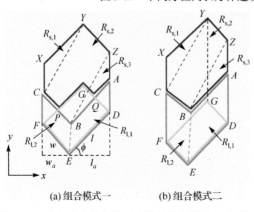

(a) 组合模式一　　　(b) 组合模式二

图 3-18　长方体建筑物的两种散射特征基元组合模式

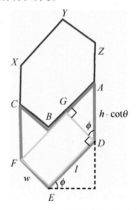

图 3-19　两种组合模式的临界条件

(a) 光学图像（Google Earth）

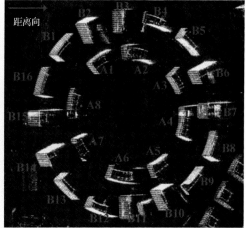
(b) 机载SAR图像

图 3-20 不同方位角建筑物光学和 SAR 图像

图 3-22 不同方位角建筑物散射特征对比分析

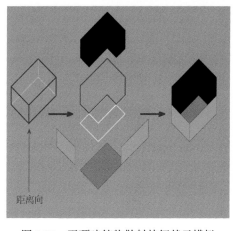

图 3-25 平顶建筑物散射特征基元模拟

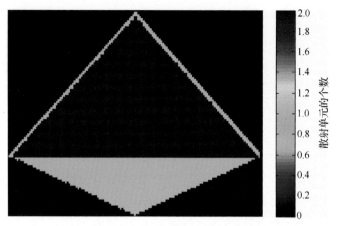

图 4-12　三面角反射器的散射单元直方图

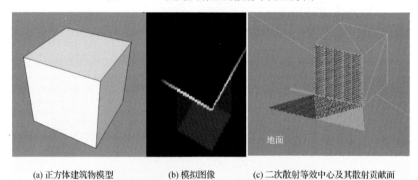

(a) 正方体建筑物模型　　　　(b) 模拟图像　　　　(c) 二次散射等效中心及其散射贡献面

图 4-15　墙地二次散射中心定位及散射贡献面

(a) 图像标注结果

(b) 叠掩区图像

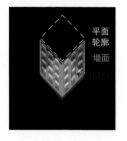

(c) 叠掩区标注结果

图 4-19　单次散射回波信号分析，距离向从下往上

(b) 图(a)中红框内二次
散射信号局部放大图

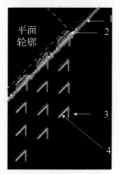

平面
轮廓

1
2

3

4

平面
轮廓

墙面

屋顶

(a) 图像标注结果

(c) 标注结果

图 4-21　二次散射回波信号分析，距离向从下往上

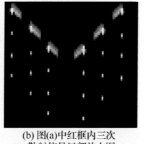

(b) 图(a)中红框内三次
散射信号局部放大图

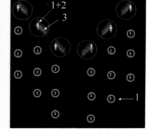

平面
轮廓

墙面

屋顶

1+2
3

1

(a) 图像标注结果

(c) 标注结果

图 4-24　三次散射回波信号分析，距离向从下往上

   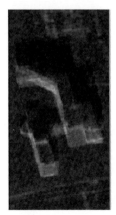

（a）二次散射模拟　　　（b）所有散射次数的模　　　（c）单次散射（绿色通道）和二　　　（d）单次散射模拟图像与真
　　　　图像　　　　　　　　　拟图像　　　　　　　　　次散射（蓝色通道）合成显示　　　　实 SAR 图像的融合显示

图 4-41　模拟图像及融合结果

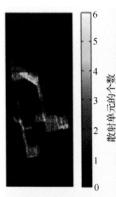 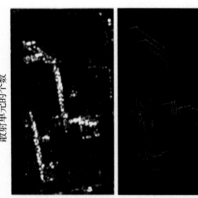 

（a）散射单元直方图　　（b）真实图像上4个亮目标　（c）模拟图像上4个亮目标　　（d）4个两目标的散射中心
　　映射到三维模型中

图 4-42　遥感地球所散射机制分析

（a）目标 TA 对应的多次　　（b）目标 TB 对应的多次　　（c）目标 TC1 对应的多次散　　（d）目标 TC2 对应的
　　　散射贡献面　　　　　　　　散射贡献面　　　　　　　　射贡献面　　　　　　　　　多次散射贡献面

图 4-43　亮目标对应多次散射贡献面

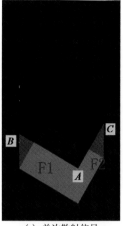

(a) 单次散射信号

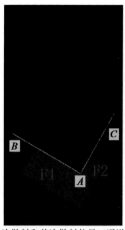

(b) 二次散射和单次散射信号三通道显示：
G-二次散射过程 1 信号，*B*-单次散射信号

(c) 二次散射和单次散射信号三通道显示：
R-二次散射过程 2 信号，*B*-单次散射信号

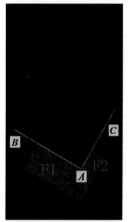

(d) 二次散射和单次散射信号三通道显示：
R-二次散射过程 2 信号，*G*-二次散射过程
1 信号，*B*-单次散射信号

图 6-15 平顶建筑物二次散射模拟结果及分析

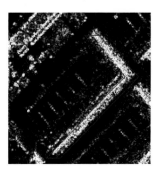

(a) 进化代数为 1

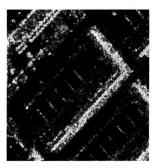

(b) 进化代数为 5

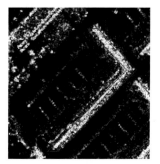

(c) 进化代数为 31

图 6-30 高亮模型与 SAR 图像叠加显示结果

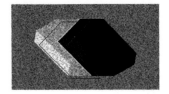
(a) 进化代数为 1

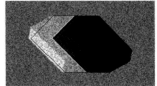
(b) 进化代数为 5

(c) 进化代数为 38

图 6-32　高亮模型与 SAR 图像叠加显示结果

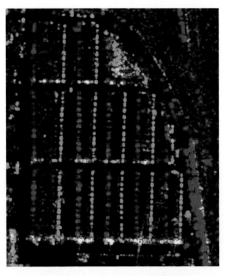

图 6-37　配准后彩色合成图像

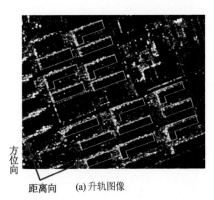
(a) 升轨图像

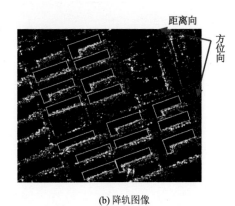
(b) 降轨图像

图 6-60　实验区二双视向 SAR 图像建筑物边界提取结果

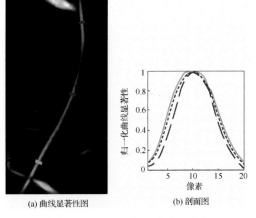

(a) 曲线显著性图　　　　　(b) 剖面图

图 7-13　张量投票提取曲线显著性

(a) 机载SAR图像

(b) 本节方法结果

(c) 肖志强和鲍光淑的方法结果

图 7-16　郊区道路网提取实验

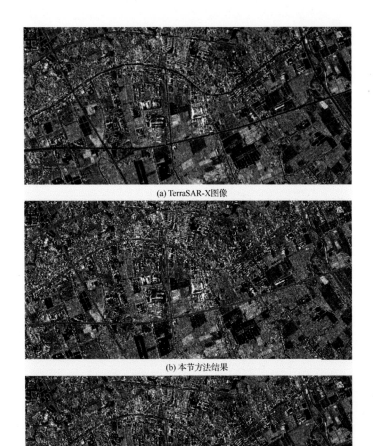

(a) TerraSAR-X图像

(b) 本节方法结果

(c) 肖志强和鲍光淑的方法结果

图 7-17　城区道路网提取实验

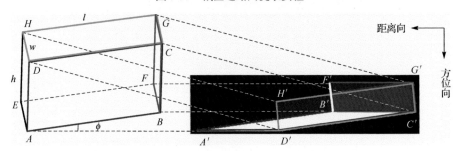

图 8-3　长方体建筑物线框模型及其模拟 SAR 图像

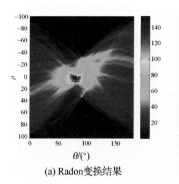

(a) Radon变换结果

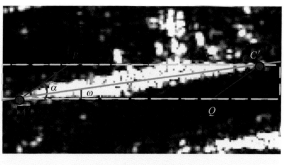

(b) 提取主对角线

图 8-21　利用 Radon 变换检测主对角线

(a) 原始SAR图像

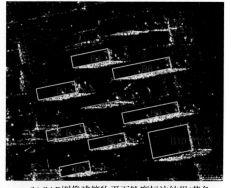

(b) SAR图像建筑物平面轮廓标注结果(黄色矩形为平面轮廓，绿线为主墙面墙角线)

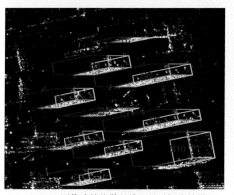

(c) SAR图像建筑物散射特征基元标注结果(绿线表示墙面叠掩区，黄线表示屋顶范围，红色为阴影区域)

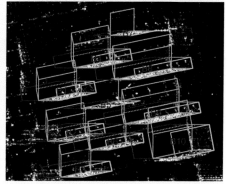

(d) 三维模型与散射特征基元叠加在SAR图像中的效果图(青线表示建筑物三维模型，绿线表示墙面叠掩区，黄线表示屋顶范围，红色为阴影区域)

图 8-27　实验区一 SAR 图像标注与解译结果

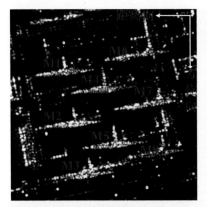

(a) 原始SAR图像

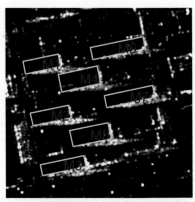

(b) SAR图像建筑物平面轮廓标注结果(黄色矩形为平面轮廓，绿线为主墙面墙角线)

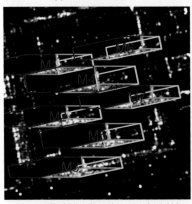

(c) SAR图像建筑物散射特征基元标注结果(绿线表示墙面叠掩区，黄线表示屋顶范围，红色为阴影区域)

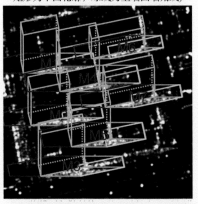

(d) 三维模型与散射特征基元叠加在SAR图像中的效果图(青线表示建筑物三维模型，绿线表示墙面叠掩区，黄线表示屋顶范围，红色为阴影区域)

图 8-28 实验区二 SAR 图像标注与解译结果

(a) 光学图像(Google Earth)，粉红虚线框为建筑物地面轮廓，黄色框为未被遮挡的屋顶

(b) SAR 图像